LangChain与企业级LLM服务从设计到部署

唐 文 / 编著

清華大學出版社
北 京

内 容 简 介

本书系统讲解如何基于 LangChain 构建企业级大语言模型应用。以 LangChain 0.2 为核心，结合 OpenAI 与开源模型，涵盖 Prompt 设计、Agent 开发、LangServe 部署及 LangSmith 调优等全流程，深入解析 LangChain 技术生态。

本书共 13 章。第 1~3 章介绍 LLM 基础、LangChain 入门及核心模块（如 Prompt 模板、LCEL 等）；第 4~7 章通过企业文档平台、旅游客服、AI 编程助手等案例，整合 Agent、LangGraph 等技术；第 8 章和第 9 章详解 LangSmith 监控调优与 LangServe 部署实战（含阿里云案例）；第 10~13 章拓展生态展望（如 AutoGen）、剖析商业案例，并专题解析国产 DeepSeek 模型及其与 LangChain 结合的开发实践。

本书适合高等院校计算机、人工智能等相关专业的学生阅读，以及对大语言模型应用、HuggingFace、LangChain 技术感兴趣的研究人员和互联网研发工程师阅读参考。

本书封面贴有清华大学出版社防伪标签，无标签者不得销售。
版权所有，侵权必究。举报：010-62782989，beiqinquan@tup.tsinghua.edu.cn。

图书在版编目（CIP）数据

LangChain 与企业级 LLM 服务 ： 从设计到部署 / 唐文编著.
北京 ： 清华大学出版社, 2025. 8. -- ISBN 978-7-302-69961-3

Ⅰ. TP18

中国国家版本馆 CIP 数据核字第 2025UT0320 号

责任编辑：赵　军
封面设计：王　翔
责任校对：冯秀娟
责任印制：杨　艳

出版发行：清华大学出版社
　　网　　址：https://www.tup.com.cn，https://www.wqxuetang.com
　　地　　址：北京清华大学学研大厦 A 座　　**邮　　编：**100084
　　社 总 机：010-83470000　　**邮　　购：**010-62786544
　　投稿与读者服务：010-62776969，c-service@tup.tsinghua.edu.cn
　　质 量 反 馈：010-62772015，zhiliang@tup.tsinghua.edu.cn

印 装 者：涿州市般润文化传播有限公司
经　　销：全国新华书店
开　　本：185mm×235mm　　**印　张：**20.5　　**字　　数：**492 千字
版　　次：2025 年 8 月第 1 版　　**印　　次：**2025 年 8 月第 1 次印刷
定　　价：99.00 元

产品编号：108434-01

前　言

随着 OpenAI 等 AI 技术的迅猛发展和全球普及，AI 技术已成为各行各业关注的焦点。众多企业开始着手开发自己的大语言模型（LLM）应用，以保持竞争力。鉴于使用 OpenAI 等 AI 服务可能带来的数据隐私和安全风险，大型科技公司对于本地化部署大型模型的需求日益增长。LangChain 作为开发 LLM 应用的首选框架，已被国内外众多公司广泛采用。

作为一名拥有超过十年行业经验的技术老兵，我始终保持对新兴技术的敏锐洞察力。早在 2023 年年初，我就注意到了 LangChain 框架和大型语言模型等前沿技术，并开始了系统的学习。在获得技术领导层的支持后，我在公司内部推动了 LangChain 技术的运用，成功孵化了多个基于大型语言模型的企业产品应用。这些项目中包括一些极具挑战性的复杂大型协作项目。在这个过程中，我不知不觉积累了大量关于基于 LangChain 的大型模型应用开发的经验，取得了一系列成果。这些成果不仅得到了公司内部用户的认可，也赢得了客户的喜爱和支持。

在深入学习 LangChain 的过程中，我注意到市面上关于基于 LangChain 的企业级开发资源相当稀缺。大多数教程仅仅停留在 LangChain 的基础知识和简单应用层面，缺乏对真实场景下应用落地和实际操作的深入探讨。这使得 LangChain 技术似乎一直停留在理论层面，难以在实际工作中发挥其应有的价值。

因此，我萌生了一个想法：撰写一本专注于企业实战的图书，希望能帮助那些渴望通过 AI 技术实现赋能的公司，顺利迈入大模型时代。这本书将填补市场上的空白，提供从理论到实践的全面指导，让 LangChain 技术真正落地，助力企业变革。

本书以实战为核心，通过逐步深入的方式，让读者全面掌握 LangChain 技术和大型语言模型的开发精髓。通过本书的学习，读者将能够灵活运用所学知识，开发出多样化的 AI 应用，并根据企业的业务特点，为企业服务注入新的活力和增长点。

考虑到本书以实战为主，笔者假设读者已具备一定的 Python 编程基础，并熟悉一些 AI 服务的使用（如 OpenAI 等）。如果读者之前从未接触过编程或者完全不熟悉 Python，在阅读过程中，如果遇到难以理解的概念或技术点，可以利用这些 AI 服务作为辅助工具，帮助自己更好地学习和理解。这样的设计不仅能够提高学习效率，还能让读者在实践中加深对 LangChain 技术的理解，真正做到学以致用。

针对不同知识背景的读者，我有以下几条阅读建议：

（1）对于初次接触 LangChain 框架的读者，建议按照章节顺序阅读本书，系统地学习 LangChain 技术及其生态，并编写案例代码，这样才能真正理解如何开发 LLM 应用。

（2）对于已有一定 LangChain 使用经验的读者，可以根据自己感兴趣的实战章节，从第 4 章开始阅读，结合自己的业务构思新的解决方案。也可以将本书当作一本实践指南，边学习边实践，逐步领悟 LangChain 技术在实际应用中的精妙之处。

配套资源下载

本书配套源代码，请读者用微信扫描下面的二维码下载。如果学习本书的过程中发现问题或疑问，可发送邮件至 booksaga@126.com，邮件主题为“LangChain 与企业级 LLM 服务：从设计到部署”。

感谢在写作过程中家人的支持，特别是我的妻子，感谢她在周末陪伴我在家写作，在我沮丧困顿时给予我鼓励和包容。我记得，最后两个章节是在山中完成的，远山隐入如梦似幻的云海，霞光照亮了我来时的路。

在此，我还要感谢清华大学出版社的编辑老师们。他们的严谨与专业精神对我影响深远，他们的指导不仅让我受益匪浅，也极大地提升了本书的质量。在他们的帮助下，我得以细致打磨每一个章节，优化内容的每一个细节，使得本书的表述更加明晰、易于理解。这份成就离不开他们的悉心指导和无私帮助。

我衷心希望读者们在阅读本书后能够获得丰富的知识与技能，并让这本书成为你们身边的得力助手。LangChain 以及其他大型语言模型技术正在不断地发展和迭代。让我们携手共进，在人工智能时代乘风破浪，共同探索技术的无限可能！

编　者

2025 年 6 月 25 日

目　录

第 1 章

1

拥抱大语言模型

本章主要介绍大语言模型的定义、发展和广泛的应用场景，通过介绍主流的大语言模型，了解大语言模型的现状和优势，最后介绍LangChain和大语言模型的关系。

1.1 大语言模型简介

AI时代席卷而来，几乎每个人的工作和生活都因此发生了改变。试想一下，突然间你拥有一个超级智能的助手，它能读懂所有主流书籍、文章和开源代码库，并像人类一样高效地进行交流。显而易见，这个助手正是我们今天的主角——大语言模型（Large Language Model，LLM）。

它就像一个超级大脑，拥有数十亿甚至万亿个“参数”，能够学习语言的各种模式和规则。它能够完成很多令人惊叹的任务：

- 像领域专家一样：从理工科到人文领域，它能化身专家，引经据典，提供专业咨询和决策。
- 像百变写手一样：通过简单沟通，快速确定主题和内容，创作出各种爆款文章和段子，助力自媒体品牌的打造。
- 像专属老师一样：任何问题都难不倒它，24小时不间断地提供服务，加快你的学习和工作进度。
- 像结对编程的工程师一样：分析你的代码和实现，提供细致入微的专业指导和协作。成为强大的编程副驾驶员，为你的开发之旅保驾护航。

当然，大语言模型也有一些不足之处，比如：

- 可能存在偏差：由于训练数据的限制，AI可能在某些问题上存在偏向性，无法保证主观上的中立性。

- 容易出现幻觉：大模型可能因接收到虚假或错误的信息，导致生成的文本与现实不符，即所谓的大模型“幻觉”现象。

总之，大语言模型是一项非常强大的计算机技术，具有较高的训练成本和开发成本。它已经开始改变我们的世界，全世界各大顶尖科技公司正不断完善和开发大语言模型，未来既属于我们，也属于大语言模型。

1.1.1　大语言模型的定义

虽然大语言模型目前还没有统一的定义，但笔者较为认可AWS的定义：“大语言模型是基于大量数据进行预训练的超大型机器学习的深度训练模型。通常由上亿个参数的神经网络组成，参数通过自监督学习或半监督学习进行训练，能够理解人类的自然语言。”

它是一种通用型的模型，并非为解决某个特定领域问题而设计，而是通过海量文本数据进行预训练，能够解决各种类型的任务。

武侠世界中的“百晓生”精通各种武器和招式，而大语言模型也可视为一个通过大量文本（如书籍、代码、论文等）训练出来的“超级大脑”。

目前，主流的大语言模型都选择Transformer模型，OpenAI公司和Google公司都基于此模型开发了它们各自的大语言模型。Transformer模型的架构图如图1-1所示。该架构通过输入模块将数据传递至多个神经网络进行处理，整个过程非常复杂，后续章节将重点讲解相关内容。

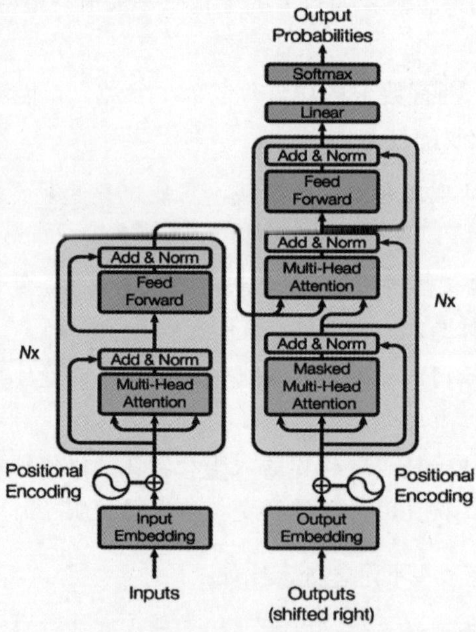

图 1-1　Transformer 模型架构图

训练大语言模型的过程包含以下几个步骤：

步骤01 数据收集（Data Collecting）：收集多样化的文本数据集。

步骤02 预处理（Preprocessing）：对收集的文本数据进行清理和标准化处理。

步骤03 分词（Tokenization）：将预处理后的文本分割成更小单元，即 token（标记，也被称为词元）。

步骤04 预训练（Pre-training）：基于数据开始训练模型。

步骤05 微调（Fine-tuning）：通过调整模型微调，持续优化模型性能。

步骤06 评估（Evaluation）：评估模型的效果和准确度。

步骤07 部署（Deployment）：将训练好的模型部署到实际系统中使用。

1.1.2　大语言模型的发展和应用场景

大语言模型的发展与应用场景在最近三年呈现出爆发式增长，推动了自然语言处理（NLP）领域的创新与应用。从最早期的无代表性模型到如今基于深度学习的Transformer架构，大语言模型经历了数十年的发展历程，其应用场景也变得极为广泛。

1. 波澜壮阔的发展历程

大语言模型的发展历程如下：

（1）无代表模型（1970年左右）：基于手写的规则，处理少量数据。

（2）自然语言统计模型（1970—2000年）：通过统计方法预测后续词语出现的概率，如N-gram模型等。推理结果受数据集影响很大，因此预测偏差较大。

（3）神经网络模型（2000年一至今）：在2017年之前是小模型，2017年后开始使用大量数据进行模型训练。随着深度学习技术的飞速发展，尤其是Transformer架构的提出，大语言模型迎来了爆发式增长。其中，以OpenAI公司开发的GPT系列模型为代表，包括GPT、GPT-2、GPT-3、GPT-4等，目前最新的模型是GPT-4o，它可以无缝处理文本、图像和音频，成为“王炸级”的模型。

Google和Meta（前身为Facebook）作为全球科技巨头，在大语言模型领域也作出了重要贡献。它们分别推出了自己的大语言模型，Google的代表作是BERT（Bidirectional Encoder Representations from Transformers），而Meta推出了M2M-100（Many-to-Many Multilingual Model），两者在各自领域都取得了显著成就。

特别是Meta公司近年来开源了大语言模型Llama，使得本地计算机运行大模型成为可能。

目前，Llama 3是最新版本，它的上下文长度已经达到8k。历代Llama的上下文长度对比图如图1-2所示。

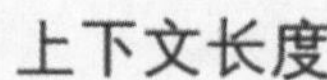

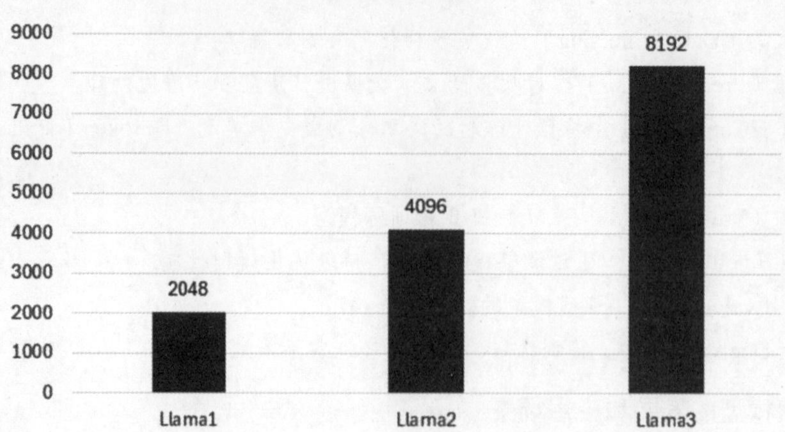

图 1-2　不同版本的 Llama 上下文长度对比图

随着AI技术的进步，大语言模型变得越来越强大。最初，大语言模型很小，只能处理简单任务，参数数量只有几百万个，训练数据仅有几吉字节（GB）。因此，它们在理解和生成自然语言方面表现一般。

如今，大语言模型的规模已经大幅度扩展，参数数量可达数十亿甚至上百亿级别，训练数据也高达数十太字节（TB）。这使得它们能够快速地识别出更复杂的语言结构和语义信息，从而生成更高质量的文本输出。

具体来说，大语言模型在以下几个方面有了显著改进：

- 更好地理解自然语言的真正含义，厘清词语之间的关系，全面理解自然语言的含义。
- 生成更高质量的文本，生成效果接近人类水平。
- 完成更复杂的任务。包括多语言翻译、百科类问答、各类写作以及科学实验知识讲解等任务。

2. 应用场景

大语言模型的应用场景非常广泛，包括但不限于：

- 文本创作：大语言模型可以生成极具价值的文本，如人文小说、诗歌、文章概括等。它可以模拟不同的语言风格，用于自动生成命题文章、创意文案、带有关键字的指定风格的歌曲歌词等。
- 文本分析和理解：处理海量文字，提取有用信息，如概括文章大意和关键知识点。对科学论文进行分析整理，帮助人们快速理解论文内容和重点。
- 智能对话：聊天机器人利用大语言模型，可以更智能地与用户进行交流，解答用户疑问，满足多样化需求。它既可用于个人领域的专家服务，也可应用于商务客服等场景。

- 多语言处理与跨语言应用：不仅能够顺畅地处理英语，还能处理其他语言，如德语、法语以及其他小语种，实现多语言文本的快速生成、翻译和理解。
- 编程辅助：大语言模型可用于生成代码段、编写完整功能的程序，辅助开发者进行各类软件和硬件开发。它还能分析用户提供的代码段，查找编程漏洞，优化现有代码，提高程序性能，甚至辅助生成单元测试代码，提高编程效率和代码质量。
- 医疗和科学研究辅助：越来越多的传统医疗公司转型为AI公司，利用真实临床数据训练大模型，促进药物研发、临床应用、药物制造和供应等方面的工作。
- 教育赋能：大语言模型可以应用于教育领域，帮助学生学习各种学科知识并拓展知识面。它就像一个24小时在线的贴身老师，让教育永远“在线”。
- 娱乐产业：大语言模型能够生成流行音乐、创意绘画、跌宕起伏的电影剧本等，为创作者和艺术家提供无限的灵感和无微不至的创作支持。它还可以用于游戏行业的原画设计、数值设计等，提高娱乐产业的生产效率。

综上所述，大语言模型的发展和应用为人工智能技术在自然语言处理领域的应用带来了新的突破和可能性，成为人工智能发展的一块基石，也是最近几年最大的技术和创业风口。每天都有无数AI应用在各大应用商城上架，基于大语言模型的开发正如火如荼地展开。

1.2 主流的大语言模型

如今，大语言模型呈现百家争鸣之势，国外一些大公司的通用大模型已经改变了人们生活的方方面面。国内的科研院校和头部科技公司也积极投入中文大模型的研发，甚至华为还推出了政务大模型和城市大模型，服务政务并助力智慧城市建设。本节将分别介绍国内外各大主流大语言模型，以帮助读者了解大模型的现状和应用场景。

1.2.1 OpenAI 的大语言模型

OpenAI是一家位于美国旧金山的人工智能研究公司。该公司于2015年年底由埃隆·马斯克（Elon Musk）、山姆·奥尔特曼（Sam Altman）、格雷格·布罗克曼（Greg Brockman）等人创立。最初，OpenAI是一家非营利性公司，旨在开发通用人工智能（AGI）以造福全人类。微软在2019年7月对OpenAI进行了首次投资，金额达10亿美元，并达成了多年合作伙伴关系，这为OpenAI从纯研究型人工智能向商业化转型提供了重要支持。

随后，微软于2021年追加投资10亿美元，如今，微软的Copilot已基于最新的GPT-4模型，生成式AI与PC（个人电脑）已完全融合。

OpenAI开发了多种大语言模型，其中最负盛名的就是GPT系列。GPT系列大语言模型采用了无监督学习方法，并基于Transformer架构进行开发。

GPT系列语言模型的发展历史如图1-3所示。

图1-3　GPT发展历史

- GPT-1：2018年首次发布，包含12层解码器，约1.15亿个参数，能够生成类似人类语言的文本，初见其锋芒。
- GPT-2：2019年发布，拥有15亿个参数，相比GPT-1增长了10倍。解码器增至48层，能生成更自然、连续的文本。该模型已开源，全世界的开发者可以进行学习研究。
- GPT-3：2020年发布，参数增加到1 750亿个，较以前的任何非稀疏语言模型多出10倍。GPT-3在多个NLP数据集上表现出强大的能力，能够完成不同风格文本的创作、问答、多语言翻译及动态推理等任务。
- GPT-4：目前最新的GPT系列模型，拥有10 000亿个参数，是GPT-3的5倍多。GPT-4拥有更强的学习能力，能够快速理解和学习新知识，适应性更强。GPT-4能理解更长的上下文，在对话过程中能够动态学习和推理。它的逻辑推理能力也大幅增强，能够完成更复杂的推理分析。

下面整理了各版本GPT的相关指标，如表1-1所示。

表 1-1　GPT 各版本对比

模型名称	GPT-1	GPT-2	GPT-3	GPT-4
版本	GPT-1	GPT-2	GPT-3	GPT-4
发布时间	2018	2019	2021	2024
参数数量	1.17 亿	1.5 亿	1 750 亿	17 600 亿
训练数据量	7000 本未发布图书	40GB Reddit 文章	6800 亿标记，来自多个来源，如 Wikipedia（维基百科）等	未公开，但远大于 GPT-3
性能		更强的泛化能力	更广泛的理解	多模态能力更强
语言理解能力	有限	更好	更复杂	等同于大学生水平
生成文本质量	有限	更自然	更精细	非常高

总的来说，GPT-4的应用场景广泛：

（1）图片生成和处理：能够高效生成和解析图片，成为设计师的重要助手。

（2）编程任务：根据用户需求编写代码，轻松完成编程任务。

（3）小说创作：根据给定的主题和关键字，自动编写高质量小说，模拟文字风格和人类的情绪表达。

（4）客服服务：在垂直领域为用户提供产品演示和咨询服务，及时响应用户需求。

（5）语音交互：可以处理语音、图片和文本，并以音频或文字方式进行回复，提供更佳的用户体验。

（6）个人助理：通过模型微调或其他AI技术对业务系统进行整合，学习业务知识。GPT-4能更好地理解自然语言，做好个人助理的工作，完成个性化任务。

目前最新的模型GPT-4o更是大放异彩，能够实时处理并推理音频、视觉和文本。人机交互体验也上了一个台阶，在非英文语言文本的处理上效率惊人，可以出色地完成更复杂的多模态任务。

1.2.2　Meta 的 Llama 模型

Meta公司拥有全世界最大的真实用户数据，并在2023年2月发布了第一代大语言模型Llama（又称为Llama 1），并将其开源。Llama迅速成为当时最优秀的大语言模型之一，提供了4种不同参数版本：7B、13B、30B、65B，其中B代表Billion（十亿），7B表示拥有70亿个参数。

Llama也是基于Transformer架构开发的，但进行了如下改进：

（1）优化训练过程：使用优化的训练技术，使其能够高效地从海量文本数据中学习。例如，它采用了梯度检查点、混合精度训练等技术来降低训练成本和内存消耗。此外，Llama使用了因果多头注意力（Causal Multi-head Attention）机制，以减少内存使用和运行时间，显著提升了训练速度。在大规模预训练下，Llama能够学习并掌握广泛的语言模式、实现和推理能力。

（2）更先进的Transformer变体：Llama对Transformer层进行了改进，优化了注意力机制和前馈网络（Feedforward Networks），并通过归一化技术对输入进行处理，从而提高了训练效率和输出的准确性。特别重要的是，Llama使用了改进的注意力机制，如稀疏注意力（Sparse Attention）和长距离注意力（Long-range Attention），这些机制能够更好地处理具有长依赖关系的复杂文本。

由于Meta公司将Llama大模型完全开源且性能强大，Llama已经成为开源社区中最受欢迎的大模型之一。基于Llama的模型生态快速发展，衍生出了许多变体模型，其强大的变体模型生态如图1-4所示。

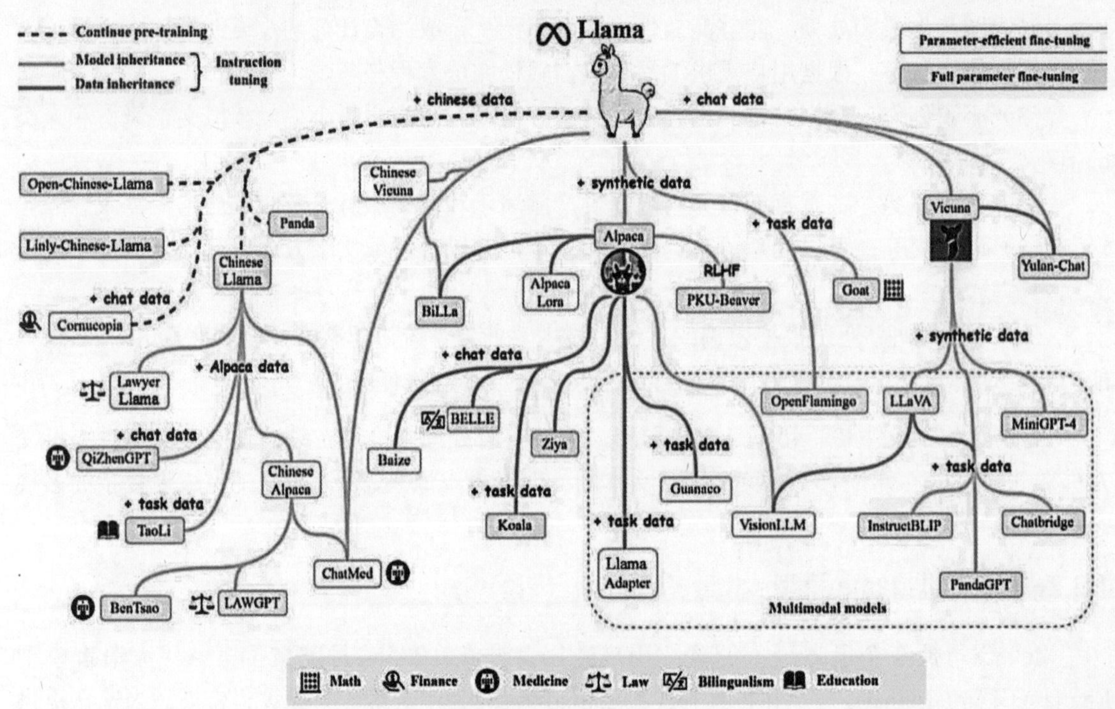

图 1-4　Llama 模型变体生态

从图1-4中可以看出，Llama也有针对中文的训练变体，例如专门的中文大模型Chinese-Llama。在此基础上，深圳大学的大数据系统计算机国家工程实验室发布了Linly中文大模型，将Llama的强大语言能力迁移到中文任务中。

很多中文大模型都基于Llama大模型进行开发，例如Chinese-Llama-Alpaca，目前已经基于Llama 2完成了中文大模型的训练和开发，并正在基于Llama 3进行升级。

实际上，Llama经历了多个版本的迭代，它的发展历史如图1-5所示。

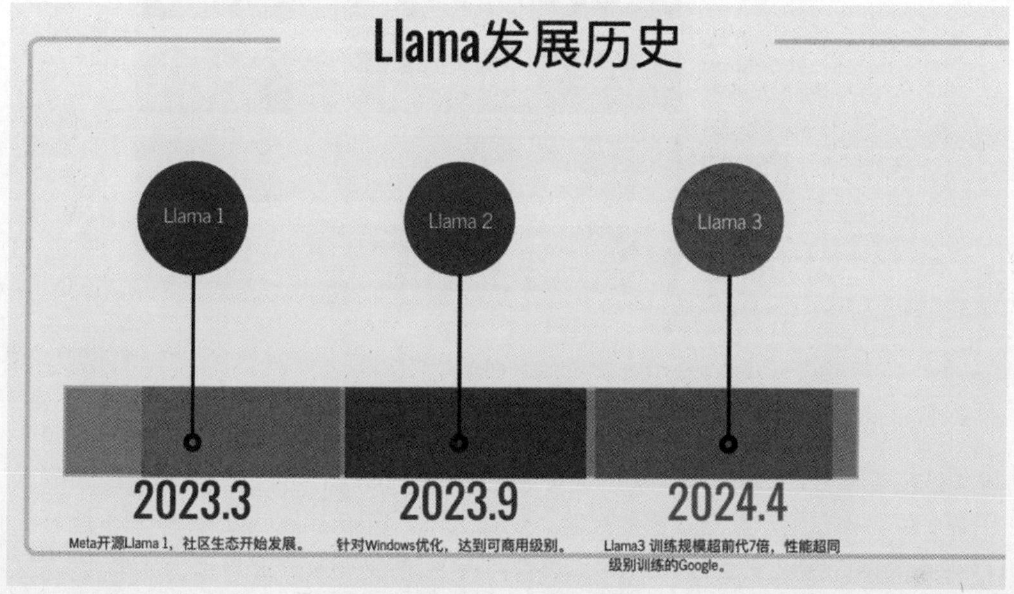

图 1-5　Llama 的发展历史

目前，最新的Llama 3一经发布，便引起了业界和开发者的关注。Llama 3提供了8B和70B两个参数版本，同时提供了预训练基础版和指令调优版本。与Llama 2相比，Llama 3使用了更大的数据集进行训练，在推理、数学问题、代码生成和文本自由创作方面有显著提升。

Llama 3可以在所有主流云平台上部署，并且提供了模型API。据Meta官方宣布，不久后将可以在AWS、Databricks、谷歌云、Hugging Face、Kaggle、IBM WatsonX、微软Azure、NVIDIA NIM和Snowflake等平台上使用，并得到AMD、AWS、戴尔、英特尔、NVIDIA等公司提供的硬件平台的支持。

Meta公司继续引领大模型开源浪潮，Llama 3模型的应用将遍布全球。

Llama 3在标准基准测试中，比同级别的GPT大模型和Google Gemini大模型表现更为出色。根据官方公布的数据，Llama 3 与 Claude、GPT-3.5 的对比结果如图 1-6 所示。

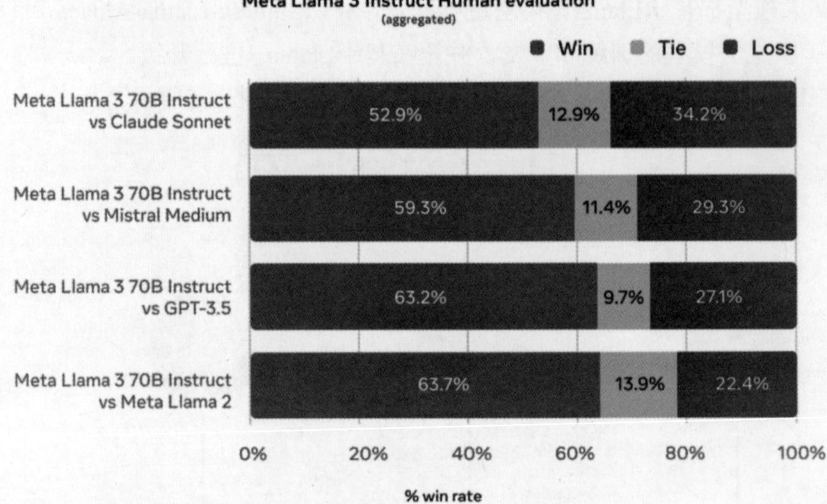

图 1-6　不同模型的人类评估结果

除了性能提升外，Llama还非常注重安全性。许多非开源大模型的内部实现细节无法被用户了解，可能存在用户数据泄露的风险。相比之下，Llama可以直接部署到本地，从而确保用户业务数据的绝对安全性和高度私密性，特别适合作为企业内部人工智能助手（AI Assistant）的核心模型。

在后续章节中，我们将使用LangChain框架来调用Llama模型，完成大语言模型应用的开发工作。

1.2.3　Claude 大语言模型

Claude是由美国初创Anthropic人工智能科技公司推出的大语言模型，该公司的创始团队来自OpenAI的早期研究员。该公司致力于研发通用型大语言模型，目前最具知名的产品是Claude系列。

Anthropic的核心理念是开发安全、无害的人工智能系统，强调生成内容的准确性和安全性，这与其他大模型相对宽容人工智能幻觉的态度形成了鲜明对比。

Claude可协助用户完成各种任务：

- 内容生成：能够生成文案、小说、剧本等多类型文本内容。
- 图像解释：最多可一次性上传5张图片，由AI分析和解释图片内容。
- 摘要：根据提供的文本或上传的文档进行分析，自动生成摘要。
- 分类：对文本、图像完成分类任务。
- 翻译：支持包括西班牙语、日语等在内的多种语言翻译，表达准确、流畅。
- 情感分析：能够理解人类的情感和感受，给出更富有建设性的建议和理性分析。

- 代码解释和生成：能够精确分析用户提供的代码，给出易于理解的解读，并根据需求生成高质量的代码。
- 问答：经过海量数据集的训练，Claude能够解答不同领域的问题，并提供实用的解决方案。
- 创意写作：可根据用户需求生成优美流畅，创意十足的文本，甚至完全避免典型的"AI风格"。

由于Claude的开发团队来自OpenAI的早期研究人员，其底层算法与GPT系列存在一定的相似性。在谷歌与亚马逊等科技巨头的支持下，Claude实现了快速的迭代发展。截至2024年4月，Claude已迭代至Claude 3版本，如图1-7所示。截至2025年5月22日，最新版本则已更新至Claude 4。

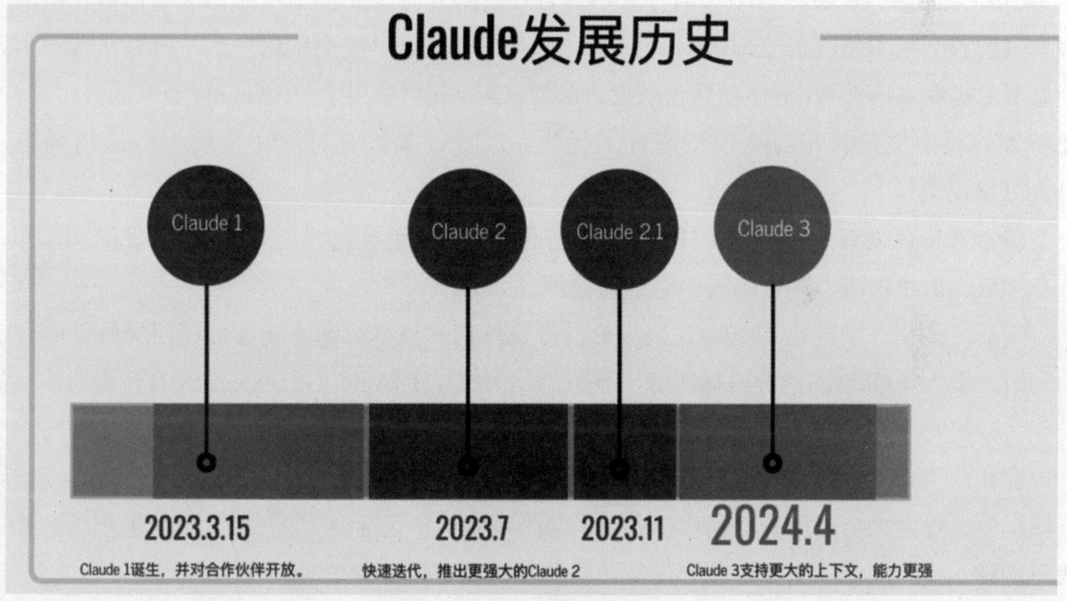

图 1-7　Claude 的发展历史

Claude 3实际上提供了3种不同定位的模型：

- Claude 3 Opus：这是Claude系列中智能水平最高的大模型，在常见评估基准上优于同行，拥有相当于本科水平的专业知识（MMLU）和研究生水平的专家推理能力（GPQA），适用于科研、金融分析等复杂场景的任务。
- Claude 3 Sonnet：该模型在智能水平和响应速度之间取得了理想的平衡，成本较低且性能强大，非常适合企业级应用开发。
- Claude 3 Haiku：这是系列中响应速度最快、最紧凑的模型，可实现即时交互，适合构建无缝互动的AI应用。

Claude 3的出现给OpenAI的GPT带来了很大的竞争压力，也进一步加速了大模型的迭代与发展。

1.2.4 国内自研大语言模型：ChatGLM、MOSS 和文心一言

尽管国外的大模型占据了主流位置，但国内也涌现了一批厚积薄发的优秀自研大模型，值得开发者学习和使用。其中，ChatGLM、MOSS和文心一言是国内自研型大模型中的佼佼者。接下来，我们首先介绍ChatGLM大模型。

1. ChatGLM大模型

ChatGLM系列是由智谱AI和清华大学联合开发的开源、支持中英双语的对话语言模型。该系列的首个版本是ChatGLM-6B，拥有6亿个参数，采用了模型量化技术，可以在普通消费级显卡上实现本地部署，最低显存需求仅为6GB。ChatGLM采用了与ChatGPT类似的技术架构，并特别针对中文问答与对话场景进行了优化。因此，如果是针对中文的对应应用场景，ChatGLM模型是一个理想的选择。

ChatGLM可以轻松完成各种任务，例如自我认知、提纲撰写、文案写作、邮件辅助写作、信息抽取、角色扮演、评论比较、旅游向导等。

随后，清华大学推出了ChatGLM2-6B。在保持初代模型对话流畅和部署门槛较低等优点的同时，引入了GLM的混合目标函数，使其在MMLU、CEval、GSM8K、BBH等数据集上的表现大幅提升，在同规模的开源模型中具有较强竞争力。

在代码生成方面，研发团队还发布了基于ChatGLM2-6B的CodeGeeX2代码生成器模型。该模型的编程能力全面提升，支持超过100种编程语言，并支持中英文对话，可用于代码解释、代码翻译、代码纠错、文档生成等任务，帮助程序员提高开发效率。

目前，ChatGLM最新的开源版本是ChatGLM3-6B。该版本采用了更多的训练数据，在语义理解、数学、推理、代码生成、知识问答等不同维度的数据集上均表现出色。ChatGLM3-6B不仅支持多轮对话，还支持工具调用（Function Call）、代码执行（Code Interpreter）和Agent任务等更复杂的应用场景。此外，ChatGLM的基础模型ChatGLM3-6B-Base、长文本对话模型ChatGLM3-6B-32K以及ChatGLM3-68-128K均已完全开源。在登记之后，这些模型可免费商用，因此ChatGLM3-6B也成为很多中文大模型创业者的首选模型之一。

ChatGLM官方还提供了在线版的GLM-4和GLM-3，具有联网功能，可以给出实时答复。除此之外，对于编程问题它也十分在行。例如，当被问及如何用Python脚本获取李白的一首诗时，ChatGLM给出的回复如图1-8所示。

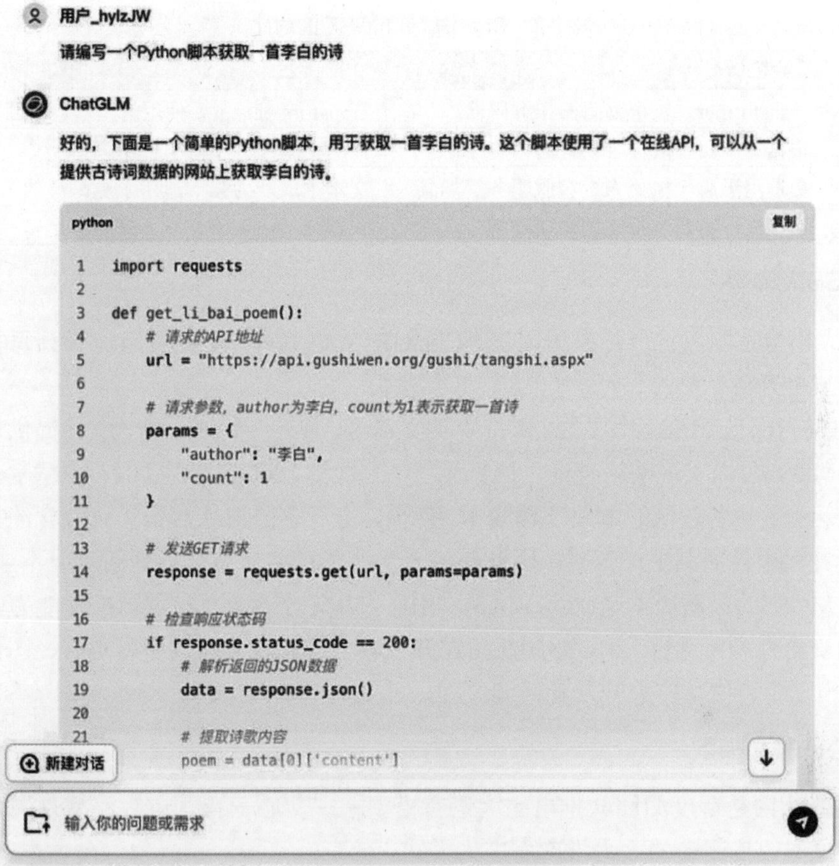

用户_hylzJW

请编写一个Python脚本获取一首李白的诗

ChatGLM

好的，下面是一个简单的Python脚本，用于获取一首李白的诗。这个脚本使用了一个在线API，可以从一个提供古诗词数据的网站上获取李白的诗。

python　复制

```python
import requests

def get_li_bai_poem():
    # 请求的API地址
    url = "https://api.gushiwen.org/gushi/tangshi.aspx"

    # 请求参数，author为李白，count为1表示获取一首诗
    params = {
        "author": "李白",
        "count": 1
    }

    # 发送GET请求
    response = requests.get(url, params=params)

    # 检查响应状态码
    if response.status_code == 200:
        # 解析返回的JSON数据
        data = response.json()

        # 提取诗歌内容
        poem = data[0]['content']
```

新建对话

输入你的问题或需求

图 1-8　ChatGLM 的回复

简单来说，ChatGLM是一种基于Transformer架构的人工智能模型，利用自注意力机制（Self-Attention）和位置编码（Positional Encoding）技术来理解和处理输入的对话内容。在生成对话回复时，ChatGLM会分析对话历史，然后生成既符合语境又贴切的回答。该模型经过了大量的对话数据训练，能够很好地把握人类语言的复杂性和丰富性，从而提供流畅自然的对话体验。

ChatGLM的工作机制主要包括编码器和解码器两个部分。编码器负责读取输入的对话内容，将其转换成一系列功能捕捉语义信息的固定长度向量。解码器根据这些向量以及自身的当前状态逐步生成回复序列。在生成回应时，ChatGLM采用贪婪搜索策略：不断地预测下一个最可能的单词，并将这个单词添加到回应序列中，直到达到预定的长度或碰到生成终止标记。

为了更好地对比ChatGLM和GPT之间的差异，笔者整理了表1-2，从架构、训练目标、应用领域等方面进行对比。

表 1-2 ChatGLM 和 GPT 的对比

模型	ChatGLM	GPT
架构	Transformer，包含编码器和解码器	Transformer，主要使用解码器，自回归语言模型
训练目标	根据上下文生成符合条件的内容	预测文本序列中的下一个词语
应用领域	更适用于聊天机器人、客服服务等场景	文本生成能力强，适用于更广泛的领域
语言理解	更专注于特定上下文的对话理解	长期会话中上下文能力有所不足

2. MOSS大模型

MOSS大模型是国内首个开放测试的类ChatGPT大语言模型，由复旦大学计算机科学技术学院团队研发并开源。

MOSS拥有160亿（16B）个参数，支持中英文双语，具有多轮对话能力，并提供多种插件。通过插件，MOSS可以实现网络查询、计算等任务。此外，该模型能以INT4/8精度在单张RTX 3090显卡上运行，具备较低的本地部署成本。然而，由于它的训练数据集只包含约7000亿个中英文单词，并采用自回归生成范式，因此在部分情况下可能出现误导性回复或不当内容。

目前，MOSS的最新版本是MOSS-003，增强了中文对话能力和逻辑推理能力，并提升了生成内容的安全性和可靠性。MOSS团队正在开发其多模态能力，逐步将语音、图像等模态融入MOSS大模型中，值得广大开发者持续关注。

3. 文心一言大模型

最后要介绍的是百度AI团队推出的大语言模型——文心一言。该大模型是国内知名的大模型之一，通过百度平台的大力推广而广为人知。

在ChatGPT掀起AI热潮后，百度研发团队快速响应挑战，推出了专注于中文对话的文心一言大模型，在内测数月之后，于2023年8月31日正式向全球用户开放使用。

文心一言和OpenAI一样提供了API调用大模型，LangChain也可以通过文心一言的Python版本的SDK来接入文心一言API。

1.3 大语言模型的开发工具 LangChain

不同的大语言模型各自所长，但普遍存在对话轮次和上下文长度的限制。为有效应对这些限制，开发者通常使用词嵌入（Word Embedding）和向量数据库（Vector Database）等技术，来优化和扩展大语言模型的能力。在此背景下，大语言模型应用框架的重要性显得尤为突出。

LangChain正是大语言模型应用开发领域内非常流行的一个框架。它简化了大语言模型应用的开发流程，提供了许多强大的核心组件和功能接口。第2章将更详细地介绍LangChain框架及其使用方法。

第 2 章

LangChain初体验

本章主要介绍LangChain框架及其应用场景，包括如何搭建环境和安装框架，最后通过编写一个AI写作工具来初步体验LangChain的魅力。

2.1 LangChain 介绍和安装

LangChain是LLM应用开发的重要工具，值得每一位LLM应用开发者学习和使用。本节将介绍LangChain框架及其关键概念，通过实际操作帮助开发者搭建本地开发环境，展示LangChain的广泛应用场景。

2.1.1 什么是 LangChain

LangChain是一个由Python编写的LLM应用开发框架，主要用于简化使用大语言模型（如GPT-3、Llama等）构建应用程序的过程。它提供了一系列可模块化和可重用的组件，可以组合起来构建复杂的AI应用程序。

LangChain的重要特性包括：

- 模型抽象：LangChain提供了标准化接口，以便在单个应用程序中快速切换不同模型或使用多个模型。
- 数据引入和检索：LangChain支持从各种来源（如文件、数据库和API）引入和检索数据，使LLM能够处理结构化和非结构化数据。

- 链和代理：链（Chain）是指可在LLM上执行的结构化操作序列，这些操作序列（LLM或应用程序）可以形成复杂的多步骤工作流。而代理（Agent）则是更高级的抽象服务模块，能够与LangChain提供的工具和多种数据源交互，以完成特定任务。
- 内存管理：LangChain提供了管理LLM短期和长期内存的机制（Memory），使LLM能够维护较长的上下文，并从先前和用户的交互中获得有效信息。
- 评估和监控：LangChain提供了用于评估和监控LLM性能的工具，可以帮助开发人员找到对应的性能瓶颈并改进其LLM应用服务。例如，大名鼎鼎的LangSmith，我们将在后续章节具体介绍它。

总之，LangChain的出现大幅降低了LLM应用的门槛，使开发人员能够专注于业务逻辑而非底层实现，从而显著提高了LLM应用的开发效率和产品质量。

2.1.2 环境搭建

建议读者在macOS或Linux系统环境下来学习本书内容和运行相关代码。因为许多Python科学计算库和机器学习相关库在Windows环境下存在一些不兼容的情况，为了让开发过程更加顺畅，环境更加稳定，不推荐在Windows环境中进行开发。

对于因为客观原因不得不使用Windows系统的读者，推荐使用WSL（Windows Subsystem for Linux）或Docker来学习和开发LangChain项目。笔者使用的是macOS系统，后续内容也将以macOS为基础进行讲解。

由于LangChain是使用Python编写的框架，因此我们首先需要在本地计算机上安装Python环境，并选择适合的集成环境（IDE）或开发工具，最后根据需要安装LangChain库和相关库。

1. Python 环境

安装Python有多种方式，可直接从Python官方网站下载适用于当前操作系统的安装包。然而，笔者推荐使用Anaconda来安装Python及其相关库。

Anaconda是面向数据科学和机器学习的Python发行版，集成了众多科学计算库和工具，能够简化软件包的管理和部署，并为Windows、Linux和macOS等平台提供一致的使用体验。使用Anaconda不仅能确保无论使用何种操作系统，都能拥有稳定的Python环境和统一的包管理，而且它还支持Python虚拟环境管理，便于在不同版本的Python之间灵活切换，极大地方便了学习和工作。

我们可以通过Anaconda官方网站下载对应的安装包来完成Anaconda的安装。

如图2-1所示，可以根据自己计算机的操作系统选择对应的安装包。因为笔者使用的是macOS系统，所以选择macOS版本的安装包。推荐使用Graphic Installer（图形化安装器），它的安装过程更加简单直观。

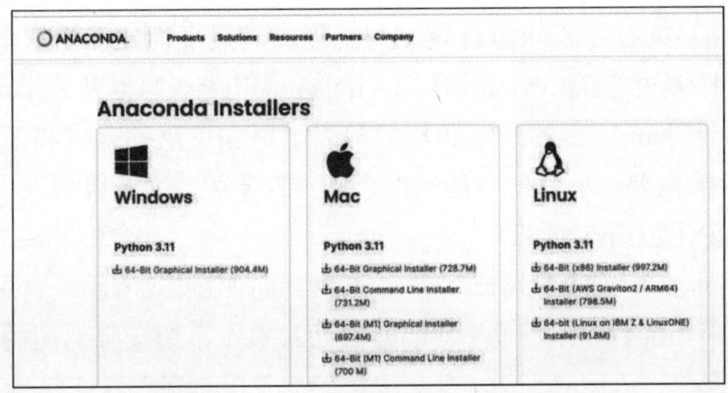

图 2-1　Anaconda 安装包下载界面

安装完成后，可以打开终端（Terminal），执行以下命令来验证Anaconda是否安装：

```
conda --version
```

得到的输出结果如下：

```
conda 23.3.1
```

这表明终端环境能够正确找到conda命令，且当前安装的conda版本为23.3.1。

2. 开发工具

“工欲善其事，必先利其器”。为更高效地开展后续开发工作，建议读者选择一个功能强大的IDE或代码编辑器。有以下两个推荐的选择：

- Visual Studio Code：由微软开发和开源的免费代码编辑器，支持多种编程语言，内置语法高亮和代码自动补全功能，并提供了扩展商城来安装扩展以增强编辑器的能力。其最大的优势是轻量级，开源免费，适用于几乎所有主流编程语言的开发需求。
- PyCharm：它是JetBrains公司推出的专为Python开发者设计的强大IDE（集成开发环境），提供专业的代码分析、图形调试器和集成单元测试工具，还图形化了Git操作界面等，使调试和开发过程更便捷、高效。PyCharm提供了社区版和专业版：社区版免费，适合纯Python项目的开发；专业版支持数据科学和Web开发，内置了相应开发环境的框架。专业版长期使用需要付费，官方提供了30天的免费试用期。

作为LangChain项目的开发者，推荐使用PyCharm作为主要开发工具。PyCharm提供了丰富的功能和高效的工具，使开发者能够更加专注于业务代码的编写，而无须在开发环境的配置和调试上耗费过多的时间。通过PyCharm的强大代码分析和自动完成功能，可以提高编码效率并减少错误。

此外，PyCharm内置的图形调试器和集成单元测试工具，使调试和测试过程更加直观、顺畅，有助于保障LangChain项目的质量和稳定性。PyCharm的插件生态系统也非常丰富，可以根据后续LangChain项目的特定需求进行定制与扩展，满足个性化开发需求。

PyCharm同时支持多种主流Python框架（如Django和Flask）以及科学计算库（如Pandas和Scikit-learn），为LangChain项目的开发和集成提供了更加广泛的支持和便利。

因为工作和学习的需要，笔者使用的是PyCharm专业版，读者可根据自身情况选择免费的社区版或者付费购买PyCharm专业版。

读者可到JetBrains官方网站下载该软件，下载页面如图2-2所示。官网提供了PyCharm的Windows、macOS以及Linux版本，读者可根据自己的操作系统选择对应的安装包进行下载。

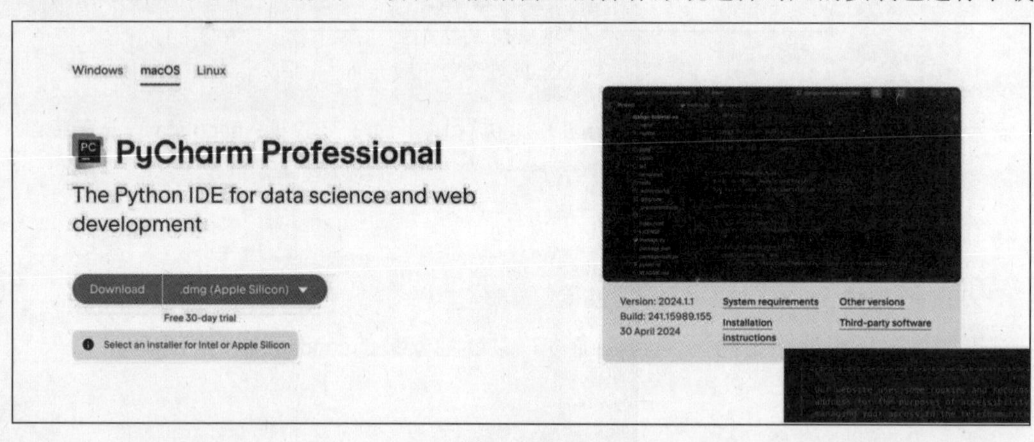

图 2-2　PyCharm 下载页面

3. LangChain的安装和依赖

LangChain框架支持多种安装方式，推荐直接使用pip或conda命令进行快速安装。以下为使用conda的推荐命令：

```
conda install langchain -c conda-forge
```

其中，conda-forge是一个社区驱动的conda软件源，拥有丰富的开源库资源。除了主框架langchain外，还有其他常用的组件库，如langchain-core、langchain-community与langchain-experimental。可以执行以下命令分别安装：

```
pip install langchain-core
pip install langchain-community
pip install langchain-experimental
```

- langchain-core是LangChain框架的核心库，通常在安装主框架时会自动安装，也可单独安装。
- langchain-community是一个集成第三方集成服务的社区库，支持与OpenAI模型的对接。
- langchain-experimental为实验性的LangChain功能库，用于探索尚未发布的LangChain框

架新特性。

如果读者先单独安装过langchain-community，然后安装LangChain主框架库时可能出现依赖版本不兼容的问题，报错提示信息如下：

```
    ERROR: pip's dependency resolver does not currently take into account all the
packages that are installed. This behaviour is the source of the following dependency
conflicts.
    langchain-community 0.0.38 requires langchain-core<0.2.0,>=0.1.52, but you have
langchain-core 0.2.3 which is incompatible.
```

最简单的解决办法是升级langchain-community的版本，执行以下升级命令：

```
pip install --upgrade langchain-community
```

除此之外，LangChain还提供了相关的工具和库，比如命令行工具LangChain CLI，使用以下命令安装即可：

```
pip install langchain-cli
```

这条命令将安装LangChain的官方CLI工具，使开发者能够更高效地使用LangChain模板。LangChain CLI提供了一种简洁的方式来操作LangChain模板和其他LangServe项目。通过安装LangChain CLI，开发者可以更有效地管理和使用LangChain框架的各种功能和工具。

安装完成后，即可正常使用langchain命令了。

在实际安装LangChain的过程中，部分开发者可能会遇到如下报错：

```
    Fatal Python error: config_get_locale_encoding: failed to get the locale encoding:
nl_langinfo(CODESET) failed
    Python runtime state: preinitialized
```

该错误通常是由于系统语言环境设置不当所致。可通过以下命令将终端的LANG环境变量设置为英文：

```
export LANG="en_US.UTF-8"
```

需要注意的是，这种设置是临时性的。当关闭当前终端窗口，或在一个新的终端中运行langchain命令时，该问题再次出现。因此，建议将编码设置写入用户配置文件以永久生效，编辑~/.profile文件，在文件末尾添加如下配置：

```
export LC_CTYPE="en_US.UTF-8"
```

保存后，重启终端或打开一个新的终端窗口即可彻底解决编码问题。

对于想深入学习LangChain源码的开发者，可以选择源码安装方式。首先，通过Git命令克隆LangChain的代码仓库到本地，在终端执行如下命令：

```
git clone https://github.com/langchain-ai/langchain.git
```

然后在当前目录下进行本地源码的编译安装：

```
pip install -e .
```

除了Python版本的LangChain框架外，LangChain官方还推出了JavaScript版本。由于越来越多的科技公司选择使用Node.js开发新的商业项目，因此在开发LangChain应用时，也会选择保持统一的技术栈。

与Python环境中的多版本管理工具pyenv类似，Node.js也提供了nvm来管理多个Node.js版本。nvm的安装非常便捷，只需要在终端中执行以下命令：

```
curl -o- https://raw.githubusercontent.com/nvm-sh/nvm/v0.39.7/install.sh | bash
```

Node.js安装LangChain非常简单，使用npm命令即可：

```
npm i langchain
```

2.1.3 LangChain 的应用场景

LangChain是一个基于大语言模型（LLM）的开发框架，支持与多种主流大语言模型集成交互，帮助开发者快速开发强大的AI服务。其应用场景非常广泛，涵盖多个行业与领域：

- GPT模型：可以构建出多模态能力的GPT模型。比较知名的项目是AudioGPT。它可以同时处理语音和文本，完成语音识别、文本转语音、音频剪辑和生成等复杂任务。基于AudioGPT，可以开发语音助手、播客创作等应用。
- 智能客服：越来越多的公司基于LangChain开发智能客服，往往使用业务数据进行预训练，让机器人更懂产品和服务。例如，AWS推出的云服务咨询机器人可以解答用户关于AWS相关服务的各种问题。智能客服将逐步替代初级人工客服，甚至最终替代所有人工客服，帮助企业以更低的成本提供更优质的产品咨询、售后服务。
- 聊天机器人：无论是企业还是个人，都可以利用LangChain打造专属的聊天机器人。例如，GitHub上有一个非常受欢迎的基于Notion文档的问答机器人项目。该项目基于Langchain开发并集成了OpenAI的大语言模型，可以针对用户的Notion文档进行提问。
- 内容生成（AGCI）：根据用户需求自动生成高质量的推文、产品软广等内容，帮助企业快速创作爆款文案和文章，从而节省营销成本。例如，国内一些自媒体公司根据关键词和主题自动生成热门的小红书软文，迅速积累粉丝和点赞，为产品推广助力。
- 数据分析：LangChain可以通过大语言模型进行数据分析，生成具有商业价值的分析报告。一些国外顶级投行公司已在某些较为成熟的投资领域尝试使用LangChain生成一个投资报告自动生成系统，帮助投资分析师从海量的研报中获取有用的信息，从而找到有效的投资标的。
- 低代码服务：LangChain本身是一个简化的LLM开发框架，也可以开发可视化的LLM

开发平台。目前最著名的例子是LangFlow，它提供了可视化的工具来构建多代理和RAG应用。

2.2　小试牛刀：开发一个 AI 文章生成工具

“纸上得来终觉浅，绝知此事要躬行”。在了解到LangChain的强大功能之后，我们决定哦尝试开发一个AI文章生成工具，以此来体验LangChain开发LLM应用的标准流程。

假设你是一名在娱乐传媒公司工作的自媒体小编，每天需要根据热门话题编写公众号文章和小红书推文。今天是娱乐圈盛典的开幕式，出现了多个热门话题：星光之夜红地毯、某女明星的新电影、流行歌手A出了新专辑等。由于工作繁忙，你已经忙不过来了，无法逐一亲自写稿。于是，你想到了求助于高中同学极客君，他建议使用LangChain开发一个自动生成文章的LLM应用。

该LLM应用主要包含以下功能：

（1）根据话题（Topic）生成文章标题。

（2）根据文章标题生成文章内容。

技术架构设计如图2-3所示。用户输入热门话题后，LangChain通过PromptTemplate生成对应的提示词（Prompt），再调用OpenAI的大语言模型来生成文章标题。为了简化开发过程，本次开发没有引入预训练和相关的文章数据集。OpenAI的大语言模型有多个版本，目前比较新的版本是GPT-4o和GPT 4.5。然而，对于本项目而言，使用GPT-3.5-turbo已经足够了。在用户交互方面，笔者选择使用Python的streamlit库，该库不用专门编写HTML和CSS代码，提供了丰富的UI组件，可以便捷地生成美观且功能复杂的网页和视图。

图 2-3　AI 生成文章技术框架图

2.2.1　初始化项目和配置

首先，在PyCharm中创建一个新的项目，命名为article-generator，如图2-4所示。设置使用conda安装Python 3.8版本作为运行环境。对于每个项目，建议使用conda创建一个单独的虚拟运行环境，以确保运行环境的一致性和稳定性。

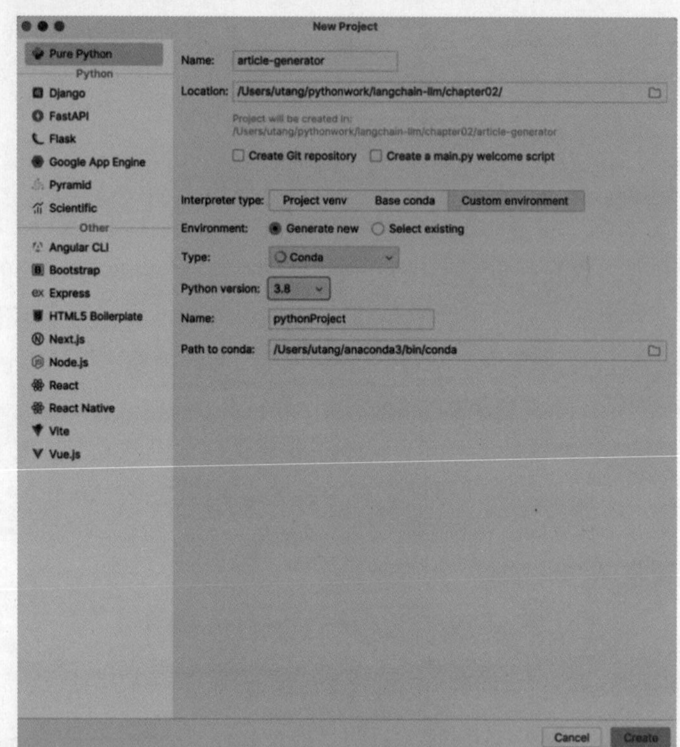

图 2-4　初始化项目界面

在IDE中打开一个终端，执行**python --version**命令，检查Python版本，如图2-5所示，确认Python环境已按照要求生效。

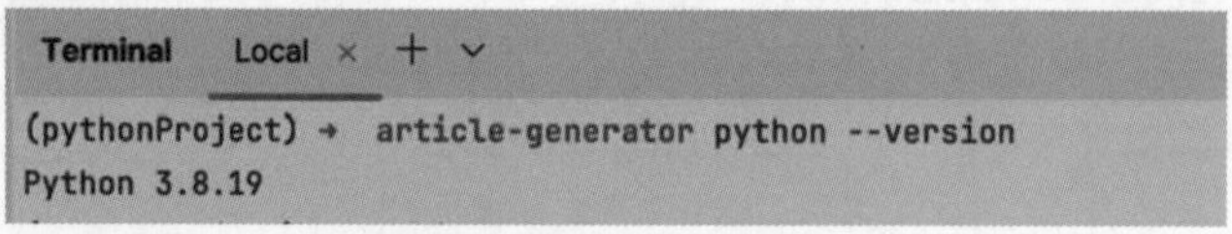

```
Terminal   Local ×  +  ∨
(pythonProject) → article-generator python --version
Python 3.8.19
```

图 2-5　Python 版本检查

为了能够在后续工作中使用OpenAI的GPT-3.5-turbo模型，事先准备好OpenAI API密钥至关重要。如果能直接支付OpenAI账单，可登录OpenAI平台后台生成API key。对于无法直接完成支付的开发者，可以通过电商平台购买稳定的API key。在项目根目录下创建.env文件，并填写准备好的OpenAI的key（密钥）：

```
OPENAI_API_KEY=sk-xewrewrwerwerwerew
```

安装所需的库可以通过**pip install lib1, lib2, lib3...**命令的方式安装，但更专业的做法是创建requirements.txt文件，将项目所需的所有库列入该文件，内容如下：

```
langchain
```

```
python-dotenv
streamlit
```

然后在终端执行命令来安装这些库：

```
pip install -r requirements.txt
```

2.2.2　编写标题生成服务

初始化工作完成之后，正式开始编写代码。首先，我们需要一个UI界面，让用户输入想要写的热门话题。可以使用streamlit来实现这个简单页面，代码如下：

```
import streamlit as st
# 设置页面显示的标题
st.title('热门文章AI生成器')
# 生成一个文本框，里面带有提示信息
topic = st.text_input('请输入你想写的话题：')
```

在IDE的终端执行streamlit命令运行Web服务：

```
streamlit run app.py
```

程序会自动唤起浏览器，并跳转到http://localhost:8501，可以看到如图2-6所示的页面。

图 2-6　热门文章生成器页面

在输入框中输入话题之后，变量topic就可以读取输入内容。

如果想用PyCharm内置的运行按钮运行streamlit编写的项目，则需要单独配置。单击界面右上角的■按钮，选择编辑配置，然后在弹窗中添加一个Run/Debug Configuration，设置以module（模块）方式运行，然后在Options中设置run app.py。整个设置如图2-7所示。

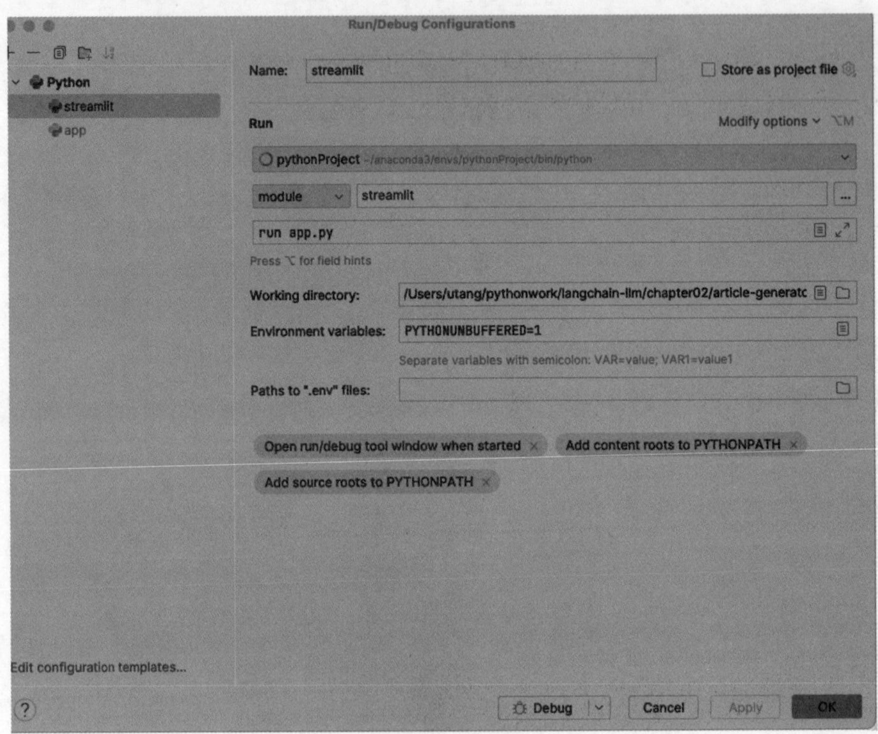

图 2-7　PyCharm 设置 streamlit 命令运行配置

以这种方式运行的最大好处是可以利用PyCharm对代码进行断点调试。

随后，需要用到LangChain调用OpenAI模型，这需要单独安装langchain-openai库，该库是Langchain框架对OpenAI的集成库，封装了OpenAI模型的常用功能。运行如下命令进行安装：

```
pip install -qU langchain-openai
```

命令参数解析：

- -q参数代表quiet，使安装过程处于安静模式，不会输出安装过程中的详细信息，只会显示关键信息。
- -U参数代表upgrade，确保安装的是最新版本的库，如果已经安装了旧版本，则会自动升级到最新版本。

langchain-openai提供了针对聊天模型的ChatOpenAI类和LLM模型的OpenAI类。我们先体验一下OpenAI类。

安装完毕后，我们可以生成一个OpenAI的LLM对象，并尝试使用它来回答问题，将下面的代码保存到一个名为test_openai.py的文件中：

```
import os
from dotenv import load_dotenv
```

```
from langchain_openai import OpenAI

# 默认从当前目录下的.env文件加载环境变量
load_dotenv()
# 从环境变量中获取OpenAI的API key
api_key = os.getenv("OPENAI_API_KEY")
# 初始化OpenAI大模型对象，选择使用gpt-3.5-turbo-instruct模型
llm = OpenAI(api_key=api_key, model_name="gpt-3.5-turbo-instruct")
# 向AI询问是否知道大熊猫花花的故乡
question = "What is the hometown of the hua hua panda?"
response = llm.invoke(question)
# 打印出大模型的回复
print(response)
```

关于OpenAI可用的模型，可以参考官方网站的列表：

```
https://platform.openai.com/docs/models/codex
```

在此我们选择使用gpt-3.5-turbo系列中的gpt-3.5-turbo-instruct，官方网站文档的介绍如图2-8所示。

gpt-3.5-turbo-instruct	Similar capabilities as GPT-3 era models. Compatible with legacy Completions endpoint and not Chat Completions.	4,096 tokens	Up to Sep 2021

图 2-8　gpt-3.5-turbo-instruct

简单来说，这个模型的主要目标是有效地遵循指令。它不是一个用于对话的模型，而是一个面向任务的模型。与聊天模型有所不同，它在提供精确响应方面异常高效，更适合完成一些指令式的任务。

接下来，使用Python命令执行该脚本，输出结果如图2-9所示。

```
(ai-coding-helper) → article-generator git:(master) × python test_openai.py

Hua hua pandas do not have a specific hometown as they are a rare and endangered species found in the Sichuan, Shaanxi, and Gansu provinces of China.
```

图 2-9　运行结果

很容易发现，它默认回复的语言和问题所用的语言保持一致。如果我们选择用中文提问，它也会自动用中文回复：

```
大熊猫花花的故乡是中国四川省成都市周边的秦岭山脉和四川盆地一带。
```

我们把OpenAI大模型正式引入标题生成的服务中，更新后的代码如下：

```
import streamlit as st
import os
from dotenv import load_dotenv
```

```
    from langchain_openai import OpenAI
    # 默认从当前目录下的.env文件加载环境变量
    load_dotenv()
    # 从环境变量中获取OpenAI的API key
    api_key = os.getenv("OPENAI_API_KEY")
    # 初始化OpenAI大模型对象，选择使用gpt-3.5-turbo-instruct模型
    llm = OpenAI(api_key=api_key, model_name="gpt-3.5-turbo-instruct",
temperature=0.9)

    # 设置页面显示的标题
    st.title('热门文章AI生成器')
    # 生成一个文本框，里面带有提示信息
    topic = st.text_input('请输入你想写的话题：')

    if topic:
        response = llm.invoke(topic)
        print(response)
```

上述代码中，在生成OpenAI类的实例时设置了temperature参数为0.9。temperature也被称为模型温度，用于控制大语言模型生成文本时的创造性和多样性，其取值范围为0~2的正数。较低的温度倾向于选择高概率词语，从而生成更具确定性的输出；较高的温度则会引入更多的随机性，从而可能产生更具创造性和多样化的结果。一般而言，0.7~0.9适用于创造性任务，1.0会生成更多样化的输出。鉴于本任务属于创造性文本生成，设置为0.9是较为合适的选择。

显然，直接把输入的话题（topic）传递给大语言模型（LLM）是不够的。LLM拿到一个话题，如“流行歌手A”，无法判断用户是想查询该歌手的资料，还是基于该话题生成文章标题。为此，我们需要通过提示词来引导LLM完成具体任务。

为了避免每次修改代码后都需要手动重新启动streamlit应用，可以安装watchdog库来监听文件修改并自动重新加载服务。可使用如下命令进行安装：

```
pip install watchdog
```

在此基础上，我们可以在调用LLM之前增加引导词（Prompt），修改的代码如下：

```
if topic:
    prompt = '请根据' + topic + '编写一个有创意的标题'
    response = llm.invoke(prompt)
    # 将AI生成的标题输出到网页上
    st.write(response)
```

引入提示词后，OpenAI大模型可以明确理解我们希望基于输入的话题生成一个富有创意的标题。

得益于watchdog库的使用，我们无须重启脚本，只需刷新网页，并在页面上的话题中输入“苹果醋”并按Enter键，等待一两秒，即可看到如图2-10所示的标题生成结果。

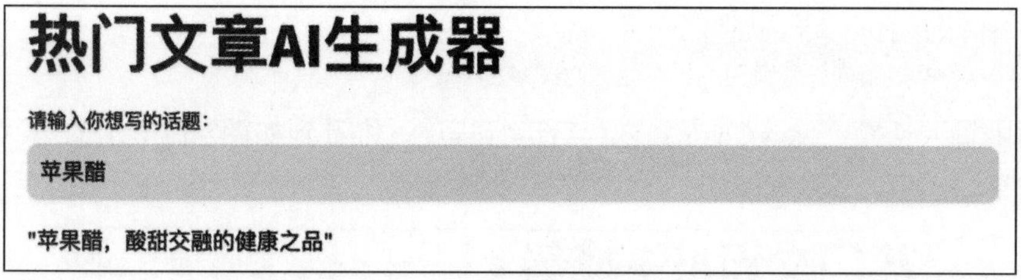

热门文章AI生成器

请输入你想写的话题：

苹果醋

"苹果醋，酸甜交融的健康之品"

图 2-10　标题生成结果

在实际的LLM开发中，我们不推荐将提示词硬编码在代码中。主要原因有两个：一是缺乏灵活性，提示词一旦修改需要把服务重新部署到服务器（无论是部署到云服务器还是进行私有化部署）；二是LangChain提供了强大的提示词模板功能PromptTemplate，支持通过配置化、参数化的方式构建提示词。

借助PromptTemplate，我们可以灵活组装提示词，比如控制生成标题数的量（如一次生成3个），也可以指定生成的语言（如英文标题），从而提升效率与多样性。

修改后的完整代码如下：

```
import streamlit as st
import os
from dotenv import load_dotenv
from langchain_openai import OpenAI
from langchain_core.prompts import PromptTemplate
# 默认从当前目录下的.env文件加载环境变量
load_dotenv()
# 从环境变量中获取OpenAI的API key
api_key = os.getenv("OPENAI_API_KEY")
# 初始化OpenAI大模型对象，选择使用gpt-3.5-turbo-instruct模型
llm = OpenAI(api_key=api_key, model_name="gpt-3.5-turbo-instruct",
temperature=0.9)

# 设置页面显示的标题
st.title('热门文章AI生成器')
# 生成一个文本框，其中带有提示信息
topic = st.text_input('请输入你想写的话题：')

if topic:
    # 创建一个提示词模板
    prompt_template = PromptTemplate.from_template("请用{language}根据话题：
{topic}编写{count}个有创意的标题")

    # 格式化提示词并添加变量
    prompt = prompt_template.format(topic=topic, count=3, language='英文')
    # 将提示词传给OpenAI类来执行
    response = llm.invoke(prompt)
```

```
    # 将AI生成的标题输出到网页上
    st.write('生成的标题如下:\r' + response)
```

在页面中输入话题“LangChain技术”后运行程序，将看到如图2-11所示的一次生成3个英文标题的结果。

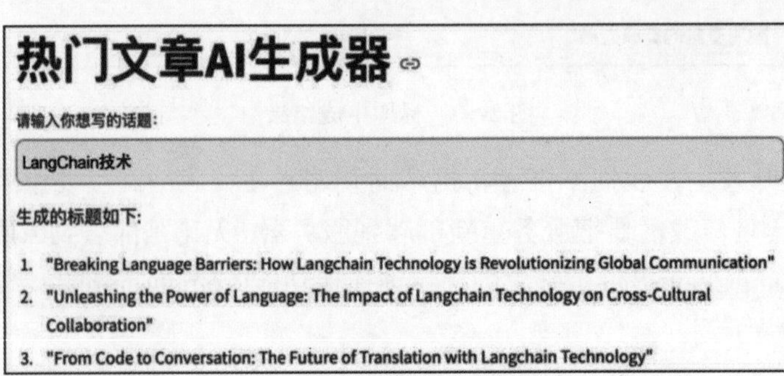

热门文章AI生成器
请输入你想写的话题:
LangChain技术
生成的标题如下:
1. "Breaking Language Barriers: How Langchain Technology is Revolutionizing Global Communication"
2. "Unleashing the Power of Language: The Impact of Langchain Technology on Cross-Cultural Collaboration"
3. "From Code to Conversation: The Future of Translation with Langchain Technology"

图 2-11 “LangChain 技术”的标题生成结果

简单总结一下，使用PromptTemplate有以下明显优势：

- 可重用性：PromptTemplate允许我们定义一次模板，然后在多个地方重复使用，避免重复编写相同的提示逻辑，提高代码的可维护性和可重用性。
- 关注点分离：PromptTemplate将提示格式化与模型调用分离，使代码更加模块化。这样开发者可以独立更改模板或模型，而不影响其他部分的代码。
- 动态提示：模板允许开发者根据需要动态生成提示，填充模板变量，适用于根据用户输入或运行时条件自定义构建提示。
- 可读性：模板可以将复杂的提示逻辑封装在简单的接口中，提高代码的可读性。命名变量通常更易于理解和维护。

2.2.3 编写文章生成服务

生成标题之后，我们可以基于标题进一步生成文章。一般来说，一篇热门文章的篇幅控制在800字以内，所以生成文章时也将字数限制在800字左右。

我们只需继续使用PromptTemplate来生成提示词模板和最终的提示词。为了更为直观和简洁地演示，之前生成3个标题并返回英文的过程将改为只生成1个标题，并返回中文。关键代码如下：

```
if topic:
    # 创建一个提示词模板
    prompt_template = PromptTemplate.from_template("请用{language}根据话题:
{topic}编写{count}个有创意的标题")


    # 格式化提示词并添加变量
```

```
        prompt = prompt_template.format(topic=topic, count=1, language='中文')
        # 将提示词传给OpenAI类来执行
        title = llm.invoke(prompt)
        # 将AI生成的标题输出到网页上
        st.write('生成的标题如下:\r' + title)
        if title:
            # 创建生成文章的提示词模板
            prompt_template = PromptTemplate.from_template(
                "请根据标题：{title}，生成一篇论述清晰的{language}文章，字数{chars}个字以内，
如果超出请进行精简。"
            )
            prompt = prompt_template.format(title=title, language='中文', chars=800)
            # 必须设置大一点的最大token数，以避免生成的文章内容被截断
            article = llm.invoke(prompt, max_tokens=4000)
            print(article)
            st.write('生成的文章内容：\r' + article)
```

刷新页面，重新输入话题“诸葛亮”，按Enter键后，可以看到如图2-12所示的结果。

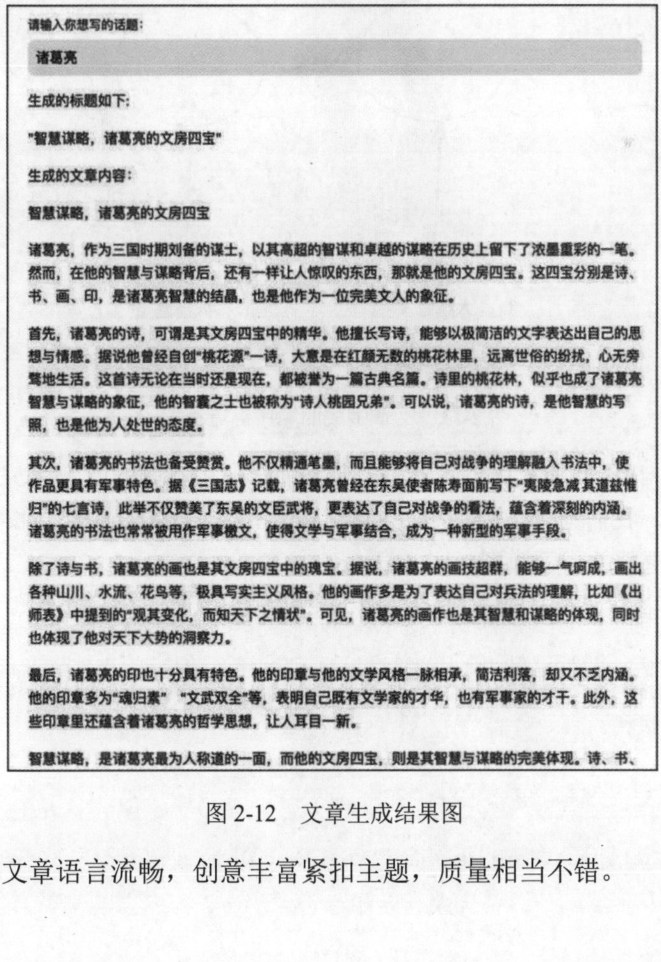

图 2-12 文章生成结果图

大模型生成的文章语言流畅，创意丰富紧扣主题，质量相当不错。

需要注意的是，在初始化OpenAI类的实例时设置了max_tokens参数。这个参数用于指定生成文本的最大token数量。由于中文的一个字可能对应多个token，因此我们需要把max_tokens设置得远大于800。如果不设置max_tokens参数，可能会导致生成的文本不足800个字或被截断。同样，生成英文版本的文章时，也需要适当设置更大的max_tokens值。

2.2.4　多链合并

在LangChain中，每个步骤的任务可以视为一个链（Chain）。在我们的AI文章生成项目中，有两个主要步骤：

步骤01 根据话题生成标题。

步骤02 根据上一步生成的标题进一步生成文章内容。

因此，对应的是两个链，并且这两个链是一个顺序链（Sequential Chain）。顺序链按顺序执行每个链，并将其封装成可复用的功能模块，它的流程图如图2-13所示。

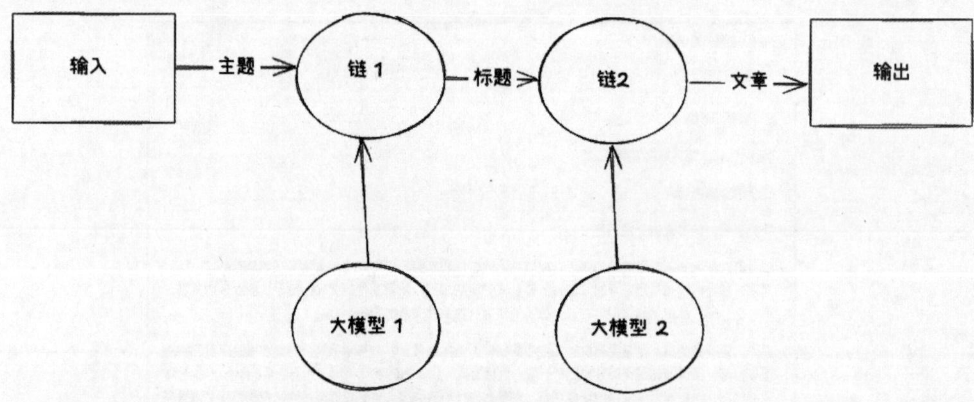

图 2-13　文章生成的顺序链流程图

由图2-13可知，在不同的链中，可以根据业务需求使用不同的LLM来完成相应的任务。例如，对于生成标题，我们选择使用指令式的模型gpt-3.5-turbo-instruct，而对于生成文章内容，可以选择文本能力更强的聊天模型gpt-3.5-turbo。

LangChain框架提供了顺序链这样的功能，下面将2.2.3节的代码改为顺序链来实现：

```
    from langchain.chains import LLMChain, SequentialChain
    from langchain_openai import ChatOpenAI
    # 省略其他逻辑代码
    # 初始化OpenAI大模型对象，选择使用gpt-3.5-turbo-instruct模型
    llm = OpenAI(api_key=api_key, model_name="gpt-3.5-turbo-instruct",
temperature=0.9)
    chat_llm = ChatOpenAI(api_key=api_key, model_name="gpt-3.5-turbo",
temperature=0.9)
```

```
    # 设置页面显示的标题
    st.title('热门文章AI生成器')
    # 生成一个文本框，里面带有提示信息
    topic = st.text_input('请输入你想写的话题：')

    if topic:
        # 创建一个提示词模板
        prompt_template = PromptTemplate.from_template("请用{language}根据话题：
{topic}编写一个有创意的标题")
        prompt = """
                你是一个擅长撰写各种文体的自媒体编辑，
                请用{language}根据话题：{topic}编写一个有创意的标题。
                """
        prompt_to_create_title = PromptTemplate(
            input_variables=["topic", "language"],
            template=prompt)
        # 格式化提示词并添加变量
        # 创建一个链来生成title
        chain_to_create_title = LLMChain(llm=llm,
                                         prompt=prompt_to_create_title,
                                         output_key="title", verbose=True)
        # 创建生成文章的提示词模板
        prompt_template_for_article = """
              你是一个擅长编写各种文体的自媒体编辑，
              请根据标题：{title}，生成一篇论述清晰的{language}文章，字数{chars}个字以内，
如果超出请进行精简。
              """

        prompt_to_create_article = PromptTemplate(
            input_variables=["title", "language", "chars"],
            template=prompt_template_for_article)

        chain_to_create_article = LLMChain(llm=chat_llm,
prompt=prompt_to_create_article, output_key="article")

        overall_chain = SequentialChain(
            chains=[chain_to_create_title, chain_to_create_article],
            input_variables=["topic", "language", "chars"],
            # 在这里返回多个变量
            output_variables=["title", "article"],
            verbose=True
        )
        response = overall_chain({"topic": topic, "language": "中文", "chars": "100"})
        # 将AI生成的标题输出到网页上
```

```
    st.write('生成的标题如下:\r' + response.title)
    st.write('生成的文章内容: \r' + response.article)
```

这段代码使用了另一种模板组装形式，通过原样格式语法，并利用input_variables将变量传递给原样字符串。最后，通过overall_all函数传入后续两个链中所用到的参数，按照顺序执行链中的大模型任务，上一个链的输出值title被传递给下一个链作为入参，最后返回大模型生成的title和article并输出到页面上。

由此可见，使用LangChain的顺序链具有以下好处：

- 逻辑封装：顺序链可以将多个任务按顺序连接在一起，形成一个完整的逻辑流程，便于管理和维护。
- 代码复用：顺序链可以将多个任务组合成可重复使用的模块，提高了代码的复用性和可维护性。
- 简化调用：顺序链可以将多个任务组织在一起，简化了调用过程，使代码结构更加清晰。
- 错误处理：顺序链可以更好地处理任务之间的依赖关系和错误，确保任务按顺序执行并处理异常情况。
- 性能优化：顺序链通过优化任务的执行顺序，提高整体性能和效率。

通过使用LangChain的顺序链，开发者可以更好地组织和管理任务流程，提高代码的可读性和可维护性。

SequentialChain提供的功能远不止本案例所展示的，它还支持复杂的业务流程、条件分支、循环等控制结构。下面是一个包含条件分支的例子：

```
from langchain.chains import LLMChain, SequentialChain
# 创建第一个LLMChain实例
chain1 = LLMChain(llm=model1, prompt=prompt1, output_key="output1")

# 创建第二个LLMChain实例
chain2 = LLMChain(llm=model2, prompt=prompt2, output_key="output2")

# 创建第三个LLMChain实例
chain3 = LLMChain(llm=model3, prompt=prompt3, output_key="output3")

# 创建一个条件判断函数
def condition_check(output1):
    if output1 == "desired_output":
        return True
    else:
        return False
```

```
# 创建一个包含条件判断的SequentialChain
overall_chain = SequentialChain(
    chains=[chain1, chain2, chain3],
    input_variables=["input_data"],
    output_variables=["output1", "output2", "output3"],
    verbose=True
)

# 定义输入数据
input_data = "your_input_data"

# 运行SequentialChain并获取输出
outputs = overall_chain.run(input_data)

# 提取第一个链的输出
output1 = outputs["output1"]

# 根据条件判断输出，执行相应的操作
if condition_check(output1):
    # 执行特定操作
    print("Condition met, performing specific task.")
else:
    # 执行其他操作
    print("Condition not met, performing alternative task.")
```

在这个例子中，我们创建了3个链，并将它们组合成一个SequentialChain。通过定义条件判断方法condition_check，根据chain1返回的output1来判断是否执行条件分支。

对于有上下游依赖关系且需要顺序执行的LLM应用，优先选择使用SequentialChain来实现。LangChain还提供了更简化的SimpleSequentialChain类，其语法和SequentialChain类似，最大的不同在于：SimpleSequentialChain只支持一个入参和一个出参。

下面是一个执行多个链的代码：

```
overall_chain = SimpleSequentialChain(chains=[chain1, chain2], verbose=True)
overall_chain.run(topic, language, chars)
```

2.3　LLM 开发的工作原理和标准流程

开发完AI文章生成工具之后，我们应该对常规的LLM应用开发有了一定的了解。LLM应用和其他软件开发有共通之处，但也有其独特性，下面内容为LLM开发的工作原理和标准流程。

1. 模块划分和功能点梳理

任何项目都应具有范围清晰的功能模块和功能列表，理清功能模块和功能点有助于开发者更好地进行开发。例如，本次开发的AI文章生成工具，主要有两个功能点：① 根据话题生成具有创意的标题；② 根据创意标题生成创意文章。因为功能较为简单，所以只能抽象出一个功能模块——文章模块。

对于更复杂的项目，比如电商网站，可以先从功能模块拆分为购物车模块、订单模块、支付中心模块、库存管理模块等。每个模块再进一步拆分功能点，以订单模块为例，包含的功能点有：订单创建、订单更新、订单详情查看、订单列表。

2. 选择合适的技术栈和技术架构

根据不同的项目和技术积累，选择适合的技术栈和技术架构来完成开发。大多数情况下，LangChain项目优先推荐使用Python进行开发。如果你的技术团队更多使用其他编程语言（如Node.js），那么也不用舍近求远来选择Python，LangChain同样支持Node.js。技术架构不仅涉及软件本的选择，还包括硬件和云平台的选择。例如，若你开发的LLM应用有较大的访问流量且流量大小分布较为随机，那么AWS云服务中的Lambda会是一个不错的选择。

3. 画出业务流程图或时序图

“好记性不如烂笔头”，把自己大脑中的流程画出来，能有效梳理出业务细节，并帮助开发者更直观地理解业务流程。

4. 迭代式编写代码

在2.2.2节中，我们一步一步推导并优化代码，降低了编程的心智压力。优秀的代码通常是通过不断迭代出来的，并非一步到位编写而成。每次迭代都会有少量修改，这样做可以让代码审核人员更轻松地检查每轮修改。

5. 自测和单元测试

充分的自我测试和单元测试能确保业务逻辑的正确和结果符合预期。不少公司为了追求开发效率，甚至忽视代码质量直接上线，一旦出现重大问题，将给个人和团队带来巨大损失。与其亡羊补牢，不如从一开始就做好功能测试，编写覆盖业务逻辑和边界场景的单元测试。

6. 持续优化和改进

发布只是软件生命周期的开始，而非结束。每个项目都可以通过反思找到改进的空间。例如，本节中提到的AI文章生成工具项目可进行诸多改进：

（1）增加文章生成后写入数据库的操作，这样可以持久化保存这些文章，以备后续使用。甚至可以建立AI文库进行管理，方便个人和公司长期使用。

（2）增加聊天功能，方便用户通过聊天方式不断改进文章内容。

（3）在UI上增加设置一次性生成文章数量和生成语言选项的功能，提高用户生成文章的效率。

（4）大模型的template（模板）选择可以做成UI上的选项方式，类似于Bing界面上的Copilot，提供不同的模式供用户选择。

第 3 章

3

LangChain基础模块

本章主要介绍LangChain框架的核心概念和六大功能模块，帮助厘清LangChain的重要技术概念，逐一学习各个模块的重要函数和用法，为后续LangChain框架的应用开发打下坚实的基础。

3.1 LangChain 的核心概念

LangChain是一个用于构建语言模型应用的框架，其核心理念在于通过链式结构将提示（Prompt）、记忆（Memory）、工具（Tools）和对话（Dialogue）等组件有机整合，从而实现灵活扩展与复杂任务处理。本节将介绍 LangChain 的核心模块极其丰富的生态系统组件，帮助读者全面理解该框架的整体架构与功能。

1. LangChain框架的组成库

LangChain框架由6个重要的库组成：

- langchain-core：此库定义了各类组件的抽象实现以及组合这些组件的通用方法，并对核心组件（如大语言模型（LLM）、向量存储器、检索器等）进行了接口规范化。框架保持了轻量级依赖的设计原则，不依赖任何第三方集成。
- langchain：该库包含用于构建应用认知架构的链、代理和检索策略，均为核心功能，不依赖第三方集成。所有链、代理和检索策略均为通用设计，适用于各类集成环境。
- langchain-community：该库包含由LangChain社区维护的第三方集成。许多合作伙伴提供的软件包被单独列出，涵盖了大语言模型（LLM）、向量存储、检索器等相关集成。为保持轻量级，所有依赖项均为可选。
- langchain-graph：这是LangChain的官方扩展，旨在构建健壮且有状态的多角色应用程序。它将LLM的建模步骤组织为图结构中的边和节点，主要用于构建和可视化基于

LangChain库中链、代理和检索策略的应用程序认知架构。

- langserve: 这是一个将LangChain链部署为 REST API 的库，旨在帮助开发者快速搭建并运行完整的 API 服务。它提供灵活的配置和环境变量管理功能，支持在多种环境下部署，以最小的配置将 LangChain 链部署为REST API，并兼容多种部署环境，包括本地服务器、云平台（如 AWS、Google Cloud、Azure）及容器化环境。

2. LangSmith平台

LangSmith是一个用于构建生产级大语言模型（LLM）应用程序的平台，旨在帮助用户密切监视和评估他们的应用程序，以便快速且有信心地进行部署。LangSmith可以独立运行，无须依赖LangChain，并提供了调试、测试、评估、监控和使用指标等多种功能。

3. LangChain的技术生态

整个LangChain的技术生态如图3-1所示，涵盖了从开发到部署，再到性能监控的各个环节。

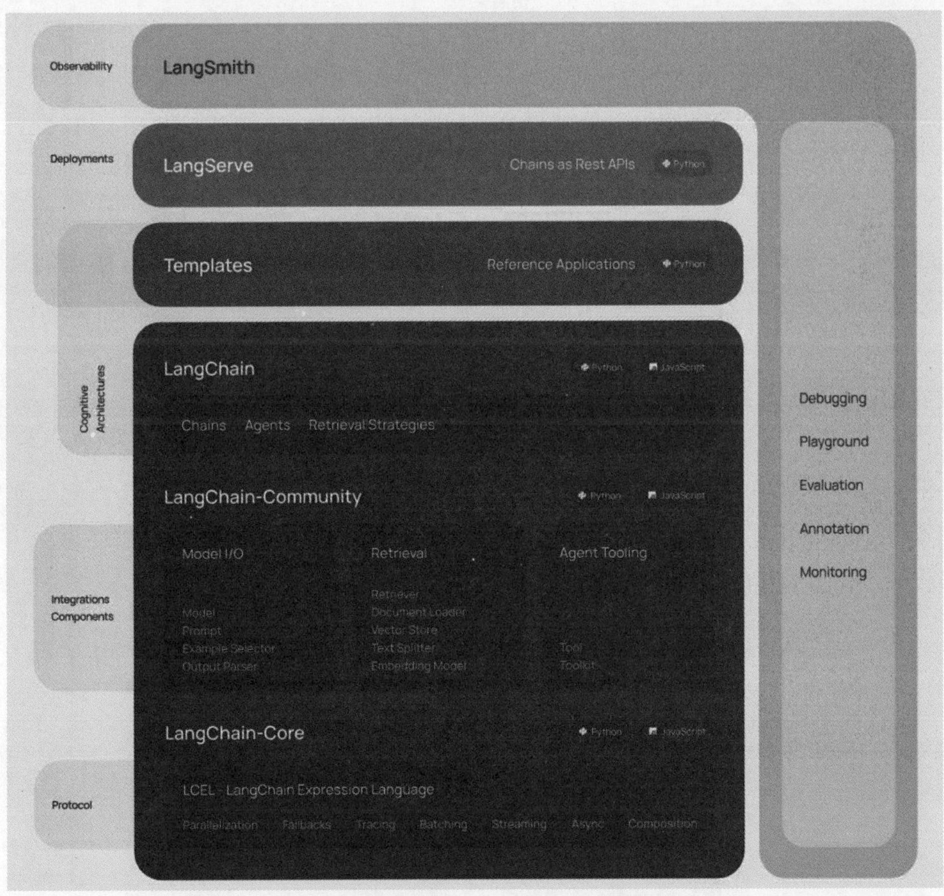

图 3-1　LangChain 技术生态图

LangSmith作为监控应用平台（Observability）位于最上层，部署层（Deployments）包括LangServe库和Templates模块。其中，LangServe可以将多个链封装成REST API的形式，目前LangServe框架仅支持Python版本。同样，Template模块提供了丰富的提示词模板和相关函数，目前也只支持Python版本。因此，对于使用LangChain进行LLM开发的开发者来说，选用Python语言进行编程比选用其他编程语言拥有更多SDK方面的支持。

LangChain和Template模块共同组成了认知架构（Cognitive Architecture），其中LangChain包含Chains、Agents（代理）以及Retrieval Strategies（检索策略）。在后续的章节中将重点介绍Agents及其应用，这是LangChain框架开发中的核心内容之一。

接下来是LangChain技术架构的重头戏：集成组件（Integrations Components）。它包括如下重要的模块：

- 输入/输出模块（Model I/O）：模型、提示词、选择器。
- 检索模块（Retrieval）：检索器（Retriever）、文档加载器（Document Loader）、向量数据库（Vector Store）、文本分割器（Text Splitter）、词嵌入模型（Embedding Model）。
- 代理工具（Agent Tooling）：工具（Tool）和工具箱（Toolkit）。LangChain内置了丰富的工具，支持灵活调用不同的链，并对输出结果进行特殊处理。工具箱提供了丰富的实际案例，可供开发者使用。

位于图中最下面的一层是协议层（Protocol）。LangChain-Core库位于这一层，提供了LCEL（LangChain表达式语言）的功能。它可以用于多模型协作、大规模文本生成、实时交互应用、批处理任务等应用的开发。在后续章节中将重点介绍相关用法。

3.2　输入和输出组件

几乎任何程序都包含输入和输出两个重要部分，对于LLM应用服务也是如此。我们通过向LLM提供提示词和任务信息，驱动其按照多个链式流程进行数据处理，最终为用户提供高质量的回复，整个工作过程如图3-2所示。

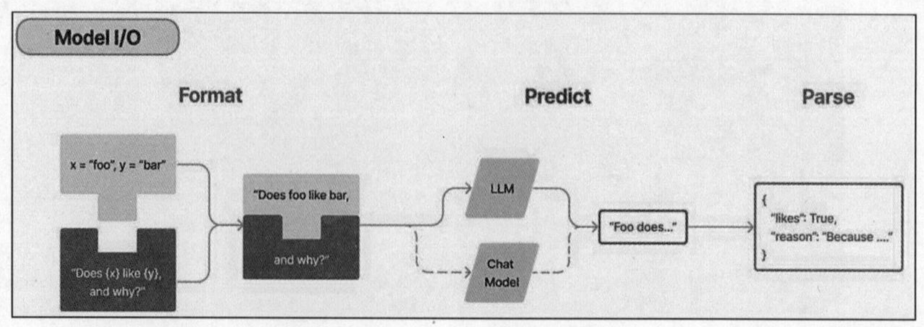

图3-2　输入/输出（I/O）处理流程

由图3-2可知，Model I/O的工作流程分成以下3个阶段：

- Format（格式化）：输入模块对信息进行格式化。
- Predict（预测）：通过使用LLM模型和聊天模型（Chat Model）对结果进行预测。
- Parse（解析）：对结果进行有效解析，生成标准输出。

按照工作流程的顺序，首先介绍LangChain框架提供了多种输入和输出模型组件方案。根据输入和输出能力及范围，大致可以分为以下3种：

- 纯文本输入：输入数据为简单的文本形式，适用于大部分场景。LangChain可以直接使用输入的文本字符串，也可以通过预处理步骤和管道（Pipeline）对更复杂的文本进行处理。
- 格式化输出：通过自定义输出解析器，将输出内容格式化。PromptTemplate类提供了output_parser参数，用于配置输出的处理逻辑。
- 多模态输入输出：支持处理图片、音频、视频、文件等非文本输入信息，并借助大模型进行理解和处理，最终输出多模态的结果。

目前，LangChain的多模态输入输出组件有：

（1）HumanMessage：支持在消息内容中包含文本和图像URL，可直接传递给模型进行处理。

（2）ChatPromptTemplate：可通过模板定义包含文本和图像的多模态提示信息，并将其传递给模型进行处理。

（3）Data Augmented Generation：在模型生成输出的过程中，可动态从外部数据源获取相关信息，从而提升输出的相关性和准确性。

3.2.1　Prompt 模板能力

在LLM应用服务开发中，首先需要学习和掌握Prompt模板的使用。开发的第一步通常是通过提示词模板对用户的输出数据进行封装，从而生成能够被大语言模型理解和使用的提示词。

1. PromptTemplate

LangChain提供了21种不同的提示词类，其中最常用的是PromptTemplate类，它有以下可用参数：

- input_types: Dict[str, Any]：可选参数，字典类型，表示提示词模板期望的变量类型。如果未提供，则所有变量默认被视为字符串。
- input_variables: List[str]：必需参数，列表类型，包含提示词模板期望的变量名称。
- metadata: Optional[Dict[str, Any]] = None：用于跟踪的元数据。
- output_parser: Optional[BaseOutputParser] = None：用于解析在该格式化提示词上调用

LLM的输出。

- partial_variables: Mapping[str, Any]：可选参数，提示词模板包含的部分变量字典。它可以作为部分变量填充模板，这样在每次调用提示词时就不需要传递它们。
- tags: Optional[List[str]]=None：用于跟踪的标签。
- template: str：必需，提示词模板。
- template_format: Literal['f-string', 'mustache', 'jinja2'] = 'f-string'：提示词模板的格式。选项有：f-string、mustache、jinja2。
- validate_template: bool = False：是否尝试验证模板。

以一个把英文句子翻译为法语的任务为例，代码如下：

```
from langchain_core.prompts import PromptTemplate
from langchain_openai import OpenAI
from dotenv import load_dotenv
import os

# 使用具体的类来实例化prompt对象，并指定input_variables参数
prompt = PromptTemplate(
    template="Translate the following English text to French: {text}",
    input_variables=["text"]
)
load_dotenv()
# 从环境变量中获取OpenAI的API key
api_key = os.getenv("OPENAI_API_KEY")
# 创建一个OpenAI模型对象
base_url = os.getenv("PROXY_BASE_URL")
llm = OpenAI(api_key=api_key, base_url=base_url,
model="gpt-3.5-turbo-instruct")

# 使用“|”运算符来创建RunnableSequence
chain = prompt | llm

result = chain.invoke({"text": "Hello, where is the book?"})
print(result)
```

在这段代码中，笔者使用PromptTemplate类定义了一个包含输入变量的提示词模板，完整地定义了一个英文转法语的任务。随后，通过RunnableSequence类将代码中的prompt和llm变量作为两个链顺序执行，从而完成整个翻译流程。

当执行该脚本之后，即可获得翻译后的法语文本：

```
Bonjour, où est le livre ?
```

之所以使用RunnableSequence，是因为直接使用LLMChain对象已被视为过时的写法。例如，早期可能会写成如下调用代码：

```
chain = LLMChain(llm=llm, prompt=prompt)

result = chain.invoke({"text": "Hello, where is the book?"})
print(result)
```

运行上述代码，在终端可能会看到以下的警告信息：

```
 LangChainDeprecationWarning: The class `LLMChain` was deprecated in LangChain 0.1.17 and will be removed in 0.3.0. Use RunnableSequence, e.g., `prompt | llm` instead.
  warn_deprecated(
{'text': '\n\nBonjour, où est le livre?'}
```

因此，建议使用最新版本的LangChain提供的强大组件RunnableSequence。该组件可将复杂的LLM任务拆分为更小的、可重复使用的模块，方便开发者独立开发、测试和部署，从而显著提升代码的可维护性和灵活性。

此外，RunnableSequence还能高效且自动地管理每个模块的输入和输出，确保数据在模块之间正确传递。通过这一机制，开发者可以专注于各模块的业务逻辑，而无需过多担忧复杂的数据流处理。

由于LangChain框架及其相关库一直在不断开发迭代中，如出现新的写法或者接口变更，请以官方文档为准。在每次运行LangChain代码时，应注意终端的输出信息，如果出现警告提示或者错误信息，应认真分析，并根据提示信息进行相应的调整。

与之前直接调用OpenAI API的方式不同，本例中选择通过中转服务来完成API请求。因此，在初始化OpenAI实例时，将base_url参数设置为.env文件中定义的PROXY_BASE_URL。如此一来，当调用OpenAI模型时，请求会发送到该配置的代理地址。

使用中转服务有以下明显的好处：

（1）网络要求更低：例如不需要外网能力即可使用OpenAI的接口能力。

（2）稳定性：接口服务更加稳定，响应速度也比官方更快。

（3）成本更低：中转服务通常部署在Azure云服务器上，提供的API调用成本也比OpenAI官方API更低。

目前使用的中转服务由一个开源免费的项目提供。请在GitHub中搜索free_chatgpt_api。该项目作为公益免费项目，提供了免费的API key和稳定的中转服务。根据其声明，仅可用于学习、研究和科研测试等合法用途。因此，将它用于 LangChain 的学习与开发十分合适。若读者后续想开发商业项目或企业级项目，建议通过Azure云服务来自建中转服务或直接使用Azure OpenAI的接口。

2. ChatPromptTemplate

ChatPromptTemplate是一个用于创建聊天模型提示词模板的类，广泛应用于AI聊天机器人等应用的开发中。

该类继承自BaseChatPromptTemplate类，使用一组BaseChatPromptTemplate实例来格式化对话消息。开发者可以便捷地定义一系列包含文本、变量占位符等的消息模板，包括系统消息、人类消息和AI消息等不同类型。这些消息模板将被组合成最终的提示词内容，并提供给大语言模型使用。

例如，我们可以预先设定AI的角色和背景信息，并通过添加引导性内容，使其在完成对话和相关任务时表现得更加出色。在LLM服务中，高质量的提示词对于输出结果具有决定性作用。随着人工智能技术的快速发展，甚至出现了专门负责设计和优化提示词的职业——提示词工程师（Prompt Engineer）。

下面是一个针对儿童睡前故事的AI助手的聊天模型提示词模板案例：

```
from langchain_core.prompts import ChatPromptTemplate

prompt_template = ChatPromptTemplate.from_messages([
    ("system", "你是一个擅长讲儿童睡前小故事的AI助手，你熟悉格林童话、小王子等优秀儿童文学，你讲的故事必须符合儿童审美和寓教于乐。"),
    ("user", "请给我一个关于{topic}的故事吧，500字以内。")
])

result = prompt_template.invoke({"topic": "白雪公主的"})
print(result)
```

在上述代码中，定义了一个包含了system和user两条信息的提示词数组变量。system消息用于向大语言模型传递系统级提示信息，通常用于设定AI的角色和背景。在此示例中，AI被设定为一个强大的儿童睡前故事助手，且其输出内容必须符合儿童健康成长的要求。user消息则代表用户的输入内容。通过invoke方法，将topic变量作为参数传入，驱动模型生成与主题相关的故事情节，从而完成讲故事的任务。

执行这段代码，可以得到如下的输出信息：

```
messages=[SystemMessage(content='你是一个非常厉害的AI助手'),
HumanMessage(content='请给我一个关于泰迪的故事吧，100字以内。')]
```

ChatPromptTemplate生成了一个messages对象，其中包含SystemMessage和HumanMessage，分别代表系统消息和人类用户消息。

有时，我们希望在messages列表中的指定位置插入特定类型的消息，此时需要使用MessagesPlaceholder来实现，将之前的代码调整为如下所示：

```
from langchain_core.prompts import ChatPromptTemplate, MessagesPlaceholder
from langchain_core.messages import HumanMessage

prompt_template = ChatPromptTemplate.from_messages([
    ("system", "你是一个擅长讲儿童睡前小故事的AI助手,你熟悉格林童话、小王子等优秀儿童文学,
你讲的故事必须符合儿童审美和寓教于乐。"),
    MessagesPlaceholder("message")
])
text_prompt_template = PromptTemplate.from_template(
    template="请给我一个关于{topic}的故事吧，500字以内。"
)
prompt_message = text_prompt_template.format(topic="白雪公主")
completed_prompt = prompt_template.invoke({"message":
[HumanMessage(content=prompt_message)]})
```

对于简单的聊天提示词来说，可以不使用MessagesPlaceholder，但如果messages中的消息条数很多，又想在指定位置插入message对象，则需使用MessagesPlaceholder。我们在开发过程中应根据具体场景，适当使用MessagesPlaceholder来完成提示词的生成工作。

完成了聊天提示词的生成之后，可以继续调用LLM中的聊天模型来完成对话。这里依然选择OpenAI的大模型，使用专门针对聊天对话的模型ChatOpenAI来完成会话。

具体代码如下：

```
from langchain_core.prompts import ChatPromptTemplate
from langchain_openai import ChatOpenAI
from dotenv import load_dotenv
import os

load_dotenv()
# 从环境变量中获取OpenAI的API key
api_key = os.getenv("OPENAI_API_KEY")
# 创建一个OpenAI模型对象
base_url = os.getenv("PROXY_BASE_URL")

prompt_template = ChatPromptTemplate.from_messages([
    ("system", "你是一个擅长讲儿童睡前小故事的AI助手,你熟悉格林童话、小王子等优秀儿童文学,
你讲的故事必须符合儿童审美和寓教于乐。"),
    ("user", "请给我一个关于{topic}的故事吧，500字以内。")
])

llm = ChatOpenAI(api_key=api_key, base_url=base_url, model="gpt-3.5-turbo")

chain = prompt_template | llm
```

```
result = chain.invoke({"topic": "白雪公主"})
print(result.content)
```

在初始化ChatOpenAI实例时，选择使用gpt-3.5-turbo模型，有条件的开发者也可以选择gpt-4或gpt-4o，这样生成的文本质量会更好。

将ChatPromptTemplate的invoke调用留给chain对象来执行，运行这段代码，最终输出的结果如图3-3所示。

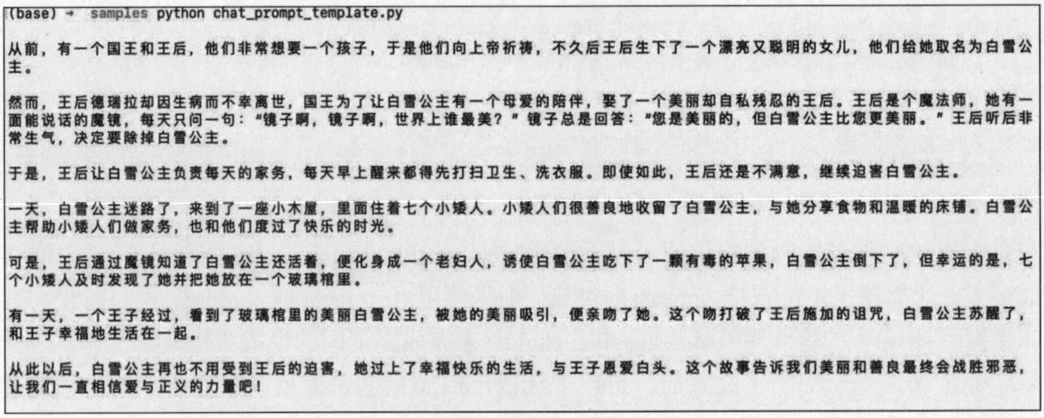

```
(base) → samples python chat_prompt_template.py

从前，有一个国王和王后，他们非常想要一个孩子，于是他们向上帝祈祷，不久后王后生下了一个漂亮又聪明的女儿，他们给她取名为白雪公主。

然而，王后德瑞拉却因生病而不幸离世，国王为了让白雪公主有一个母爱的陪伴，娶了一个美丽却自私残忍的王后。王后是个魔法师，她有一面能说话的魔镜，每天只问一句："镜子啊，镜子啊，世界上谁最美？" 镜子总是回答："您是美丽的，但白雪公主比您更美丽。" 王后听后非常生气，决定要除掉白雪公主。

于是，王后让白雪公主负责每天的家务，每天早上醒来都得先打扫卫生、洗衣服。即使如此，王后还是不满意，继续迫害白雪公主。

一天，白雪公主迷路了，来到了一座小木屋，里面住着七个小矮人。小矮人们很善良地收留了白雪公主，与她分享食物和温暖的床铺。白雪公主帮助小矮人们做家务，也和他们度过了快乐的时光。

可是，王后通过魔镜知道了白雪公主还活着，便化身成一个老妇人，诱使白雪公主吃下了一颗有毒的苹果，白雪公主倒下了，但幸运的是，七个小矮人及时发现了她并把她放在一个玻璃棺里。

有一天，一个王子经过，看到了玻璃棺里的美丽白雪公主，被她的美丽吸引，便亲吻了她。这个吻打破了王后施加的诅咒，白雪公主苏醒了，和王子幸福地生活在一起。

从此以后，白雪公主再也不用受到王后的迫害，她过上了幸福快乐的生活，与王子恩爱白头。这个故事告诉我们美丽和善良最终会战胜邪恶，让我们一直相信爱与正义的力量吧！
```

图 3-3 生成的童话故事文本

gpt-3.5-turbo模型目前只支持文本输入。想象一下，如果用户想通过一张图片来讲故事，那么就需要用到能识别图片内容的多模态模型。目前，最适合的多模态模型是gpt-4-vision-preview模型。下面是一个根据图片讲故事的例子：

```
from langchain_core.prompts import ChatPromptTemplate, MessagesPlaceholder
from langchain_core.messages import HumanMessage
from langchain_openai import ChatOpenAI
from dotenv import load_dotenv
import os
import base64

# 根据图片文件地址生成图片Base64的编码
def encode_image(image_path: str) -> str:
    with open(image_path, "rb") as image_file:
        image_base64 = base64.b64encode(image_file.read()).decode('utf-8')
    return image_base64


load_dotenv()
# 从环境变量中获取OpenAI的API key
api_key = os.getenv("OPENAI_API_KEY")
```

```
    # 创建一个OpenAI模型对象
    prompt_template = ChatPromptTemplate.from_messages([
        ("system",
         "你是一个擅长讲儿童睡前小故事的AI助手，你熟悉格林童话、小王子等优秀儿童文学，你讲的故事必须符合儿童审美和寓教于乐。"),
        MessagesPlaceholder("message")
    ])

    base_url = os.getenv("PROXY_BASE_URL")
    image_base64_string = encode_image('./littlered.png')
    llm = ChatOpenAI(api_key=api_key, base_url=base_url,
model="gpt-4-vision-preview")

    chain = prompt_template | llm
    result = chain.invoke({
        "message": [HumanMessage(content=
        [
            {"type": "text", "content":
                f"""
                根据提供的图片，请生成一段简短的故事，包括以下内容：
                1. 图片中出现的主要物品、人物和场景
                2. 图片所传达的主要意义或情感
                3. 对图片的总体评价
                4. 具有教育意义
                """
             },
            {
                "type": "image",
                "image_url": {
                    "url": f"data:image/png;base64,{image_base64_string}"
                }
            }
        ])]
    })
```

该代码的核心思路是：将待识别的图片转换为 Base64 编码的字符串，并将其作为 HumanMessage 传递给 ChatOpenAI 模型对象。通过设计合理的提示词，引导大语言模型基于图像内容生成一段富有情节的故事内容。这一 LLM 应用在儿童教育领域具有广泛的应用前景。例如，构建一个支持即时拍照功能的智能应用，将照片中的图像内容自动转化为生动有趣的童话故事。

尽管在大多数应用场景中输入内容以文本为主，但支持多模态的大模型为开发者提供了广泛的技术思路和应用可能性。

3.2.2 ChatModel模块

我们已经在多个例子中使用到了ChatModel模型，它是专门处理聊天消息的模型，其主要特点如下：

- 输入和输出：ChatModel以消息列表作为输入，并返回一个ChatResult作为输出。消息可以是SystemMessage、HumanMessage、AIMessage等不同类型。在之前的例子中，我们已经用到了HumanMessage。
- 流式输出：ChatModel支持流式输出，即在生成响应的过程中逐步返回结果。这些中间结果被封装为ChunkMessage。
- 自定义实现：开发者可以通过继承BaseChatModel抽象类来实现自定义的ChatModel。这样可以将自己的聊天模型集成到LangChain中，并复用LangChain提供的其他功能。

下面编写一个带有历史记录的AI助手应用来展示ChatModel的强大功能：

```
from langchain_openai import ChatOpenAI
import os
from dotenv import load_dotenv

from langchain.prompts.chat import (
    ChatPromptTemplate,
    SystemMessagePromptTemplate,
    AIMessagePromptTemplate,
    HumanMessagePromptTemplate,
)

load_dotenv()
# 从环境变量中获取OpenAI的API key
api_key = os.getenv("OPENAI_API_KEY")
base_url = os.getenv("PROXY_BASE_URL")

# 定义系统消息模板
template = """
你是一个友好的AI助手，与用户进行对话。
你会尽可能详细地从你的上下文中提供信息。
如果你不知道答案，你应该诚实地说你不知道。

当前对话：
Human: {input}
AI:"""
```

```
    system_message_prompt = SystemMessagePromptTemplate.from_template(template)

    # 定义示例历史记录
    example_human_history = HumanMessagePromptTemplate.from_template("你好")
    example_ai_history = AIMessagePromptTemplate.from_template("你好！很高兴和你聊天。
")

    # 定义用户消息模板
    human_template="{input}"
    human_message_prompt =
HumanMessagePromptTemplate.from_template(human_template)

    # 创建聊天提示词模板，包括系统消息、示例历史记录和用户消息
    chat_prompt = ChatPromptTemplate.from_messages([system_message_prompt,
                                                   example_human_history,
                                                   example_ai_history,
                                                   human_message_prompt])

    # 初始化ChatOpenAI模型
    llm = ChatOpenAI(api_key=api_key, base_url=base_url, model_name="gpt-3.5-turbo",
temperature=0.8)

    # 创建LLMChain，使用ChatOpenAI模型和聊天提示模板
    chain = chat_prompt | llm

    # 运行链，并打印结果
    result = chain.invoke({"input": "什么是AGI？请简单解释一下"})
    print(result)
```

从上述代码可以看出，首先定义了一段模拟的历史对话内容，随后通过引导词进一步针对AGI的定义提出问题。运行这段代码之后，AI的回复如下所示：

```
    content='AGI代表"人工通用智能"，是指具有与人类相当甚至超越人类智能水平的人工智能系统。与目前的人工智能系统（如语音助手、自动驾驶汽车等）相比，AGI系统将具有更广泛的认知功能，能够像人类一样进行推理、学习等多种任务，以及在不同领域进行灵活应用。AGI的实现将是人工智能领域的一次重大突破，也可能对社会、经济和伦理产生深远影响。目前，AGI仍然是人工智能研究的一个远期目标，尚未实现。'
response_metadata={'token_usage': {'completion_tokens': 207, 'prompt_tokens': 133,
'total_tokens': 340}, 'model_name': 'gpt-3.5-turbo', 'system_fingerprint':
'fp_811936bd4f', 'finish_reason': 'stop', 'logprobs': None}
id='run-f1cefe61-fdaa-46da-aacd-ddea977bfcbe-0' usage_metadata={'input_tokens':
133, 'output_tokens': 207, 'total_tokens': 340}
```

在实际项目中，可以预设一些对话来让AI更快进入服务角色，也可以使用Memory技术对

上下文进行临时存储。对于需要长期存储的对话，推荐使用数据库技术对聊天记录进行持久化保存。通过学习用户的历史对话内容，AI能够提供更具个性化的服务体验。在后续章节中，我们将使用向量数据库实现聊天数据的持久化存储，并在此基础上实现真正意义上的多轮对话能力。

除此之外，ChatModel还可以和LangChain的工具结合使用。LangChain的工具可以扩展大语言模型的能力，甚至完全改变大语言模型的执行结果。下面是一个改变大语言模型运行结果的例子：

```
from langchain_openai import ChatOpenAI
from langchain.tools import tool
from dotenv import load_dotenv
import os

@tool
def add(a: int, b: int) -> int:
    """Adds a and b."""
    return a + b


@tool
def multiply(a: int, b: int) -> int:
    """Multiplies a and b."""
    return a * b


tools = [add, multiply]

tool_map = {
    "add": add,
    "multiply": multiply
}

load_dotenv()
# 从环境变量中获取OpenAI的API key
api_key = os.getenv("OPENAI_API_KEY")
# 创建一个OpenAI模型对象
base_url = os.getenv("PROXY_BASE_URL")

# 创建聊天模型
llm = ChatOpenAI(api_key=api_key, base_url=base_url, model="gpt-3.5-turbo")
```

```
llm_with_tools = llm.bind_tools(tools)

llm_forced_to_multiply = llm.bind_tools(tools, tool_choice="multiply")
result = llm_forced_to_multiply.invoke("what is 2 + 4")

print(result)
tool_calls = result.tool_calls
# 从tool_calls获取工具名称和参数
for tool_call in tool_calls:
    tool_name = tool_call['name']
    tool_args = tool_call['args']

    result = tool_map[tool_name].invoke(tool_args)
    print(result)
```

首先，笔者通过注解定义了两个工具方法：add和multiply。随后使用bin_tools方法将这两个方法绑定在大语言模型实例上。值得注意的是，我们发送给大模型的提示词是求“2+4”的和，而绑定工具时设置的参数为tool_choice="multiply"。通过这段代码，读者可以了解大语言模型在面对提示词与工具选择（tool_choice）之间的冲突时如何做出决策。

执行代码之后，输出如下：

```
content='' additional_kwargs={'tool_calls': [{'id':
'call_qTWkWzNqReb9OwZDfZp8xnbc', 'function': {'arguments': '{"a":2,"b":4}', 'name':
'multiply'}, 'type': 'function'}]} response_metadata={'token_usage':
{'completion_tokens': 9, 'prompt_tokens': 85, 'total_tokens': 94}, 'model_name':
'gpt-3.5-turbo', 'system_fingerprint': 'fp_811936bd4f', 'finish_reason': 'stop',
'logprobs': None} id='run-4fa5258d-7fdc-4279-b820-da26bd4a1d2c-0'
tool_calls=[{'name': 'multiply', 'args': {'a': 2, 'b': 4}, 'id':
'call_qTWkWzNqReb9OwZDfZp8xnbc'}] usage_metadata={'input_tokens': 85,
'output_tokens': 9, 'total_tokens': 94}
```

可以看出，大模型并没有直接返回结果，也没真正计算“2+4”的和，而是调用了multiply方法，最后计算出了2×4的值为8。

另外，工具还可以和第三方服务进行集成，从而扩展大模型应用的业务能力。例如，根据用户输入的文本，调用不同的工具来完成相应的任务，最后和大模型结合使用。

3.2.3 自定义 Chat Model

用户可以通过继承BaseChatModel抽象类来实现自定义的ChatModel。这样可以将自己的聊天模型集成到LangChain的流程中，并复用LangChain提供的其他功能。

下面是一个简单的自定义ChatModel：

```
class CustomChatModel(BaseChatModel):
    """
    一个简单的自定义ChatModel，它会返回输入消息的前n个字符作为响应
    """
    model_name = "CustomChatModel"
    n = 3

    def __init__(self, n):
        super().__init__(n=n)    # 传递参数

    def _generate(self, messages, stop=None, run_manager=None, **kwargs):
        last_message = messages[-1]
        response_content = last_message.content[:self.n]
        message = AIMessage(content=response_content)
        generation = ChatGeneration(message=message)
        return ChatResult(generations=[generation])

    # 添加_llm_type方法
    def _llm_type(self) -> str:
        return "chat"
```

在这个例子中，笔者定义了一个CustomChatModel类，它继承自BaseChatModel。在_generate方法中，我们获取输入消息列表中的最后一条消息，并返回其前n个字符作为响应内容。

如果我们要调用这个Model，下面是一个例子：

```
model = CustomChatModel(n=3)
result = model.invoke([HumanMessage(content="Happy")])
print(result.content)  # Output: "Hap"
```

3.2.4 LLM模块的选择

在LangChain的应用开发中，根据业务需求选择不同的LLM模块至关重要。目前我们已使用了OpenAI的OpenAI和ChatOpenAI两种模型。除此之外，LangChain还支持集成来自其他平台的多种大语言模型，比如：

- Google生成式AI：Google公司开发的一系列强大的AI工具，能够根据用户的输入生成各种内容，包括文字、图像、音频和视频。这些工具基于Google领先的AI技术，如大语言模型（LLM）和生成式AI模型。可以让开发者试用的是Gemini Pro模型。
- Amazon Bedrock：Amazon Bedrock是一个完全管理的服务，通过一个单一的API，提供来自领先的人工智能公司的高性能基础模型（FM）的选择，如AI21实验室、Anthropic、Cohere、Meta、稳定人工智能和亚马逊，以及一系列广泛的功能。

- Hugging Face：Hugging Face是一个开源机器学习和数据集社区网站，提供了大量实用的开源模型、机器学习算法和数据集。LangChain也提供了与它交互的库，可以使用那些优秀的开源模型，例如huggingface/llama-30b等。
- Azure OpenAI：Azure OpenAI是由Azure提供的一项AI服务，为开发者提供了OpenAI的诸多大语言语言模型，包括GPT-4、Codex和Embeddings模型系列。这些模型适用于内容生成、摘要、语义搜索和自然语言代码翻译等任务。
- 百度千帆：百度智能云千帆平台提供了丰富的API，涵盖对话（Chat）、续写（Completions）、向量嵌入（Embeddings）、插件应用、提示词工程（Prompt Engineering）、模型服务、管理、调优及数据管理等API能力。目前，百度千帆大模型全面免费开放，是国内开发者构建 LLM 应用时一个值得考虑的大模型平台。

1. Google Gemini

为了在LangChain中集成Google Gemini模型，首先需要在Google Cloud的控制台中创建一个项目，并基于该项目生成一个Google API 密钥（API Key）。

如果读者是首次使用Google Cloud，请访问Google Cloud官方网站，完成注册账号并登录云平台管理控制台，随后创建第一个应用。

在Google Cloud的AI Studio页面创建API key，并记录下密钥的值，如图3-4所示。

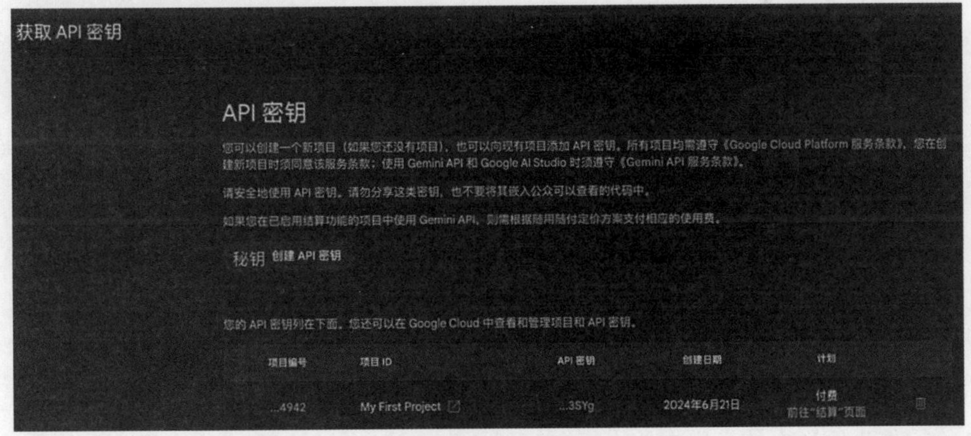

图 3-4　API 密钥获取页面

然后安装用于LangChain和Google交互的库：

```
pip install -U langchain-google-genai
```

在安装过程中可能会遇到如下报错信息：

```
ERROR: Ignored the following versions that require a different python version:
0.0.1 Requires-Python >=3.9,<4.0; 0.0.10rc0 Requires-Python >=3.9,<4.0; 0.0.11
```

```
Requires-Python >=3.9,<4.0; 0.0.1rc0 Requires-Python >=3.9,<4.0; 0.0.2
Requires-Python >=3.9,<4.0; 0.0.3 Requires-Python >=3.9,<4.0; 0.0.4
Requires-Python >=3.9,<4.0; 0.0.5 Requires-Python >=3.9,<4.0; 0.0.6
Requires-Python >=3.9,<4.0; 0.0.7 Requires-Python >=3.9,<4.0; 0.0.8
Requires-Python >=3.9,<4.0; 0.0.9 Requires-Python >=3.9,<4.0; 1.0.1 Requires-Python
<4.0,>=3.9; 1.0.2 Requires-Python <4.0,>=3.9; 1.0.3 Requires-Python <4.0,>=3.9; 1.0.4
Requires-Python <4.0,>=3.9; 1.0.5 Requires-Python <4.0,>=3.9; 1.0.6 Requires-Python
<4.0,>=3.9
    ERROR: Could not find a version that satisfies the requirement
langchain-google-genai (from versions: none)
    ERROR: No matching distribution found for langchain-google-genai
```

这是由于创建的虚拟环境使用的Python版本是3.8.x，而当前要安装的langchain-google-genai库要求Python版本不低于3.9。因此，需要更换为更高版本的Python虚拟环境，以满足该库的依赖要求。

建议继续使用conda命令创建一个3.10版本的Python虚拟环境，并激活该环境：

```
conda create --name langchain-google python=3.10
conda activate langchain-google
```

我们首先使用gemini-pro模型来实现一个歌词编写的案例：

```
from langchain_google_genai import ChatGoogleGenerativeAI
from dotenv import load_dotenv
import os
# 加载环境变量
load_dotenv()
# 获取Google API Key
api_key = os.getenv('GOOGLE_API_KEY')
# 生成Google GenAI实例
llm = ChatGoogleGenerativeAI(google_api_key=api_key, model="gemini-pro")
# 执行查询
response = llm.invoke("写一首青春之歌，需要两段不同的副歌")
# 打印结果
print(response)
```

Gemini作为原生支持多模态的大语言模型，也支持在对话消息中上传图片，考虑让它通过解析图片内容来创作小说片段，具体实现代码如下所示：

```
from langchain_core.messages import HumanMessage
from langchain_google_genai import ChatGoogleGenerativeAI
from dotenv import load_dotenv
import os
# 加载环境变量
load_dotenv()
```

```
    # 获取Google API Key
    api_key = os.getenv('GOOGLE_API_KEY')
    # 生成Google GenAI实例
    llm = ChatGoogleGenerativeAI(google_api_key=api_key,
model="gemini-pro-vision")

    # 设置提示词，包含一个用于生成小说片段的图片
    message = HumanMessage(
        content=[
            {
                "type": "text",
                "text": "What's in this image? Create a tinny novel about it",
            },
            {"type": "image_url", "image_url":
"https://waapple.org/wp-content/uploads/2021/06/Variety_Honeycrisp-transparent-65
8x677.png"},
        ]
    )
    # 执行查询
    result = llm.invoke([message])
    # 打印结果
    print(result)
```

在上述代码中，给AI提供的是一张苹果图片，Gemini会根据该图像内容构思一个短篇小说。由此可见，生成式AI在文本创作方面展现出的强大能力。

可以将image_url的值改为任何希望使用的图片地址，但需确保该图片的资源地址是有效的，否则，在执行代码时可能会遇到如下报错：

```
    langchain_google_genai.chat_models.ChatGoogleGenerativeAIError: Invalid
argument provided to Gemini: 400 Add an image to use models/gemini-pro-vision, or switch
your model to a text model.
```

这里有一个排查问题的小经验：初看报错很难直接想到是图片资源链接的问题。这时需要查找相关的文档。实际上，笔者遇到这个问题时，也查看了相关API文档，并没有获得直接的帮助。最后通过Google网页版的Gemini才获得了排查建议。因此，当遇到某个特定大模型的调用报错信息，并在查询文档没有得到进展时，可以通过对应的网页版大模型进行问题排查和分析，有时候能起到事半功倍的效果。

2. Hugging Face

Hugging Face是一家总部位于纽约市的美国公司，致力于开发用于构建机器学习应用程序的工具，尤其专注于自然语言处理（NLP）领域。该公司成立于2016年，其最具代表性的产品

是开源的Transformers库。

Transformers是一个基于Python的开源库，主要用于处理预训练的Transformer模型。Transformers库集成了大量预训练的语言模型，例如BERT、GPT-2、RoBERTa、Llama等，可以轻松应用于各种NLP任务，例如机器翻译、文本摘要、问答等。因此，把Hugging Face称为开源大语言模型的“军火库”也不为过。接下来，我们将尝试使用其中的Llama 3模型进行开发讲解。

LangChain也封装了Hugging Face进行交互的库，使用下面的命令进行安装：

```
pip install langchain-huggingface
```

最常用的是HuggingFaceEndpoint类，它封装了Hugging Face的大模型接口能力。

下面是一个用Microsoft开源模型的例子：

```
from langchain_huggingface import HuggingFaceEndpoint

# 生成大模型对象，使用Meta-Llama-3-8B-Instruct文本模型
llm = HuggingFaceEndpoint(
    repo_id="meta-llama/Meta-Llama-3-8B-Instruct",
    task="text-generation",
    max_new_tokens=100,
    do_sample=False,
)
# 执行查询
response = llm.invoke("我可以用Hugging Face做什么?")
# 打印结果
print(response)
```

在上述代码中，我们用到了HuggingFaceEndpoint类，它支持两种用法：一种是使用repo_id方式来本地化加载模型，这种方式在第一次运行时需要下载模型资源。通常，这些模型资源都比较大，以我们用到的Llama-3-8B-Instruct为例，资源达到了2.67GB，下载需要花费不少时间。另一种方式是使用无服务器服务来完成模型调用，并通过endpoint_url参数指定服务终端。对于免费用户，存在一定额度来请求服务终端。

读者可以根据自己的实际需要进行选择，如果想完全在本地使用模型，请选择repo_id方式。

在本地部署大模型的好处如下：

- 数据隐私与安全：本地部署可以确保数据不会离开开发者的控制，避免将敏感信息暴露给云服务提供商，尤其适合处理涉及隐私数据、商业机密或其他敏感信息的场景。
- 定制化与微调：可以在本地环境中对模型进行微调，使其更符合特定需求，例如针对特定领域进行优化或调整模型的语气和风格。
- 低延迟与实时应用：本地部署可以提供更快的响应速度，尤其适合需要实时交互的应

用，例如聊天机器人、虚拟助手和自动驾驶系统。

- 成本效益与可扩展性：相较于使用云服务，本地部署可以节省长期成本，并且可以通过增加计算资源或分布式部署来轻松扩展模型的处理能力。

此外，Hugging Face还提供了pipeline的方式，其代码如下：

```
    # 导入HuggingFacePipeline类，用于创建一个管道，该管道可以与Hugging Face模型一起使用
    from langchain_huggingface import HuggingFacePipeline

    # 从Transformers库导入AutoModelForCausalLM、AutoTokenizer和pipeline
    from transformers import AutoModelForCausalLM, AutoTokenizer, pipeline

    # 指定要使用的预训练模型的ID，这里使用的是gpt2
    model_id = "gpt2"

    # 使用AutoTokenizer.from_pretrained方法加载与模型ID对应的分词器
    tokenizer = AutoTokenizer.from_pretrained(model_id)

    # 使用AutoModelForCausalLM.from_pretrained方法加载与模型ID对应的因果语言模型（Causal
Language Model）
    model = AutoModelForCausalLM.from_pretrained(model_id)

    # 创建一个文本生成管道，传入模型和分词器，并设置生成的最大新token数量为10
    pipe = pipeline(
        "text-generation",   # 指定管道类型为文本生成
        model=model,         # 传入加载的模型
        tokenizer=tokenizer, # 传入加载的分词器
        max_new_tokens=10    # 设置生成的最大新token数量
    )

    # 创建一个HuggingFacePipeline对象，传入刚才创建的管道
    hf = HuggingFacePipeline(pipeline=pipe)
```

由此可见，通过HuggingFacePipeline类可以在本地运行开源大模型。

3. 百度千帆

百度智能云千帆大模型平台是一个国内面向企业开发者的平台，提供了一站式服务，帮助开发者轻松使用和开发大模型应用。

该平台主要功能包括：

- 模型资源丰富：提供文心一言底层模型和第三方开源大模型，从而满足不同的需求。
- AI开发工具齐全：提供各种AI开发工具和整套开发环境，方便开发者使用。

- 定制化服务：支持数据管理、自动化模型SFT以及推理服务云端部署，帮助企业根据自身需求定制大模型应用。

与Google的Gemini类似，首次使用云平台的开发者需注册账号并登录百度云平台管理后台。事实上，百度千帆提供了多种大语言模型，如图3-5所示。

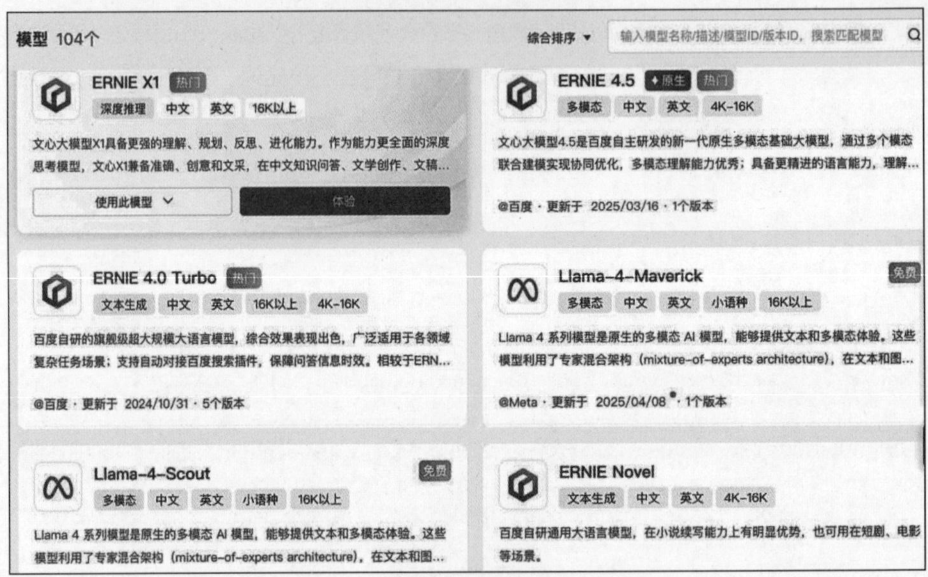

图3-5　百度千帆大模型列表页面

基于百度千帆大模型开发，我们首先需要生成QIANFAN AK和QIANFAN SK。QIANFAN AK和QIANFAN SK分别是百度文心一言（Qianfan）API的访问密钥（Access Key）和安全密钥（Secret Key）。它们用于身份验证和也是授权访问文心一言API的凭据。

生成密钥的方式也很简单，登录百度智能云官方网站后台，单击“安全认证”，跳转到如图3-6所示的页面，单击“创建Access Key”按钮即可生成安全密钥。

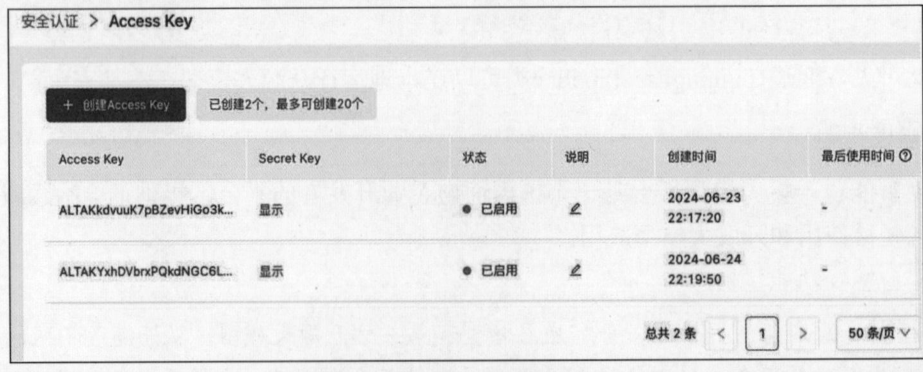

图3-6　生成安全密钥页面

随后，安装百度千帆的库，其命令如下：

```
pip install qianfan
```

下面编写一个简单的例子：

```
import os
from langchain_community.chat_models import QianfanChatEndpoint
from langchain_core.language_models.chat_models import HumanMessage
from dotenv import load_dotenv
# 加载环境变量
load_dotenv()
# 生成百度千帆大模型chatBot对象
chatBot = QianfanChatEndpoint(
    streaming=True,
    model="ERNIE-Bot",
)

messages = [HumanMessage(content="请告诉我全球最美的城市在哪里？")]
response = chatBot.invoke(messages)
print(response)
```

运行这段代码，可能会遇到如下的报错信息：

```
    qianfan.errors.APIError: api return error, req_id:  code: 17, msg: Open api daily
request limit reached 可能的原因：未开通所调用服务的付费权限，或者账户已欠费
```

必须开通付费才能使用百度千帆的高级模型，只需选择想用的模型，然后开通对应的付费功能即可，如图3-7所示。

1.文心大语言模型

模型名称	版本名称	服务内容	子项	单价
ERNIE X1	ERNIE-X1-32K-Preview	推理服务	输入	0.002元/千tokens
			输出	0.008元/千tokens
ERNIE 4.5	ERNIE-4.5-8K-Preview	推理服务	输入	0.004元/千tokens
			输出	0.016元/千tokens
		搜索增强	触发	0.004元/次
ERNIE 4.0 Turbo	ERNIE-4.0-Turbo-128K ERNIE-4.0-Turbo-8K ERNIE-4.0-Turbo-8K-Preview ERNIE-4.0-Turbo-8K-Latest ERNIE-4.0-Turbo-8K-0628	推理服务	输入	0.003元/千tokens
			输出	0.009元/千tokens
		搜索增强	触发	0.004元/次
	仅对ERNIE-4.0-Turbo-8K生效	**推理服务**	**缓存**	**0.0012元/千tokens**
ERNIE 4.0	ERNIE-4.0-8K ERNIE-4.0-8K-0613 ERNIE-4.0-8K-Latest ERNIE-4.0-8K-Preview	推理服务	输入	0.004元/千tokens
			输出	0.016元/千tokens
		搜索增强	触发	0.004元/次

图 3-7　开通付费页面

目前，在中文语料的训练下，百度千帆大模型已经非常优秀了，笔者期待着国产大模型继续发展壮大。

3.2.5　输出解析器和自定义输出解析器

输出解析器（Output Parser）是LangChain中用于将语言模型的输出结果转换为更结构化格式的关键组件。它对于输出内容进行进一步处理，使其输出更加结构化。

LangChain为此提供了多种输出解析器，如字符串输出解析器、JSON输出解析器等。

通常情况下，输出解析器是一个必须实现两个核心方法的组件：

- get_format_instructions()方法：该方法返回一个字符串，描述了语言模型的输出应该如何格式化。这个字符串通常会包含在提示模板中，告诉模型以特定的格式生成输出。
- parse()方法：该方法接受一个字符串（通常是语言模型的响应）作为输入，并将其解析为某种结构化的数据格式，如字典、列表或自定义的数据模型。这允许开发者将语言模型的原始输出转换为更易于处理的形式。

下面分别介绍一些常用的输出解析器。

1. PydanticOutputParser

PydanticOutputParser是LangChain提供的一种特殊的输出解析器，它利用Pydantic库将语言模型的输出解析为符合Pydantic模型定义的结构化数据。

假设一个场景，需要获得一个随机的美国电影演员的信息，输出内容为演员名称和一个演员演出列表，实现的代码如下：

```
import os
from langchain_openai import ChatOpenAI
from langchain_core.prompts import PromptTemplate
from typing import List
from langchain.output_parsers import PydanticOutputParser
from pydantic import BaseModel, Field
from dotenv import load_dotenv


class Actor(BaseModel):
    name: str = Field(description="演员名字")
    films: List[str] = Field(description="演员出演的电影列表")


# 默认从当前目录下的.env文件加载环境变量
load_dotenv()
```

```
    parser = PydanticOutputParser(pydantic_object=Actor)
    prompt = PromptTemplate(
        template="请给我一个随机美国演员的电影列表。\n{format_instructions}\n",
        input_variables=[],
        partial_variables={"format_instructions":
parser.get_format_instructions()}
    )
    api_key = os.getenv("OPENAI_API_KEY")
    base_url = os.getenv("OPENAI_URL")
    # 初始化ChatOpenAI大模型对象，选择使用gpt-3.5-turbo模型
    llm = ChatOpenAI(api_key=api_key, base_url=base_url, model="gpt-3.5-turbo")
    chain = prompt | llm | parser

    # 执行chain获取结果
    result = chain.invoke({})
    print(result)
```

在上述代码中，首先定义了一个Actor类，它继承自BaseModel类，随后定义了输出内容的结构。运行这段代码，可以得到如下的输出结果：

```
    name='Robert Downey Jr.' films=['Iron Man', 'Sherlock Holmes', 'Tropic Thunder',
'The Avengers', 'Iron Man 2', 'Iron Man 3', 'Avengers: Infinity War', 'Avengers:
Endgame', 'Chaplin', 'Zodiac']
```

读者执行这段代码时，可能会遇到如下的依赖报错信息：

```
    packages/requests/__init__.py", line 48, in <module>
        from charset_normalizer import __version__ as charset_normalizer_version
      File
"/Users/utang/anaconda3/envs/pythonProject/lib/python3.8/site-packages/charset_no
rmalizer/__init__.py", line 23, in <module>
        from charset_normalizer.api import from_fp, from_path, from_bytes, normalize
      File
"/Users/utang/anaconda3/envs/pythonProject/lib/python3.8/site-packages/charset_no
rmalizer/api.py", line 10, in <module>
        from charset_normalizer.md import mess_ratio
    AttributeError: partially initialized module 'charset_normalizer' has no
attribute 'md__mypyc' (most likely due to a circular import)
```

从报错信息中可以看出是charset_normalizer库引发的循环依赖问题，可通过升级charset_normalizer版本来修复该问题。执行下面的命令即可完成升级：

```
    pip install --upgrade charset-normalizer
```

2. 列表输出解析器

LangChain提供了一个以逗号分隔的列表输出解析器，返回的结果是一个列表结构的数据。下面是一个根据关键字生成5个手机品牌的案例，并使用了列表输出解析器：

```
import os
from langchain.output_parsers import CommaSeparatedListOutputParser
from langchain.prompts import PromptTemplate, ChatPromptTemplate,
HumanMessagePromptTemplate
from langchain_openai import ChatOpenAI
from dotenv import load_dotenv
# 创建一个逗号分隔的列表输出解析器
output_parser = CommaSeparatedListOutputParser()

format_instructions = output_parser.get_format_instructions()
prompt = PromptTemplate(
    template="List six {subject}.\n{format_instructions}",
    input_variables=["subject"],
    partial_variables={"format_instructions": format_instructions}
)


load_dotenv()
api_key = os.getenv("OPENAI_API_KEY")
base_url = os.getenv("OPENAI_URL")
# 初始化ChatOpenAI大模型对象，选择使用gpt-3.5-turbo模型
llm = ChatOpenAI(api_key=api_key, base_url=base_url, model="gpt-3.5-turbo")

chain = prompt | llm | output_parser

# 执行chain获取结果
result = chain.invoke({"subject": "cell phone brands"})
print(result)
```

从上述代码可以看出，我们使用CommaSeparatedListOutputParser来解析语言模型生成的逗号分隔的字符串列表，并将其转换为Python列表。这种方式可以帮助开发者更方便地处理和使用语言模型的输出结果。

3. 日期时间输出解析器

此外，我们还可以使用日期时间输出解析器把大模型的输出转换成日期格式，请参考下面的例子：

```
from langchain.prompts import PromptTemplate
```

```
from langchain.output_parsers import DatetimeOutputParser
from langchain_openai import ChatOpenAI
import os
from langchain_openai import ChatOpenAI
from dotenv import load_dotenv

load_dotenv()
# 生成一个日期时间解析器
output_parser = DatetimeOutputParser()

template = """
请认真理解并回答如下的问题:
{question}

{format_instructions}
"""
# 生成prompt对象
prompt = PromptTemplate.from_template(
    template=template,
    partial_variables={"format_instructions":
output_parser.get_format_instructions()}
)

api_key = os.getenv("OPENAI_API_KEY")
base_url = os.getenv("OPENAI_URL")
# 初始化ChatOpenAI大模型对象，选择使用gpt-3.5-turbo模型
llm = ChatOpenAI(api_key=api_key, base_url=base_url, model="gpt-3.5-turbo")

chain = prompt | llm | output_parser

# 执行chain获取结果
result = chain.invoke({"question": "When was the Google company build? "})
print(result)
```

运行该代码的结果如下：

```
1998-09-04 00:00:00
```

对于一些需要把输出结果处理成日期时间的应用，可以选择使用DatetimeOutputParser。

3.3 LCEL

LCEL（LangChain Expression Language）是LangChain中一种用于构建链的声明式方法，能够简洁高效地组合复杂的链式结构。该语言从设计之初就支持将原型直接部署到生产环境，

而无须修改任何代码。无论是最简单的“提示词 +LLM”链，还是高度复杂的多步骤链，LCEL都被广泛应用于 LLM 应用的开发中。

使用LCEL的原因如下：

- 一流的流式支持：使用LCEL构建链时，可以获得最佳的“首个标记时间”（从第一个输出片段开始的时间）。对于某些链来说，这意味着可以直接从LLM流式传输标记到流式输出解析器，并且能以与LLM提供程序输出原始标记相同的速率获得已解析的增量输出片段。
- 异步支持：使用LCEL构建的任何链都可以使用同步API（例如，在原型设计时在Jupyter笔记本中）和异步API（例如在LangServe服务器中）调用。这使得能够使用相同的代码在原型和生产环境中运行，并提供出色的性能，以及在同一服务器中处理多个并发请求的能力。
- 优化的并行执行：每当LCEL链具有可以并行执行的步骤时（例如，从多个检索器中获取文档），系统会自动执行并处理，无论是在同步还是异步接口中，以实现最小的延迟。
- 重试和回退：可以为LCEL链的任何部分配置重试和回退。这是一种在规模上提高链的可靠性的好方法。目前正在添加对重试/回退的流式支持，以便能够在没有任何延迟成本的情况下获得更高的可靠性。
- 访问中间结果：对于更复杂的链来说，在最终输出生成之前，访问中间步骤的结果非常有用。这可以用来让最终用户知道某些事情正在发生，或者只是用来调试链。可以流式传输中间结果，它在每个LangServe服务器上都可用。
- 输入和输出模式：输入和输出模式为每个LCEL链提供了从链结构推断的Pydantic和JSONSchema模式。这可以用于验证输入和输出，是LangServe不可或缺的一部分。
- 无缝的LangSmith跟踪：随着链越来越复杂，了解每个步骤中到底发生了什么变得越来越重要。使用LCEL，所有步骤都会自动记录到LangSmith中，以实现最大程度的可观察性和可调试性。
- 无缝的LangServe部署：使用LCEL创建的任何链都可以使用LangServe轻松部署。

3.3.1　管道操作

在LCEL中，管道（Pipe）符号“|”扮演着重要的角色，它用于将链中的各个组件连接起来。本质上，“|”操作符将左侧组件的输出作为右侧组件的输入，从而实现链式操作。实际上，在之前的例子中，我们已经使用过管道符号，在每次执行链操作时，都会将Prompt放在管道符最左边，中间是LLM，最右边是输出解析器。

一个典型的LLM链式任务如图3-8所示。

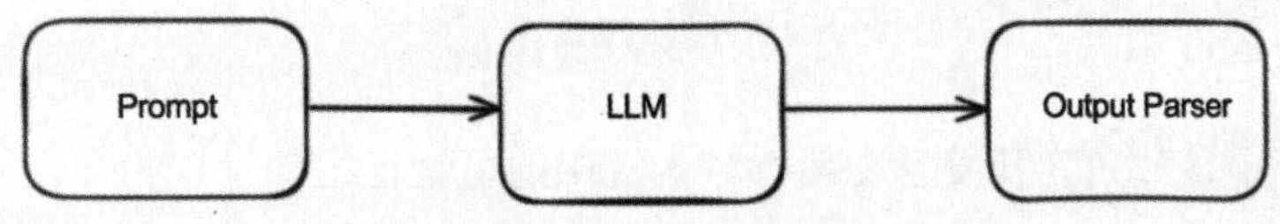

图 3-8　典型链式调用

下面准备了一个生成不同类型文本的案例，方便读者更好地理解和掌握LCEL的用法：

```
import os
from langchain_openai import ChatOpenAI
from langchain.prompts import PromptTemplate
from dotenv import load_dotenv

# 定义提示词模板
template = """请根据以下指示生成文本：

**指示：**{instruction}
**内容：**{content}

**输出：**"""

prompt = PromptTemplate(template=template, input_variables=["instruction",
"content"])
load_dotenv()

api_key = os.getenv("OPENAI_API_KEY")
base_url = os.getenv("OPENAI_URL")
# 初始化ChatOpenAI大模型对象
llm = ChatOpenAI(api_key=api_key, base_url=base_url, model="gpt-3.5-turbo")
# 创建链
chain = prompt | llm

# 生成不同类型的文本
print(chain.invoke({"instruction": "请将这段文字翻译成英文", "content": "你好，世界！
"}))
print(chain.invoke({"instruction": "请用更简洁的语言概括这段文字", "content": "这是
一个关于人工智能的介绍，人工智能是一种模拟人类智能的技术，它可以用于自动驾驶、机器翻译等领域。"}))
print(chain.invoke({"instruction": "请写一首关于春天的诗歌", "content": ""}))
```

这个案例执行了3个不同的文本任务，分别实现了生成中文转英文、概括文本、创作诗歌的文本的工作。最后通过prompt | llm来完成链式调用。

3.3.2 绑定参数的使用

LCEL运行绑定参数允许开发者在运行时为链中的可运行组件设置参数，从而使链更加灵活和可定制。

绑定参数的使用方式十分多样，如下所示：

- 定义可运行组件：定义一个可运行组件，例如一个LLM或一个检索器。
- 定义参数：定义要绑定的参数及其类型。这些参数可以是任何类型，例如字符串、数字、列表或字典。
- 使用bind方法绑定参数：使用bind方法将参数绑定到可运行组件。
- 调用链：可以调用链并传递必要的参数。

下面是一个使用绑定参数的案例：

```
import os
from langchain_openai import ChatOpenAI
from langchain.prompts import ChatPromptTemplate
from dotenv import load_dotenv
# 定义方法
functions = [
{
       "name": "weather_search",
       "description": "根据经纬度查看天气",
       "parameters": {
          "type": "object",
          "properties": {
             "lon": {
                "type": "number",
                "description": "要搜索天气的经度，数字类型，可以是负数",
             },
             "lat": {
                "type": "number",
                "description": "要搜索天气的经度，数字类型，可以是负数",
             }
          },
          "required": ["lon", "lat"],
       },
    }
]

load_dotenv()
api_key = os.getenv("OPENAI_API_KEY")
```

```
base_url = os.getenv("OPENAI_URL")
# 创建可运行组件（LLM）
llm = ChatOpenAI(api_key=api_key, base_url=base_url, model="gpt-3.5-turbo")

# 创建提示词模板
prompt = ChatPromptTemplate.from_dict([("human", "{input}")])

# 创建链
chain = prompt | llm

# 询问成都的天气怎么样
response = chain.invoke({"input", "经度104.07，纬度30.67的地方天气如何？"})
print(response)
```

在上述代码中，通过bind方法将方法functions与llm实例绑定在一起。其中，weather_search是一个自定义的查询天气的方法，它的具体实现如下：

```
import requests

def weather_search(lon, lat):
    """
    根据机场代码获取天气信息。

    Args:
        lon: 经度
        lat: 纬度
    Returns:
        一个包含天气信息的字典，例如:
        {"temperature": "20°C", "condition": "晴朗"}
    """

    api_key = "YOUR_API_KEY"  # 替换成真正的API密钥
    api_url = 
f"https://api.openweathermap.org/data/3.0/onecall?lat={lat}&lon={lon}&appid={api_
key}"

    response = requests.get(api_url)
    data = response.json()

    # 处理API的返回数据，获取当前的气温和天气描述（如多云、晴朗等）
    temperature = data["current"]["temp"]
    condition = data["current"]["weather"][0]["description"]
```

```
    return {"temperature": temperature, "condition": condition}
```

为了获得精准的天气数据，这里使用了OpenWeatherMap提供的实时天气API。该API拥有小时、分钟级别的天气数据，包括气温、湿度、降雨量、降雪量等重要指标。

3.3.3　invoke 函数

invoke方法是LCEL中用于执行链的核心方法，它接受一个字典作为输入参数，该字典包含链执行所需的所有参数。invoke方法会将这些参数依次传递给链中的各个组件，并最终返回完整的执行结果。

在上一个例子中，我们把input参数通过invoke方法传给了提示词模板，相关代码如下：

```
response = chain.invoke({"input", "经度104.07，纬度30.67的地方天气如何？"})
```

实际上，invoke方法所接受的参数字典可以包含多种类型的参数，除了基础数据类型外，还可以传入列表参数：

```
chain.invoke({"keywords": ["LangChain", "Machine Learning", "NestJS"]})
```

invoke方法还可以接受更复杂的字典参数，例如：

```
chain.invoke({"drink": {"name": "茶话弄", "quantity": 20}, "query": "今天的营业额如何？"})
```

除此之外，invoke方法接受一些自定义函数作为输入参数，如下所示：

```
def my_function(x):
    return x * x


chain.invoke({"my_function": my_function})
```

在真实的开发过程中，invoke方法支持更灵活的参数传递方式，可以将不同参数分别传递给链中的各个组件，以完成各自对应的任务。示例代码如下：

```
chain.invoke({
    "prompt": "请用更简洁、准确的语言概括这段文字：{text}",
    "text": "人工智能是研究使用计算机来模拟人的某些思维过程和智能行为（如学习、推理、思考、规划等）的学科，主要包括计算机实现智能的原理、制造类似于人脑智能的计算机，使计算机能实现更高层次的应用。",
    "temperature": 0.6,
})
```

在以上代码中，prompt参数用于向PromptTemplate提供提示词模板，text参数是需要进行摘要的文本内容，temperature参数则是传递给ChatOpenAI的温度参数，用于控制生成结果的随机性。此前我们只能将参数传递给PromptTemplate，而通过invoke方法，可以实现将参数一次性传递给链中的多个组件，提升调用效率与灵活性。

3.3.4　stream 函数

LCEL的stream函数是一项强大功能，能够显著提升应用程序的响应速度并优化用户体验。它允许开发者在大语言模型（LLM）生成文本的过程中，以分块（chunk）形式逐步接收和处理输出内容，而非等待整个文本生成完成后再进行处理。从机制上看，stream支持并发执行与非阻塞式调用，具备良好的实时性与交互体验。

这一特性对于像聊天机器人这样的AI应用程序尤为重要，因为它能够使应用程序更快速地响应用户输入，并提供更加流畅和自然的对话体验。

stream函数的适用范围不仅仅局限于聊天机器人的应用，在其他多种应用场景中同样具有广泛用途。以下为几个典型示例：

- 实时翻译：使用专门的实时翻译引擎，利用机器翻译技术来实现。
- 文本摘要：使用文本摘要算法，例如基于关键词的摘要、基于句子重要性的摘要等来生成文本的摘要。stream函数可以用来将摘要结果逐块地显示给用户。
- 语音识别：使用语音识别模型，例如深度神经网络模型将语音信号转换为文本。

下面是一个使用ChatOpenAI模型以流式方式（Streaming）获取返回结果的例子：

```
model = ChatOpenAI(streaming=True)

chunks = []
async for chunk in model.astream("你好，请告诉我一些关于团团的故事"):
    chunks.append(chunk)
    print(chunk.content, end="|", flush=True)

print("\n\n")
print(f"所有块的总内容：{''.join([chunk.content for chunk in chunks])}")
```

上述代码中，model = ChatOpenAI(streaming=True)创建了一个ChatOpenAI模型实例，并设置streaming=True来启用流式处理功能，随后，使用astream方法以异步的方式逐块获取ChatOpenAI模型的输出内容。通过对这些数据块进行逐步拼接，最终输出完整的生成结果。

值得一提的是，astream方法支持使用await关键字来同步获取异步结果。

3.3.5　batch 函数

batch函数可以让开发者一次性对多个输入执行链调用。我们可以将一组数据传递给链，并以并行的方式执行它们，从而提高调用效率。

举一个例子：一个小说家有给人物取名的需求，我们打算开发一个根据人物简介编写人物姓名的工具，可以使用batch函数将多个人物简介传递给链，并一次性生成所有人物姓名。

下面是完整的实现：

```
import os
from langchain_openai import ChatOpenAI
from langchain.prompts import ChatPromptTemplate
from dotenv import load_dotenv
load_dotenv()

api_key = os.getenv("OPENAI_API_KEY")
base_url = os.getenv("OPENAI_URL")
# 创建LLM实例
llm = ChatOpenAI(api_key=api_key, base_url=base_url, model="gpt-3.5-turbo")

prompt_template = ChatPromptTemplate.from_messages([
    ("system", "你是一个擅长根据人物背景资料编写人物姓名的AI写作助手，你想出的名字生动形象，
让人眼前一亮又富含深意。"),
    ("user", "请根据如下人物背景资料，生成一个人物姓名：{introduction}")
])

chain = prompt_template | llm

# 传递多个参数并发执行
results = chain.batch([
    {"introduction": "他是一个勇敢的少年，出生于一个小镇，后来跟随魔法师一起学习，拯救了
公主。"},
    {"introduction": "她是一个美丽的少女，来自皇室，性格活泼，长发异瞳。"}
])

print(results)
```

在这段代码中使用ChatPromptTemplate类来生成专门用于聊天模型的提示词模板信息，并用batch函数实现链的批量执行。

总体而言，batch函数适用于所有需要批量执行的任务场景，能够高效处理多个输入并返回对应结果，开发者可进一步对这些结果进行统一处理。

3.4 Memory模块

Memory（记忆）是LangChain的核心功能之一，它可以让LangChain记住与用户过去的对话，并在未来的交互中利用这些信息提供更准确、更有针对性的回复。记忆机制是LangChain

中用于存储和管理对话历史状态的核心组件。它使系统能够基于用户的历史交互信息理解上下文，并生成更具连贯性和语境适配性的响应，从而提升对话系统的智能化水平与用户体验。

Memory功能使LangChain能够维护更长的上下文，从而实现更复杂的对话。例如，聊天机器人可以根据用户先前的输入内容进行后续交流。换句话说，该机制能够记录用户的历史问题，并基于这些信息提供更有针对性的信息输出。

LangChain提供了多种不同的Memory组件，下面依次进行讲解。

1. ChatMessageHistory

最常用的是ChatMessageHistory类，它用于对聊天模型返回的数据进行封装，可以很方便地存储消息（包含人类消息、AI消息）与读取消息。

例如，可以增加一些历史聊天记录，如下所示：

```
from langchain_community.chat_message_histories import ChatMessageHistory

history = ChatMessageHistory()
# 添加用户消息
history.add_user_message("hi, AI master")
# 添加AI消息
history.add_ai_message("whats can I do for you?")
history.add_user_message("Who is the best singer in the world?")
history.add_ai_message("Sorry, I am a LLM.The best singer could be anyone.")
# 打印所有保存的历史聊天信息
print(history.messages)
```

其中，add_user_message方法用于将聊天消息添加到HumanMessage对象。

而add_ai_message方法则用于将消息添加到AIMessage对象。运行这段代码，可以看到如下输出信息：

```
[HumanMessage(content='hi, AI master'), AIMessage(content='whats can I do for you?'), HumanMessage(content='Who is the best singer in the world?'), AIMessage(content='Sorry, I am a LLM.The best singer could be anyone.')]
```

在实际开发中，通常更希望将历史聊天消息表示为Python字典数据类型，以便序列化和进一步处理。LangChain也提供了将消息转换成字典格式的方法，例如：

```
from langchain.schema import messages_from_dict, messages_to_dict
#skip other logics
messages_to_dict(history.messages)
```

2. ConversationBufferMemory

ConversationBufferMemory是LangChain中一个简单的内存类，它是最基本的内存类型，适用于存储对话历史记录。它将对话记录作为一个字符串缓冲区，并在需要时将其提供给模型。同时，它是ChatMessageHistory的一个包装器，可以便捷地提取变量中的消息。

其中，ConversationBufferMemory类提供了save_context方法来保存聊天消息，具体示例如下：

```
from langchain.memory import ConversationBufferMemory
# 创建一个内存记忆对象
memory = ConversationBufferMemory()

# 使用save_context方法保存上下文
memory.save_context(
    {"input": "你好，我是UbuntuMeta"},
    {"output": "你好，UbuntuMeta，很高兴认识你！"}
)

# 打印历史聊天记录
print(memory.load_memory_variables({}))
```

运行这段代码，可以看到如下字典输出：

```
{'history': 'Human: 你好，我是UbuntuMeta\nAI: 你好，UbuntuMeta，很高兴认识你！'}
```

下面用一个完整的例子来演示如何使用ConversationBufferMemory存储和检索对话历史记录：

```
import os
from langchain.memory import ConversationBufferMemory
from langchain_openai import ChatOpenAI
from langchain.chains import ConversationChain
from dotenv import load_dotenv
load_dotenv()

api_key = os.getenv("OPENAI_API_KEY")
base_url = os.getenv("OPENAI_URL")
# 初始化LLM实例和内存实例
llm = ChatOpenAI(api_key=api_key, base_url=base_url, model="gpt-3.5-turbo")

memory = ConversationBufferMemory()

# 初始化对话链
conversation = ConversationChain(
    llm=llm,
    memory=memory,
    verbose=True  # 打印对话过程
)
```

```
# 进行对话
print(conversation.predict(input="你好，AI助手！"))
print(conversation.predict(input="我叫皮皮。"))
print(conversation.predict(input="可以给我讲一个寓言故事吗？"))
```

在上述代码中，使用predict方法来调用语言模型进行预测，也就是说，每一次调用，AI都会基于预测进行回复。运行以上代码，可以得到如下输出结果：

```
    The following is a friendly conversation between a human and an AI. The AI is
talkative and provides lots of specific details from its context. If the AI does not
know the answer to a question, it truthfully says it does not know.

    Current conversation:
    Human: 你好，AI助手！
    AI: 你好！我是AI助手，很高兴能和你交流。有什么我可以帮你解决的问题吗？

    Human: 可以告诉我今天的天气吗？
    AI: 当然可以！根据我所在的位置，今天的天气是晴朗的，气温在华氏70度左右。不过，这只是根据我的
位置，如果你需要其他地方的天气，我需要知道具体的位置才能提供准确的信息。

    Human: 好的，那你能帮我查询一下最近的电影院吗？
    AI: 当然可以！请告诉我你的位置，我会为你查找最近的电影院。
    Human: 我叫皮皮。
    AI: 你好，皮皮！很高兴认识你。请告诉我你所在的城市或地区，这样我就可以帮你查找最近的电影院。
    Human: 可以给我讲一个寓言故事吗？
    AI:

    > Finished chain.
    当然可以！有一个叫作“乌鸦喝水”的寓言故事。故事讲述一只乌鸦口渴了，找到了一口水井，但是水井
里的水太低，没法喝到。乌鸦想了一会儿，想到了一个办法。它找来了一颗小石头，把它扔进水井里，水位就上
升了，乌鸦就可以喝到水了。这个故事告诉我们，遇到问题时要想办法解决，不要放弃。

    Process finished with exit code 0
```

更多Memory和LLM使用的案例将在后续实战章节中介绍，此处不单独展开。

3.5 基于输入的动态逻辑路由

LangChain 的动态逻辑路由功能允许开发者构建非确定性链，其中后续步骤的执行路径由前序步骤的输出结果决定。

实现此类动态路由逻辑的核心组件是 RunnableBranch，它可以根据条件判断选择不同的执行分支，从而实现灵活的链式控制流程。

整个执行流程如下：

首先初始化一个RunnableBranch对象，该对象包含一个由（condition, runnable）对组成的列表以及一个默认的可运行组件。当调用RunnableBranch时，它会将输入依次传递给各个条件判断表达式，并选择第一个评估结果为True的条件。随后，使用原始输入运行与该条件对应的可运行组件。如果所有条件均未匹配，则会执行默认的可运行组件。

3.5.1 RunnableLambda

在动态逻辑路由中，RunnableLambda是最常用的组件之一。它是LangChain中的一个重要概念，允许开发者将普通的Python函数封装为可参与链式调用的组件，从而实现与 LangChain 其他模块的无缝集成。

RunnableLambda支持以同步和异步两种方式执行，适用于非流式数据处理。

例如，可以先定义一个double_it函数，随后将其传递给RunnableLambda的构造器，从而将其封装为一个可参与链式调用的组件：

```
from langchain_core.runnables import RunnableLambda

def double_it(x: int) -> int:
  return x * 2

runnable = RunnableLambda(double_it)
result = runnable.invoke(3)  # 返回6
```

在熟悉了RunnableLambda的基本用法之后，接下来将介绍其动态逻辑路由中的典型应用。示例代码如下：

```
from langchain_core.runnables import RunnableLambda, Runnable

# 增加3
def func_add_three(x: int) -> int:
    return x + 3


# 翻倍
def func_double(x: int) -> int:
    return x * 2


runnable_one = RunnableLambda(func_add_three)
```

```
runnable_two = RunnableLambda(func_double)


def route_function(input: dict) -> Runnable:
    if input['condition'] == 'add':
        return runnable_one
    else:
        return runnable_two


# 使用动态路由执行对应的函数
result = route_function({'condition': 'add'}).invoke(7)          # 返回 10
print(result)
result = route_function({'condition': 'multiply'}).invoke(4)     # 返回 8
print(result)
```

在以上代码中，我们根据条件判断选择并执行相应的RunnableLambda函数，以完成对应的业务逻辑处理。

3.5.2 RunnableBranch

根据官方文档介绍，RunnableBranch是一种特殊类型的Runnable类，它允许开发者定义一组条件和可运行程序，以便根据输入执行。

RunnableBranch可以用于以下几种情况：

（1）在不同条件下执行不同的业务逻辑。

（2）根据需求选择使用不同的LLM模型。

（3）实现类似动态逻辑路由的功能。

下面是一个使用RunnableBranch的例子：

```
def is_number(x):
    return isinstance(x, numbers.Number)


def say_hi(x):
    return "Hello %s" % x


def double_it(x):
    return x * 2
```

```
branch = RunnableBranch(
    (is_number, double_it),
    (lambda x: isinstance(x, str), say_hi),
    lambda x: "nothing to do"
)

print(branch.invoke(2))          # 输出：6
print(branch.invoke("Tutu"))     # 输出：Hello Tutu
print(branch.invoke([]))         # 输出：nothing to do
```

在创建RunnableBranch对象时，我们传递一个列表，列表中的每一项都是一个元组，元组的第一项是一个条件函数，第二项是一个可运行函数。当条件函数的返回值是True时，会执行第二项的函数。

3.6 检　索

LangChain的检索（Retrieval）模块是其核心功能之一，提供了丰富的组件用于加载和处理文档数据。这些组件能够对原始文档进行解析、转换和结构化处理，并将处理后的数据传递给其他基础模块，以支持后续的模型调用与链式流程。

检索模块包含如下核心组件：

- 文档加载器（Document Loaders）：用于从各种数据来源加载内容，例如文本文件、PDF、网页等。
- 文本分割器（Text Splitters）：将加载的文档分割成更小的数据块，以便进行嵌入和存储。
- 嵌入模型（Embedding Models）：将文本信息转换为向量表示，以便在向量数据库中进行语义方面的搜索。
- 向量存储（Vector Stores）：用于存储和检索文本块的向量表示。常见的向量数据库包括Chroma、Pinecone、Milvus等。
- 检索器（Retrievers）：根据用户查询条件从向量数据库中检索最相关的文本块。

本节将分别介绍以上列举的所有相关模块，通过案例学习模块的常见用法。

3.6.1 文档加载器

在LangChain中，文档加载器（Document Loaders）是一个用于加载和处理来自各种来源的文档的组件。它简化了从不同文件格式、API或其他数据源读取文档所涉及的复杂性，从而能够以统一且一致的方式对这些数据进行使用和处理。

1. 常见格式文档转换

每个文档加载器都实现了一个load方法，用于从配置的数据源中加载内容并封装成文档对象。同时，它也支持懒加载机制，即在真正需要使用数据时才进行实际加载，从而提升性能与资源利用率。

文档加载器支持多种常见文本格式的读取与处理。例如，若需从CSV文件中加载文档数据，下面是具体的代码：

```
from langchain_community.document_loaders.csv_loader import CSVLoader

loader = CSVLoader(file_path='./example_data/stock.csv')
data = loader.load()
print(data)
```

只需初始化一个CSVLoader实例，并通过file_path参数传入待读取的文件路径。随后调用其load方法，即可将CSV文件转换为LangChain可处理的文档对象。

对于普通文本文件，LangChain提供了TextLoader类，其用法如下：

```
from langchain_community.document_loaders import TextLoader

loader = TextLoader("./books.md")
loader.load()
```

对于PDF文件，LangChain提供了PDFLoader类，其用法如下：

```
from langchain_community.document_loaders import PDFLoader

loader = PDFLoader("./test.pdf")
loader.load()
```

2. 公共数据集或功能服务

LangChain提供了公共资源作为数据来源的组件，例如WikipediaLoader，可用于从维基百科加载文本内容。

3. 专有数据集或服务加载器

对于需要权限才能访问的特定数据集或服务，如公司内部的数据库和API服务等，LangChain提供了丰富的数据库文档加载器：

- MongoDBLoader：从MongoDB数据库加载文档数据。
- PostgresLoader：从PostgresSQL数据库中加载数据。
- S3FileLoader：从AWS S3中读取文件数据。
- GoogleDriveLoader：从Google Drive中读取文件。

以GoogleDriveLoader为例，需要先安装依赖库：

```
    pip install --upgrade google-api-python-client google-auth-httplib2
google-auth-oauthlib
```

下面是从Google Drive加载文件的例子：

```
    from langchain_google_community import GoogleDriveLoader
    loader = GoogleDriveLoader(
        folder_id="1yucgL9WGgWZdM1TOuKkeghlPizuzMYb5",
        token_path="/path/where/you/want/token/to/be/created/google_token.json",
        # Optional: configure whether to recursively fetch files from subfolders.
Defaults to False.
        recursive=False,
    )
```

LangChain提供了数十种不同的文档加载器，更多的文档加载器可查看最新的官方文档，如图3-9所示。该文档中显示了每一种文档加载器的详细介绍，包括是否支持懒加载（Lazy Loading）和原生支持异步（Async Support）。

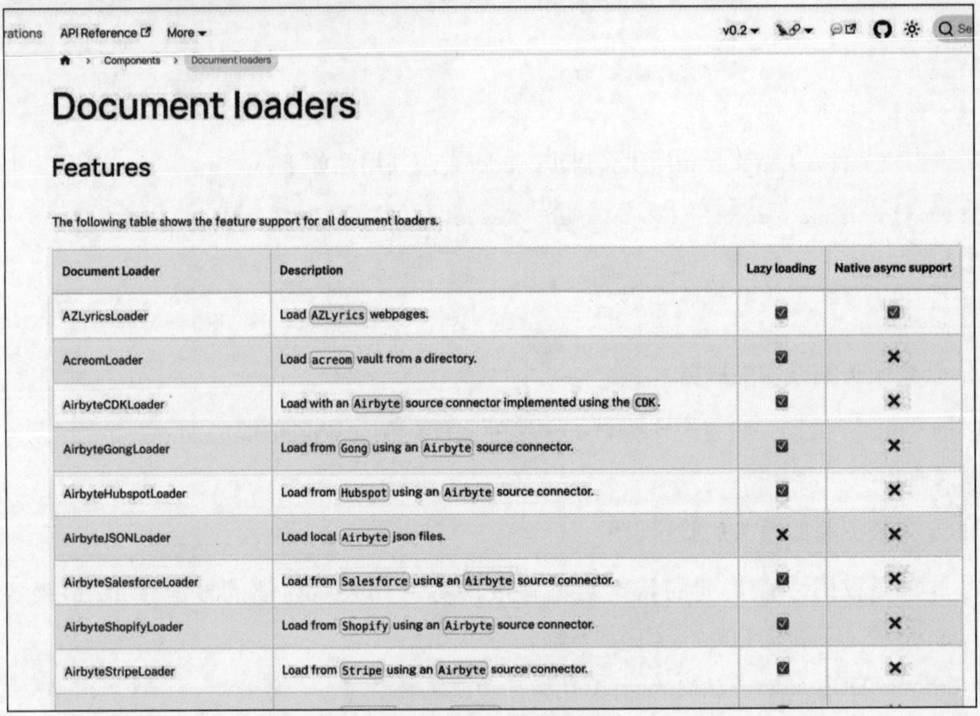

rations　API Reference　More　v0.2

Components › Document loaders

Document loaders

Features

The following table shows the feature support for all document loaders.

Document Loader	Description	Lazy loading	Native async support
AZLyricsLoader	Load AZLyrics webpages.	✅	✅
AcreomLoader	Load acreom vault from a directory.	✅	❌
AirbyteCDKLoader	Load with an Airbyte source connector implemented using the CDK.	✅	❌
AirbyteGongLoader	Load from Gong using an Airbyte source connector.	✅	❌
AirbyteHubspotLoader	Load from Hubspot using an Airbyte source connector.	✅	❌
AirbyteJSONLoader	Load local Airbyte json files.	❌	❌
AirbyteSalesforceLoader	Load from Salesforce using an Airbyte source connector.	✅	❌
AirbyteShopifyLoader	Load from Shopify using an Airbyte source connector.	✅	❌
AirbyteStripeLoader	Load from Stripe using an Airbyte source connector.	✅	❌

图 3-9　文档加载器列表

3.6.2 文本分割器

文本分割器（Text Splitter）是一个用于将文本分解成更小、更易于管理的片段的组件。在处理大数据量的文档时，它非常有用，因为它可以帮助大语言模型更有效地处理文本，并提高响应的性能和准确性。

LangChain提供了多种不同的文本分割器，遵循多种不同的分割逻辑，可以基于Token（词元）、句子、语义进行文本分割。

下面介绍3种常用的文本分割器，掌握这些文本分割器的用法即可满足日常开发需求。

1. RecursiveCharacterTextSplitter

RecursiveCharacterTextSplitter是常用的文本分割器，用于将大段的文本切分成较小的段落块。

下面是将长段落文本切分成小块的示例代码：

```
from langchain.text_splitter import RecursiveCharacterTextSplitter

# 准备一大段文本段落，选自朱自清的《背影》
my_text = """
我与父亲不相见已二年余了，我最不能忘记的是他的背影。
那年冬天，祖母死了，父亲的差也交卸了，正是祸不单行的日子。我从北京到徐州，打算跟着父亲奔丧回家。到徐州见着父亲，看见满院狼藉的东西，又想起祖母，不禁簌簌地流下眼泪。父亲说："事已如此，不必难过，好在天无绝人之路！"
回家变卖典质，父亲还了亏空；又借钱办了丧事。这些日子，家中光景很是惨淡，一半为了丧事，一半为了父亲赋闲。丧事完毕，父亲要到南京谋事，我也要回北京念书，我们便同行。
到南京时，有朋友约去游逛，勾留了一日；第二日上午便须渡江到浦口，下午上车北去。父亲因为事忙，本已说定不送我，叫旅馆里一个熟识的茶房我同去。他再三嘱咐茶房，甚是仔细。但他终于不放心，怕茶房不妥帖；颇踌躇了一会。其实我那年已二十岁，北京已来往过两三次，是没有什么要紧的了。他踌躇了一会，终于决定还是自己送我去。我再三劝他不必去；他只说："不要紧，他们去不好！"
"""


text_splitter = RecursiveCharacterTextSplitter(
    chunk_size=100,
    chunk_overlap=0,
    length_function=len
)


# 对文本进行分割
texts = text_splitter.split_text(my_text)
# 打印出段落总数
print(len(texts))
```

```
# 打印出第2个段落的内容
print(texts[1])
```

对代码中RecursiveCharacterTextSplitter的参数说明如下：

- chunk_size：指定每个文本片段的最大字符数，默认是1000，此处设置为100，因此最终分割出6个段落。
- chunk_overlap：指相邻文本段之间重叠的字符个数，默认是0。
- length_function：用于计算长度的函数，默认使用len方法。

2. CharacterTextSplitter

CharacterTextSplitter是LangChain中另一种用于将长段落文本分割成多个较小文本片段的工具。它允许指定自定义分隔符，并按照不超过chunk_size的字符数进行分割。

CharacterTextSplitter的使用方法如下：

```
from langchain.text_splitter import CharacterTextSplitter

# 准备好的长文本段落，摘抄自新月集
text = """
喂，那站在池边的蓬头的榕树，你可会忘记了那小小的孩子，就像那在你的枝上筑巢又离开了你的鸟儿似的孩子？
你不记得他怎样坐在窗内，诧异地望着你深入地下的纠缠的树根么？
妇人们常到池边，汲了满罐的水去，你的大黑影便在水面上摇动，好像睡着的人挣扎着要醒来似的。
"""

text_splitter = CharacterTextSplitter(
    separator=" ",
    chunk_size=50,
    chunk_overlap=10,
    length_function=len
)

texts = text_splitter.split_text(text)
print(len(texts))
print(texts[0])
```

在上述代码中，设置分隔符为一个空格，原始文本每行结尾都是一个空格。运行上述代码后，得到如下输出：

```
3
喂，那站在池边的蓬头的榕树，你可会忘记了那小小的孩子，就像那在你的枝上筑巢又离开了你鸟儿似的孩子？
```

3. TokenTextSplitter

TokenTextSplitter的用法和CharacterTextSplitter类似，唯一不同的是它根据token数来分割文本。此外，它也是OpenAI模型默认的文本分割器，示例代码如下：

```
from langchain.text_splitter import TokenTextSplitter

text_splitter = TokenTextSplitter(chunk_size=100, chunk_overlap=0)
texts = text_splitter.split_text(text)
```

3.6.3　词嵌入模型

对于第一次接触LLM服务开发的开发者而言，词嵌入模型可能是一个较为陌生的概念。词嵌入模型是一种将单词或短语映射为向量表达的技术，这些向量在高维空间中表示单词的语义信息。通过词嵌入模型，不同单词之间的语义相似性可以通过向量之间的距离来衡量。这种表示方式对于很多NLP任务（如文本分类、情感分析、机器翻译等）都非常有用。

简而言之，词嵌入技术为LLM理解和处理自然语言提供了基础。LangChain中的词嵌入模型也是将文本转换为向量的工具，它封装了一个名为Embedding的类。各大AI服务商基于Embedding类开发了上百种不同的词嵌入模型类，如图3-10所示。

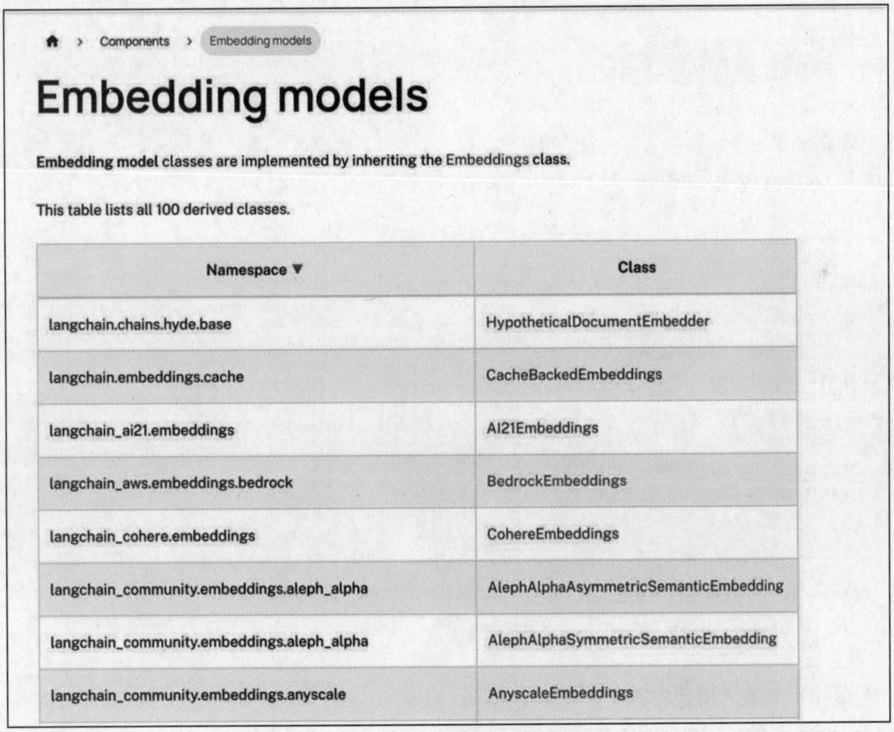

› Components › Embedding models

Embedding models

Embedding model classes are implemented by inheriting the Embeddings class.

This table lists all 100 derived classes.

Namespace ▼	Class
langchain.chains.hyde.base	HypotheticalDocumentEmbedder
langchain.embeddings.cache	CacheBackedEmbeddings
langchain_ai21.embeddings	AI21Embeddings
langchain_aws.embeddings.bedrock	BedrockEmbeddings
langchain_cohere.embeddings	CohereEmbeddings
langchain_community.embeddings.aleph_alpha	AlephAlphaAsymmetricSemanticEmbedding
langchain_community.embeddings.aleph_alpha	AlephAlphaSymmetricSemanticEmbedding
langchain_community.embeddings.anyscale	AnyscaleEmbeddings

图 3-10　词嵌入模型列表

词嵌入能够有效提高各种NLP任务的性能，例如问答系统、文本分类、机器翻译等。例如，在问答系统中，词嵌入可以帮助LLM更好地理解文本内容，从而进行更精准的查询搜索，以返回最佳答案。

假设我们有一个制作美食的AI精灵，预先给它准备一些数据集作为学习资料，随后使用词嵌入技术完成一次问答：

```
from langchain_openai import OpenAIEmbeddings
import os
from dotenv import load_dotenv
load_dotenv()
import math

def cosine(v1, v2):
    """
    计算两个向量的余弦相似度。

    Args:
        v1: 第一个向量。
        v2: 第二个向量。

    Returns:
        两个向量之间的余弦相似度。
    """
    # 计算点积
    dot_product = sum(a * b for a, b in zip(v1, v2))

    # 计算模长
    magnitude_v1 = math.sqrt(sum(a * a for a in v1))
    magnitude_v2 = math.sqrt(sum(b * b for b in v2))

    # 计算余弦相似度
    cosine_similarity = dot_product / (magnitude_v1 * magnitude_v2)

    return cosine_similarity


api_key = os.getenv("OPENAI_API_KEY")
base_url = os.getenv("OPENAI_URL")

# 创建OpenAI词嵌入模型实例
embeddings_model = OpenAIEmbeddings(
    openai_api_key=api_key,
```

```
    openai_api_base=base_url
)

# 文档数据
texts = [
    "汉堡包是一种由两片面包夹着肉饼和其他配料的西式快餐，通常搭配薯条、饮料等一同食用。",
    "汉堡包的种类繁多，常见的包括牛肉汉堡、鸡肉汉堡、素食汉堡等。",
    "制作汉堡包通常需要以下步骤："
    "\n  * 准备材料：面包、肉饼、生菜、番茄、洋葱、芝士、酱料等。"
    "\n  * 肉饼制作：将肉馅捏成肉饼，用平底锅或煎烤架煎至两面金黄。"
    "\n  * 组装汉堡：将肉饼、生菜、番茄、洋葱、芝士等配料依次放在面包片上。"
    "\n  * 加入酱料：根据个人喜好添加番茄酱、芥末酱、蛋黄酱等酱料。",
    "汉堡包可以搭配各种不同的配料，例如薯条、洋葱圈、沙拉、饮料等。"
]

# 用户问题
query = "如何制作一个好吃的牛肉汉堡？"

# 获取问题和文本的词嵌入向量
query_embedding = embeddings_model.embed_query(query)
text_embeddings = embeddings_model.embed_documents(texts)

# 计算余弦相似度
similarities = []
for text_embedding in text_embeddings:
    similarity = 1 - cosine(query_embedding, text_embedding)
    similarities.append(similarity)

# 找到相似度最高的文本作为答案
most_similar_index = similarities.index(max(similarities))

print("AI response:", texts[most_similar_index])
```

在这段代码中，首先定义了一个用于计算两个向量的余弦相似度的函数。随后生成了一个OpenAIEmbeddings实例，并将查询文本和文档列表分别转换为对应的词嵌入向量。最后，通过余弦相似度算法计算文本间的相关性，从而从文档集合中找出与问题最相关的文本，并将其作为AI的响应结果返回。示例中使用列表保存文档数据，在实际开发中，建议通过合适的文档加载器从多种格式的文件中加载内容，以实现更灵活的数据处理流程。

除了 OpenAI 的先进词嵌入模型之外，还有众多实力强大的开源词嵌入模型值得尝试，例如HuggingFace 平台上备受人关注的 BGE 模型。

BGE 模型是由北京人工智能研究院（Beijing Academy of Artificial Intelligence，BAAI）精心研

发的成果。BAAI 作为一个专注于人工智能领域的私人非营利性研究机构，其研发成果在多个基准测试中均展现出卓越的性能，特别是在信息检索任务方面。在 MTEB（Massive Text Embedding Benchmark，多任务评估基准）和 C-MTEB（Chinese Massive Text Embedding Benchmark，中文大规模文本嵌入基准）等权威基准测试中，BGE 模型更是取得了令人瞩目的领先地位。

BGE模型有多个版本，主要区别在于模型的大小和性能。以下是一些常见的版本。

- BGE-large-en：较大的英语模型，通常具有最佳性能，但需要更多的计算资源。BGE-large-en有多个版本，例如 BAAI/bge-large-en和BAAI/bge-large-en-v1.5，后者对相似度分布进行了改进，查询结果更佳。
- BGE-base-en：中等大小的英语模型，性能介于large和small之间，资源消耗也适中。同样也有v1.5版本。
- BGE-small-en：较小的英语模型，资源消耗少，但性能可能略低于large和base版本。同样也有v1.5版本。
- BGE-large-zh：较大的中文模型，性能与BGE-large-en相当。
- BGE-base-zh：中等大小的中文模型。
- BGE-small-zh：较小的中文模型。
- BGE-M3：多功能、多语言、多粒度模型，支持密集检索、多向量检索和稀疏检索。

使用BGE词嵌入模型之前，需要升级和安装sentence_transformers库：

```
pip install --upgrade --quiet  sentence_transformers
```

下面是一个利用BGE词嵌入模型实现查询词嵌入的例子：

```
# 引入HuggingFaceBgeEmbeddings库
from langchain_community.embeddings import HuggingFaceBgeEmbeddings
# 使用BAAI/bge-small-en模型
model_name = "BAAI/bge-small-en"
# 指定使用设备的CPU来运行
model_kwargs = {"device": "cpu"}
# 设置编码参数，指定是否对生成的嵌入向量进行标准化
encode_kwargs = {"normalize_embeddings": True}
# 初始化 HuggingFaceBgeEmbeddings 对象，用于与 BGE 模型交互
# model_name：指定要使用的 BGE 模型名称（例如 "BAAI/bge-small-en"）
# model_kwargs： 传递给 Hugging Face Transformers 模型加载器的其他参数（例如指定设备）
# encode_kwargs：传递给模型编码方法的其他参数（例如标准化词嵌入向量）
hf = HuggingFaceBgeEmbeddings(
    model_name=model_name, model_kwargs=model_kwargs,
encode_kwargs=encode_kwargs
)
# 使用 hf 对象的 embed_query 方法将输入文本转换为嵌入向量
```

```
# embed_query 方法接受一个文本字符串作为输入，并返回一个 NumPy 数组，该数组表示输入文本的嵌入向量
embedding = hf.embed_query("hi this is UbuntuMeta")
# 打印嵌入向量的长度。这表示嵌入向量的维度
print(len(embedding))
```

这段代码演示了如何使用langchain-community中的HuggingFaceBgeEmbeddings类来生成文本的词嵌入向量，并打印向量的维度。生成的词嵌入向量可用于各种下游任务，例如语义相似度计算、文本聚类、信息检索等。

3.6.4　向量数据库

向量数据库的主要作用是将文本数据转换成向量表示，这种向量表示能够反映文本数据的语义信息。通过这些向量，大语言模型能够更好地理解文本中token的含义和上下文关系。

向量数据库主要用于存储向量数据，并利用相似度搜索向量数据。LangChain可以与许多主流的向量数据库进行集成，其中比较常用的是：

- FAISS（Facebook AI Similarity Search）：由Facebook开发的高性能向量数据库，通过向量的相似度来快速检索。
- Chroma：可以在本地运行的强大向量数据库，核心采用近似最近邻搜索算法。
- Pinecone：一款功能丰富的向量数据库，为高性能AI应用提供长期存储。它能够快速提供相关的查询结果，并且在数十亿个向量的范围内具有较低的延迟。

以FAISS为例进行讲解，首先需要安装相关的库，在项目终端执行以下命令：

```
pip install -U langchain-community faiss-cpu langchain-openai tiktoken
```

由于笔者使用的计算机只支持CPU，因此安装的是FAISS的CPU版本的库：faiss-cpu。如果用户在GPU服务器上开发应用，则可以安装faiss-gpu。

这里依然使用Hugging Face的开源词嵌入模型。首先安装相关依赖并初始化该词嵌入模型，代码如下：

```
from langchain_community.embeddings import HuggingFaceBgeEmbeddings
# 定义模型名称，这里使用的是nomic-ai提供的nomic-embed-text-v1模型，用于文本嵌入
model_name = "nomic-ai/nomic-embed-text-v1"

# 创建一个字典，用于存储模型的参数
model_kwargs = {
    'device': 'cpu',              # 指定模型运行的设备为CPU
    'trust_remote_code': True     # 允许执行远程代码
}
```

```
# 创建一个字典，用于存储编码（嵌入）时的参数
encode_kwargs = {
    'normalize_embeddings': True  # 指定是否对嵌入向量进行归一化处理
}

# 创建HuggingFaceBgeEmbeddings对象，这是一个用于生成文本嵌入的工具
# 它使用了Hugging Face的模型，可以对查询和文档进行编码，以便进行搜索和比较
hf_embeddings = HuggingFaceBgeEmbeddings(
    model_name=model_name,                     # 传入模型名称
    model_kwargs=model_kwargs,                 # 传入模型参数
    encode_kwargs=encode_kwargs,               # 传入编码参数
    query_instruction="search_query:",         # 定义查询指令的前缀
    embed_instruction="search_document:"  # 定义文档嵌入指令的前缀
)
```

在初始化HuggingFaceBgeEmbedding时，设置了多个参数，以下是这些参数的含义：

- model_name：模型名称，这里设置的是nomic-ai/nomic-embed-text-v1，它是一个支持长文本的开源词嵌入模型。
- model_kwargs：字典类型，要传递给模型的关键字参数。
- encode_kwarges：字符串类型，设置对关键字参数进行编码的方式。
- query_instruction：字符串类型，要传递给模型的关键字参数，用于引导Embedding完成查询。
- embed_instruction：字符串类型，用于指导如何对文档进行词嵌入。

如果有一个邮编地址查询的服务，输出地名后可以查询得到对应的邮编和上级地区信息，代码实现如下：

```
from langchain_community.embeddings import HuggingFaceBgeEmbeddings
from langchain_community.document_loaders import TextLoader
from langchain_community.vectorstores import FAISS
from langchain_text_splitters import CharacterTextSplitter

# 生成文档加载器
loader = TextLoader('./city.txt')
# 加载文档
documents = loader.load()

# 初始化文本分割器
text_splitter = CharacterTextSplitter(chunk_size=50, chunk_overlap=0,
separator="\n")
# 分割文本成更小的块
```

```
docs = text_splitter.split_documents(documents)
# 初始化词嵌入模型实例
model_name = "nomic-ai/nomic-embed-text-v1"
model_kwargs = {
    'device': 'cpu',
    'trust_remote_code':True
    }
encode_kwargs = {'normalize_embeddings': True}
embeddings = HuggingFaceBgeEmbeddings(
    model_name=model_name,
    model_kwargs=model_kwargs,
    encode_kwargs=encode_kwargs,
    query_instruction="search_query:",
    embed_instruction="search_document:"
)

db = FAISS.from_documents(documents, embeddings)
query = "河北省秦皇岛市昌黎县的邮编是多少？"
result = db.similarity_search(query)
print(result)
```

整个过程分为以下步骤：

步骤01 使用 TextLoader 加载文档数据。

步骤02 使用 CharacterTextSplitter 把文档内容按照“\n”作为分隔符进行分割。

步骤03 将处理后的文档块和词嵌入模型作为入参传给 FAISS 向量数据库进行存储。

步骤04 让 FAISS 数据库根据查询条件找到最相近的答案。

运行这段代码，可以得到如下输出信息：

```
[Document(page_content='130322 河北省秦皇岛市昌黎县\n130323 河北省秦皇岛市抚宁县', metadata={'source': './city.txt'}), Document(page_content='130324 河北省秦皇岛市卢龙县\n130400 河北省邯郸市邯郸市', metadata={'source': './city.txt'}), Document(page_content='130300 河北省秦皇岛市秦皇岛市\n130301 河北省秦皇岛市市辖区', metadata={'source': './city.txt'}), Document(page_content='130304 河北省秦皇岛市北戴河区\n130321 河北省秦皇岛市青龙满族自治县', metadata={'source': './city.txt'})]
```

可以看出，返回结果为一组文档。选择第一个文档即可。通过该示例，我们学习了向量数据库的基本用法。其他的向量数据库（如Chroma）的使用方法也大致相同，读者可自行查阅相关的文档，修改本案例的代码进行练习。

而Pinecone作为商用级别的强大向量数据库，值得单独讲解。

Pinecone是一个高效的向量数据库，常用于存储和查询高维向量，适用于大规模的相似度搜索任务。

首先安装Pinecone的SDK，命令如下：

```
pip install pinecone
```

要使用Pinecone，读者需要使用一个API key，这个API key用于在开发的应用程序中进行身份验证，以便安全地与Pinecone的服务进行交互。

获取Pinecone的API key非常简单，只需遵循以下步骤：

步骤01 访问 Pinecone 的官方网站。

步骤02 使用社交媒体账号或电子邮件注册一个账户。

步骤03 登录你创建的账户，系统会自动生成一个 API key。请妥善保存此 API key，因为它是访问 Pinecone 服务的关键。你还可以在未来通过账户的 API keys 页面查看和管理所有已创建的 API keys，也可以单击页面右上角的 Create API key 按钮来创建新的 API key，如图 3-11 所示。

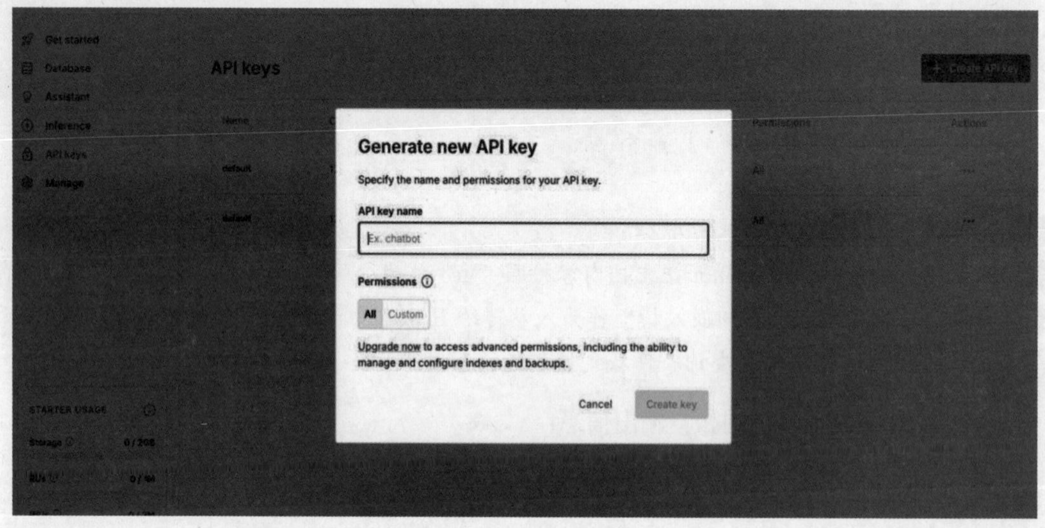

图 3-11　API keys 页面

以下是一个使用Pinecone作为向量数据库的示例。由于该实现基于Pinecone的gRPC服务，因此在运行代码之前，需要执行**pip install "pinecone[grpc]"**命令来安装Pine SDK和gRPC库：

```
from pinecone.grpc import PineconeGRPC as Pinecone
from dotenv import load_dotenv
from pinecone import ServerlessSpec
import os
# 加载环境变量
```

```
load_dotenv()
# 初始化 Pinecone 客户端，并使用API密钥进行认证
pc = Pinecone(api_key=os.getenv("PINECONE_API_KEY"))

# 定义一个示例数据集，每个项包含唯一的ID和一段文本
data = [
    {"id": "vec1", "text": "百度是中国领先的搜索引擎，以其强大的搜索能力和广泛的服务而闻
名。"},
    {"id":"vec2","text":"腾讯是一家知名的科技公司，以其创新的产品如微信和QQ而著称。"},
    {"id": "vec3", "text": "许多人喜欢在日常生活中使用百度搜索引擎来获取信息。"},
    {"id": "vec4", "text": "阿里巴巴集团以其电子商务平台淘宝和天猫而闻名，改变了购物方式。"},
    {"id": "vec5", "text": "俗话说，'一百度在手，信息全都有'。"},
    {"id": "vec6", "text": "腾讯公司于1998年11月11日由马化腾、张志东等人创立，最初是作
为即时通信软件QQ的开发商。"}
]

# 将文本转换为Pinecone可以索引的数值向量
# 使用Pinecone客户端的inference.embed方法，通过指定模型进行文本嵌入
embeddings = pc.inference.embed(
    model="multilingual-e5-large",        # 使用一个支持多语言的嵌入模型
    inputs=[d['text'] for d in data],     # 提取文本数据
    # 配置输入类型为段落，截断策略设置为"END"
    parameters={"input_type": "passage", "truncate": "END"}
)

# 输出生成的文本嵌入向量
# 这些向量表示文本的语义特征，可以用于后续的相似度搜索等操作
print(embeddings)
```

在上述的代码中，我们使用Pinecone内置的词嵌入模型multilingual-e5-large，对准备好的文本列表进行了词嵌入操作。运行这段代码后，可以得到如下输出结果：

```
EmbeddingsList(
  model='multilingual-e5-large',
  vector_type='dense',
  data=[
    {'vector_type': dense, 'values': [0.028106689453125, -0.01239013671875, ...,
-0.03497314453125, 0.01406097412109375]},
    {'vector_type': dense, 'values': [0.01241302490234375,
0.0001779794692993164, ..., -0.03314208984375, 0.004924774169921875]},
    ... (2 more embeddings) ...,
    {'vector_type': dense, 'values': [0.0421142578125,
0.0007619857788085938, ..., -0.035614013671875, 0.0181427001953125]},
```

```
    {'vector_type': dense, 'values': [0.002857208251953125,
-0.004016876220703125, ..., -0.040252685546875, -0.0215911865234375]}
   ],
   usage={'total_tokens': 140}
)
```

在Pinecone中，需要将数据保存在索引（Index）中。这里的索引是Pinecone中定义的一个最高级别向量数据的组织单元。Pinecone提供了两种索引：

- 无服务器索引（Serverless Index）：将向量数据保存在云服务节点上，用户无须管理和配置计算资源。目前，Pinecone支持的云服务有AWS、GCP和Azure，具体支持的云服务区域如图3-12所示。
- 基于硬件Pod的索引：用户可以使用一个或多个预配置硬件单元来保存索引（向量数据）。Pinecone根据用户的需求提供了多种不同配置规模的Pod，并支持在多个云服务上部署。

免费额度的用户最多可以创建5个无服务器索引，Pod索引可以通过Pinecone的控制后台迁移到无服务器索引。

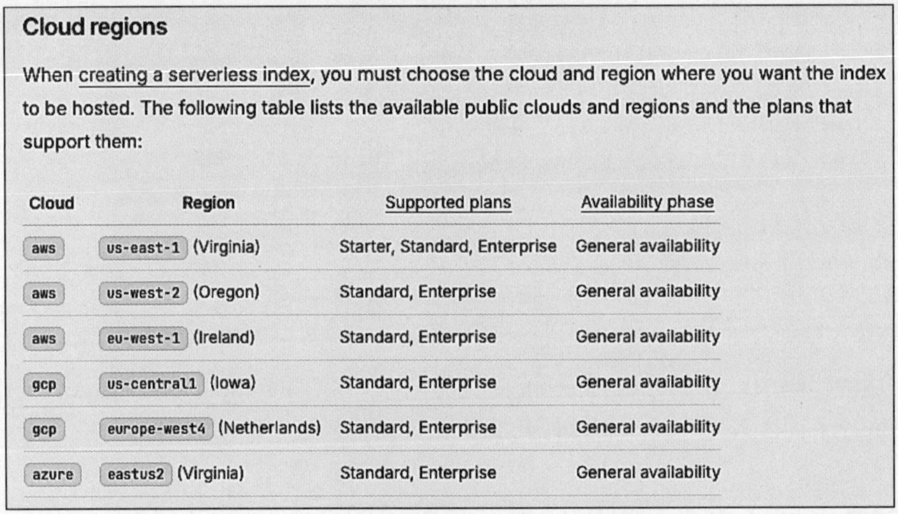

Cloud regions

When creating a serverless index, you must choose the cloud and region where you want the index to be hosted. The following table lists the available public clouds and regions and the plans that support them:

Cloud	Region	Supported plans	Availability phase
aws	us-east-1 (Virginia)	Starter, Standard, Enterprise	General availability
aws	us-west-2 (Oregon)	Standard, Enterprise	General availability
aws	eu-west-1 (Ireland)	Standard, Enterprise	General availability
gcp	us-central1 (Iowa)	Standard, Enterprise	General availability
gcp	europe-west4 (Netherlands)	Standard, Enterprise	General availability
azure	eastus2 (Virginia)	Standard, Enterprise	General availability

图 3-12　无服务器索引的云服务可用区域列表

接下来，我们简单介绍如何使用Pinecone SDK创建一个索引（Index），示例代码如下：

```
# 创建一个无服务器索引
index_name = "ubuntu-index"

# 判断是否存在该索引
if not pc.has_index(index_name):
    pc.create_index(
```

```
        # 索引的名称
        name=index_name,
        # 索引的维度
        dimension=1024,
        # 索引使用的度量方式为余弦相似度
        metric="cosine",
        # 服务器无服务规范的配置，指定云服务提供商为aws，区域为us-east-1
        spec=ServerlessSpec(
            cloud='aws',
            region='us-east-1',
        )
    )

# 等待索引创建完毕
while not pc.describe_index(index_name).status['ready']:
    time.sleep(1)

# 获取创建好的索引列表
existing_indexes = pc.list_indexes()

# 打印索引列表
print(existing_indexes)
```

这段Python代码的主要功能是检查是否存在一个名为index_name的索引。如果该索引不存在，代码将调用pc对象的create_index方法（即pc.create_index）来创建一个新的索引。

运行代码后，可以得到如下的返回结果：


```
[{
    "name": "ubuntu-index",
    "dimension": 1024,
    "metric": "cosine",
    "host": "ubuntu-index-nw2qga5.svc.aped-4627-b74a.pinecone.io",
    "spec": {
        "serverless": {
            "cloud": "aws",
            "region": "us-east-1"
        }
    },
    "status": {
        "ready": true,
        "state": "Ready"
    },
    "deletion_protection": "disabled"
```

```
}]
```

在创建索引（Index）后，我们可以将之前处理好的词嵌入数据添加到索引中，相关代码如下：

```
# 获取之前创建的索引
index = pc.Index(index_name)
# 准备要用于插入的数据
records = []
for d, e in zip(data, embeddings):
    # 将data和embeddings中的元素组合成一个新字典，并添加到records列表中
    # 每个新字典包含以下键
    # 'id': 从data的当前元素中提取的唯一标识符
    # 'values': 从embeddings的当前元素中提取的嵌入向量
    # 'metadata': 一个嵌套字典，包含'text'键和值，该值来自data的当前元素
    records.append({
        "id": d['id'],
        "values": e['values'],
        "metadata": {'text': d['text']}
    })

# 把数据插入索引中
index.upsert(
    vectors=records,
    namespace="ubuntu-namespace"     # 设置命名空间
)
```

插入数据的操作需要一些时间才能完成，因此建议延迟几秒再检查插入结果：

```
time.sleep(10)  # 等待插入的数据可以被检索

# 打印索引状态
print(index.describe_index_stats())
```

运行这段代码，需要等待一秒才能看到结果：

```
{'dimension': 1024,
 'index_fullness': 0.0,
 'namespaces': {'ubuntu-namespace': {'vector_count': 6}},
 'total_vector_count': 6}
```

这样的输出结果说明有6条数据成功存入了向量数据库。如果运行时看到数量为0，那么大概率是因为网络原因，插入数据的操作还没完成。此时，适当等待几秒即可。

数据存储完成后，可以使用Pinecone提供的query方法来检索所需的数据：

```
# 定义查询
query = "讲一下腾讯公司的情况"

# 将查询转换成能被Pinecone使用的原子向量
query_embedding = pc.inference.embed(
    model="multilingual-e5-large",
    inputs=[query],
    parameters={
        "input_type": "query"
    }
)

# 在索引中搜索3个最相似的向量作为结果
results = index.query(
    namespace="ubuntu-namespace",
    vector=query_embedding[0].values,
    top_k=3,
    include_values=False,
    include_metadata=True
)

# 打印查询结果
print(results)
```

Pinecone SDK不仅提供了向量数据库的功能，还具有更多特性。对此感兴趣的读者可以查阅官方文档，以更深入地学习。

实际上，LangChain已经封装了PineconeVectorStore类，用于简化对Pinecone向量数据库的操作。在使用之前，需要先安装LangChain提供的langchain-pinecone库：

```
pip install langchain-pinecone
```

接下来，需要引入依赖并初始化向量数据库对象：

```
# 加载环境变量
load_dotenv()
# 初始化Pinecone客户端并使用你的API密钥进行认证
pc = Pinecone(api_key=os.getenv("PINECONE_API_KEY"))
index_name = "ubuntu-index"
# 获取之前创建的索引
index = pc.Index(index_name)

vector_store = PineconeVectorStore(index=index, embedding=embeddings)
```

随后，可以将5个文档添加到向量数据库中，代码如下：

```
# 创建待插入的文档
from uuid import uuid4

from langchain_core.documents import Document

document_1 = Document(
    page_content="我喜欢鲜花的芬芳",
    metadata={"source": "weixin"},
)

document_2 = Document(
    page_content="科学家近日发现了新的行星",
    metadata={"source": "news"},
)

document_3 = Document(
    page_content="人生的长河，我把酒当歌。",
    metadata={"source": "music"},
)

document_4 = Document(
    page_content="手牵手，一步两步，三步四步，向着天。",
    metadata={"source": "music"},
)


document_5 = Document(
    page_content="人生短短几个秋，不醉不罢休。",
    metadata={"source": "music"},
)

documents = [
    document_1,
    document_2,
    document_3,
    document_4,
    document_5,
]

# 生成uuid
uuids = [str(uuid4()) for _ in range(len(documents))]
```

```
# 插入文档到向量数据库
vector_store.add_documents(documents=documents, ids=uuids)
```

当我们想查询和人生有关的歌词时，可以使用统一的similarity_search方法：

```
# 利用similarity_search方法查询和人生相关的歌词
results = vector_store.similarity_search(
    "请提供和人生相关的歌词",            # 查询语句
    k=2,  # 返回最相似的两个结果
    filter={"source": "music"},       # 过滤条件，只搜索来源为"music"的数据
)

# 打印查询结果
for res in results:
    print(f"* {res.page_content} [{res.metadata}]")
```

这段代码在向量存储（vector_store）中进行相似度搜索，查找与查询语句“请提供和人生相关的歌词”最相似的内容，并限制结果只包含来源为music的数据，同时只返回最相似的两个结果（*k*=2）。如果只想返回最相似的一个结果，可以将*k*值设置为1。

完整代码如下所示：

```
from langchain_pinecone import PineconeVectorStore
# 导入 Pinecone 库
from pinecone.grpc import PineconeGRPC as Pinecone
from dotenv import load_dotenv
from langchain_openai import OpenAIEmbeddings
from pinecone import ServerlessSpec
import os
import time
# 加载环境变量
load_dotenv()

def init_embedding_model():
    api_key = os.getenv("OPENAI_API_KEY")
    base_url = os.getenv("OPENAI_URL")

    # 创建OpenAI词嵌入模型实例
    embeddings_model = OpenAIEmbeddings(
        openai_api_key=api_key,
        openai_api_base=base_url
    )
    return embeddings_model
```

```
def init_pinecone_instance():
    # 初始化Pinecone客户端，并使用你的API密钥进行认证
    pc = Pinecone(api_key=os.getenv("PINECONE_API_KEY"))

    return pc

def get_index_by_name(pc, target_index_name) :
    existing_indexes = [index_info["name"] for index_info in pc.list_indexes()]

    if target_index_name not in existing_indexes:
        pc.create_index(
            name=target_index_name,
            dimension=3072,
            metrics="cosine",
            spec=ServerlessSpec(cloud="aws", region="us-east-1")
        )

        while not pc.describe_index(name=target_index_name).status["ready"]:
            time.sleep(1)

    index = pc.Index(name=target_index_name)
    return index


if __name__ == "__main__":
    # 初始化Pinecone实例
    pc = init_pinecone_instance()
    index_name = "ubuntu-index"
    # 获取之前创建的索引
    index = get_index_by_name(pc, index_name)
    vector_store = PineconeVectorStore(index=index, embedding=embeddings)

    # 创建待插入的文档
    from uuid import uuid4

    from langchain_core.documents import Document

    document_1 = Document(
        page_content="我喜欢鲜花的芬芳",
        metadata={"source": "weixin"},
    )
```

```
document_2 = Document(
    page_content="科学家近日发现了新的行星",
    metadata={"source": "news"},
)

document_3 = Document(
    page_content="人生的长河，我把酒当歌。",
    metadata={"source": "music"},
)

document_4 = Document(
    page_content="手牵手，一步两步，三步四步，向着天。",
    metadata={"source": "music"},
)
document_5 = Document(
    page_content="人生短短几个秋，不醉不罢休。",
    metadata={"source": "music"},
)

documents = [
    document_1,
    document_2,
    document_3,
    document_4,
    document_5,
]

# 生成uuid
uuids = [str(uuid4()) for _ in range(len(documents))]

# 插入文档到向量数据库
vector_store.add_documents(documents=documents, ids=uuids)

# 利用similarity_search方法查询和人生相关的歌词
results = vector_store.similarity_search(
    "请提供和人生相关的歌词", # 查询语句
    k=2, # 返回最相似的两个结果
    filter={"source": "music"}, # 过滤条件，只搜索来源为"music"的数据
)

# 打印查询结果
for res in results:
```

```
        print(f"* {res.page_content} [{res.metadata}]")
```

封装后的代码提高了可读性，读者可以尝试将这些代码改写为面向对象的设计风格，以进一步优化代码结构和可维护性。在进行这种实践时，我们也可以考虑如何选择适合的技术工具来支持我们的项目。总的来说，这三种流行的向量数据库各有千秋，应根据项目的具体需求和技术栈来挑选最适合的业务实现方案，以确保项目高效、稳定地运行。

3.6.5 检索器

在将数据保存到向量数据库之后，下一步就是使用检索器完成信息检索。LangChain中的检索器是用于从各类数据源中提取信息的核心组件。它们可以连接到各种各样的数据源，包括本地文件、数据库、API接口以及网站服务等，并根据用户查询返回匹配的信息。

检索器赋予LLM应用访问外部数据的能力，借助词嵌入和向量数据库扩展上下文范围和检索能力。因此，开发者往往结合这些技术构建私有化知识库。检索器的应用场景非常广泛，包括：

- 问答系统（QA System）：检索器可以从知识库或海量的文档中检索相关信息，帮助大语言模型回答用户的问题。例如，许多科技公司的内部智能文档管家就是一种典型的应用。
- 生成式内容创作（Generative Content Creation）：检索器可以为LLM提供所需的业务信息，从而生成更具吸引力和高质量的文本。例如，自媒体行业会维护热门素材库和爆款文章库，可以使用检索器来检索这些文档或资料库。
- 内容总结（Summarization）：检索器可以整合多个来源的信息，帮助LLM生成更全面和准确的总结。例如，Jira（一个国际上流行的项目管理平台）提供了文档AI总结功能，可针对页面或模块内容进行归纳。

LangChain提供了多种类型的检索器，主要包括：

- 基于文本的检索器（Text-based Retriever）：用于文本匹配，包括快速文本匹配或基于词嵌入的相似度匹配和语义匹配等。
- 基于数据库的检索器（Database-based Retriever）：支持关系数据库（SQL）的查询和非关系数据的检索。
- 基于API的检索器（API-based Retriever）：通过调用内部系统或外部系统的API来获取数据。

检索器是LLM常规开发流程的最后一环，只有结合实际的业务数据源才能发挥真正的效用。

使用示例：构建内部学习平台的 AI 检索功能

场景想象：假设我们是一家科技公司，计划开发一个用于员工内部学习的AI平台，支持LLM学习公司内部的技术文档（如PDF文件），并允许用户提问以获取学习支持。

首先需要使用文档加载器加载PDF文件。使用下面的命令安装PDF的依赖库：

```
pip install pypdf
```

随后完成加载文档的功能，示例代码如下：

```
from langchain_community.document_loaders import PyPDFLoader

# 初始化文档加载器
loader = PyPDFLoader('./v-model.pdf')

# 加载文档
documents = loader.load()
```

然后，使用CharacterTextSplitter对文档进行文本分割（即分块处理），相关代码如下：

```
# 每个块的大小为1000个字符
splitter = CharacterTextSplitter(chunk_size=1000, chunk_overlap=0)

# 分割成块
docs = splitter.split_documents(documents)
```

接下来，使用词嵌入技术将文档转换为向量，并保存到FAISS向量数据库中，以实现相似性查询。完整的代码如下：

```
# 省略其他引入库的语句
from langchain_core.vectorstores import VectorStoreRetriever
# 初始化文档加载器
loader = PyPDFLoader('./v-model.pdf')

# 加载文档
documents = loader.load()
# 每个块的大小为1000个字符
splitter = CharacterTextSplitter(chunk_size=1000, chunk_overlap=0)

# 分割成块
docs = splitter.split_documents(documents)

# 初始化词嵌入模型实例
model_name = "nomic-ai/nomic-embed-text-v1"
model_kwargs = {
```

```
    'device': 'cpu',
    'trust_remote_code':True
    }
encode_kwargs = {'normalize_embeddings': True}
embeddings = HuggingFaceBgeEmbeddings(
    model_name=model_name,
    model_kwargs=model_kwargs,
    encode_kwargs=encode_kwargs,
    query_instruction="search_query:",
    embed_instruction="search_document:"
)

vectorstore = FAISS.from_documents(docs, embeddings)
# 创建Embedding-based Retriever
retriever = VectorStoreRetriever(vectorstore=vectorstore)

# 开始检索
query = "如何创建一个自定义的修饰符capitalize? "
results = retriever.get_relevant_documents(query)
print(results)
```

实际上，向量数据库本身也内置了检索器。以下是使用FAISS作为向量数据库和检索器，并结合OpenAI词嵌入的示例：

```
from langchain_community.document_loaders import TextLoader
from langchain.text_splitter import RecursiveCharacterTextSplitter
from langchain_openai import OpenAIEmbeddings
from langchain_community.vectorstores import FAISS
from langchain_community.retrievers import BM25Retriever
import os
from dotenv import load_dotenv
load_dotenv()

api_key = os.getenv("OPENAI_API_KEY")
base_url = os.getenv("OPENAI_URL")
# 创建OpenAI词嵌入模型实例
embeddings = OpenAIEmbeddings(
    openai_api_key=api_key,
    openai_api_base=base_url,
    model="text-embedding-3-small",
)
# 加载文本文件
loader = TextLoader('tech.txt')
```

```
    # 使用字符分隔器将文档分割成块
    text_splitter = RecursiveCharacterTextSplitter(chunk_size=100,
chunk_overlap=0)
    docs = loader.load_and_split(text_splitter)

    # 使用FAISS创建vectorizer对象
    vectorstore = FAISS.from_documents(docs, embeddings)
    retriever = vectorstore.as_retriever()  # 获取检索器
    # 输入查询
    query = "什么是监督学习？"

    # 进行检索
    results = retriever.invoke(query)       # 使用 invoke 方法检索
    print(results)
```

除了针对向量数据的检索外，LangChain还支持传统的文本方法，如检索器BM25Retriever。使用这个检索器之前需单独安装以下依赖库：

```
    pip install --upgrade --quiet  rank_bm25
```

下面是使用BM25Retriever完成检索的简单示例：

```
    from langchain_community.retrievers import BM25Retriever

    from langchain_core.documents import Document

    # 所有文档内容都来自笔者的掘金文章选段
    retriever = BM25Retriever.from_documents(
        [
            Document(page_content="Coze上有很多别人设置好的聊天机器人，能解决各个领域的几乎
所有场景问题，并且大部分聊天机器人都是基于GPT-4系列的，"
                                  "可以免费且没有任何限制地使用最新最强的大模型。对于一些复杂且需
要更智能的大模型处理的问题，我会选择使用coze。"),
            Document(page_content="对于一些经典且时效性不强的问题，比如一些算法题，我也会选
择使用ChatGPT来辅助学习。"
                                  "并且可以用它来和Devv.ai对比使用，看不同的模型输出的结果有何
不同。甚至用多个AI服务进行资源整合，达到更优质的输出结果。"),
            Document(page_content="最近在做一些技术创新项目，需要用大模型来开发，首先想到的
就是用OpenAI的模型。所以这个时候利用OpenAI API来调用GPT系列的模型非常重要。"),
        ]
    )

    result = retriever.invoke("Coze怎么样")
```

```
print(result)
```

通过使用BM25Retriever，可以高效地检索所需的数据。类似的基于文本的检索器还有TfidfRetriever、RegexRetriever等，读者可以根据需要自行研究，这些检索器的基本使用方法与BM25Retriever基本一致。

基于API的检索器可以通过LangChain的APIBasedLLM实现。假设我们需要开发一个用于查询城市邮编的AI服务，可以参考如下示例代码：

```
from langchain.llms import APIBasedLLM

class PostalCodeAPIRetriever:
    def __init__(self, api_url, api_key):
        self.llm = APIBasedLLM(
            api_url=api_url,
            api_key=api_key,
            model_name="your_model_name"  # 如果API需要指定模型名称
        )

    def retrieve(self, city):
        # 构造查询语句，这里假设API接受城市名作为查询参数
        query = f"Find the postal code for the city: {city}"
        # 使用LangChain的APIBasedLLM发送请求并获取数据
        response = self.llm(query)
        return response

# 使用示例
if __name__ == "__main__":
    api_url = "https://api.example.com/postal_code"  # 替换成你的API URL
    api_key = "your_api_key"  # 替换成你的API密钥

    retriever = PostalCodeAPIRetriever(api_url, api_key)
    city = "Beijing"
    result = retriever.retrieve(city)
    print(result)
```

3.6.6 索引

LangChain的索引API是一个非常重要的组件，它能够优化向量数据库中的文档存储和检索，主要用于语义搜索——即通过比较文档间的语义含义而非简单关键词匹配来查找相关文档。

根据官方文档的说明，索引API具有以下主要特点：

- 避免重复：防止重复数据被写入向量存储。

- 检测变更：不会重新索引没有变更的文档，从而节省计算资源和时间。
- 高效嵌入更新：对于已有但内容未更改的文档，可高效重用原有的嵌入。

使用索引技术不仅可以节约成本和资源，还能提高向量数据库的整体效率。

LangChain通过RecordManger实现文档管理，跟踪每一次写入向量数据库的文档。每个文档都会被哈希化，并将其哈希值、相关元数据、写入时间和源ID存储起来。

LangChain提供了3种清理索引模式：none、incremental和full。

- none：该模式跳过自动清理，适用于手动管理内容的场景。
- incremental：逐步删除从一开始就被索引的旧文档版本，降低系统中旧版本与新版本文档并存的时间。
- full：在索引完成后执行完整清理，删除所有不属于最新索引批次的文档。

以下代码展示了如何使用这3种删除模式：

```
    from langchain.indexes import SQLRecordManager, index
    from langchain.vectorstores import Chroma
    from langchain.embeddings.openai import OpenAIEmbeddings
    from langchain.schema import Document
    from langchain.text_splitter import CharacterTextSplitter

    # 初始化向量数据库和记录管理器
    embeddings = OpenAIEmbeddings()
    vectorstore = Chroma.from_texts(
        ["This is the first document.", "This is the second document."],
        embeddings,
        metadatas=[{"source": "doc1.txt"}, {"source": "doc2.txt"}]
    )
    record_manager = SQLRecordManager("chroma/my_docs",
db_url="sqlite:///record_manager_cache.sql")
    record_manager.create_schema()

    # 定义一些测试文档
    doc1 = Document(page_content="First document", metadata={"source": "doc1.txt"})
    doc2 = Document(page_content="Second document", metadata={"source":
"doc2.txt"})
    doc3 = Document(page_content="New document", metadata={"source": "doc3.txt"})

    # 测试3种删除模式
    print("---- none 模式 ----")
    index([doc1, doc2, doc3], record_manager, vectorstore, cleanup=None,
source_id_key="source")
```

```
    print("---- incremental 模式 ----")
    index([doc1, doc2, doc3], record_manager, vectorstore, cleanup="incremental",
source_id_key="source")

    print("---- full 模式 ----")
    index([doc1, doc2, doc3], record_manager, vectorstore, cleanup="full",
source_id_key="source")
```

这段代码清晰地演示了3种删除模式的使用方法，并以Chroma作为向量数据库进行演示。通过index函数，可以为指定文档创建索引，从而提升后续的检索效率。

第 4 章

企业文档智能平台实战

4

本章主要围绕企业文档智能平台的开发，从概要设计开始，带领读者走过一个标准的LangChain应用开发流程，将之前介绍的组件技术串联在一起，最终完成一个具有多轮对话能力的AI文档平台。

4.1 智能文档的架构设计和功能规划

智能文档的概念超越了传统文档的静态展示，赋予了文档理解和交互的能力。它利用自然语言处理、机器学习等AI技术，能够分析文档内容、识别关键信息，并根据用户的需求进行理解和推断，从而提供智能化的回复。

中大型企业内部往往积累了大量业务知识和专业文档，需要一个文档管理平台来高效地管理这些文档。对于技术团队而言，技术文档是一种需要不断维护与更新的重要资产。随着时间推移和项目迭代，文档数量不断增长，其复杂性也随着系统演进和业务变化而日益提升。为了更好地理解技术文档和掌握业务逻辑，很多公司思考利用AI进行赋能：利用大语言模型和相关技术开发智能文档平台，提供文档分析、检索、问答等功能，让企业员工能更好地熟悉系统，并做好新人培训等工作，并显著提升新员工培训效率与整体协作效能。

假设我们是一家后起之秀的网约车平台科技公司——跑得快科技公司。公司有大量技术文档需要管理，且新入职的研发工程师需要通过阅读文档来熟悉工作流程、代码规范以及研发最佳实践等。随着公司的快速发展，研发团队从十多人增加到了上百人，之前简单的文档压缩包已无法满足日益复杂的需求和员工培训。于是技术总监交给我们一个新任务：打造一个能够对文档进行管理的智能文档平台，支持上传文档、检索文档信息、基于文档的AI回答和文档内容总结等功能。

在平台建设初期，首先需要进行技术选型。结合跑得快科技公司现有的技术栈，后端开发采用 Python 语言，Web 框架选用轻量级的 Flask，以满足快速开发与灵活部署的需求。前端开发选择 Vue 框架，因其具有良好的生态支持，丰富的基础组件库和成熟的开源 UI 解决方案，有助于提升开发效率与界面一致性。

AI 功能部分基于 LangChain 框架进行构建，借助其模块化设计与强大集成能力，实现智能问答和文档理解等核心功能。

考虑到当前数据结构和内容尚未完全明确，系统选用了非关系型数据库 MongoDB，以提供更高的灵活性与可扩展性，适应不断变化的数据模型需求。

技术架构如图4-1所示，采用分层设计，力求清晰和完整。

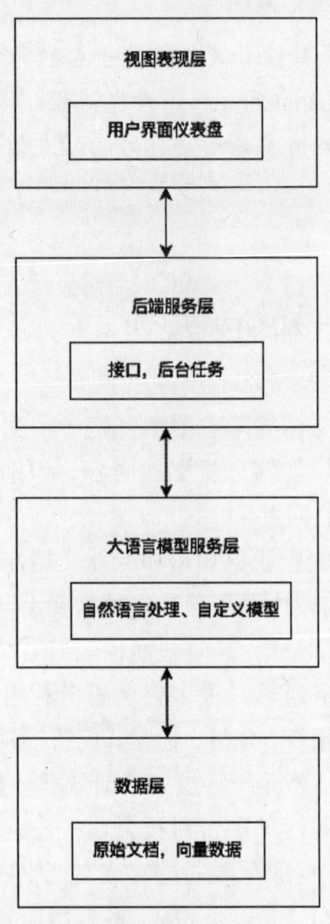

图 4-1 技术架构图

从最前端到最底层可以分成以下4层：

（1）视图表现层（view presentation layer）。

- 用户界面：提供用户上传文档、搜索文档、提出问题等功能。
- 数据仪表盘：展示文档分析结果、统计信息等。

（2）后端服务层（backend service layer）。

- API服务：提供API接口、文档上传、搜索文档和基于文档的AI回复等接口服务。
- 后台任务：执行文档更新、模型增强学习等后台运行的任务。

（3）LLM服务层（LLM service layer）。

- 自然语言理解（NLP）：提供用户上传文档、搜索文档、提出问题等功能。
- 自定义模型：根据具体业务需求，训练自定义模型以完成特定任务，例如情感分析、针对私有知识库的专有训练后的模型等。

（4）数据层（data layer）。

- 原始文档存储：使用MongoDB保存各种类型的文档，同时保存文档的元数据，如文档标题、作者和创建时间等。
- 向量化数据：使用LangChain对文档数据进行向量化处理并建立索引，以便后续的开发。

该技术架构具有很强的扩展性，支持开发者利用LangChain技术逐步开发各层功能。假设用户具备基本的前端开发能力，并熟悉Vue.js框架及Flask框架的使用。如果读者对这些框架不熟悉，可以先查阅相关的官方文档，学习基本概念和用法，再结合项目源码进行整合。目前市面上存在多种开源的Chatbot UI项目，用户可根据实际需要选择社区活跃度较高、维护良好的框架进行集成与使用。

由于文档上传和把文档数据存储到MongoDB并非LangChain开发的核心环节，建议开发者查看源码中对应章节的代码。笔者假设开发者已经完成了文档的收集，因此本文从文档加载和预处理开始讲解。

4.2　文档加载和预处理

首先创建一个名为smart-doc的项目，使用conda创建一个Python 3.10的虚拟环境，命令如下：

```
conda create --name smart-doc python=3.10
conda activate smart-doc
```

随后安装项目所需的依赖库：

```
pip install langchian langchain_community unstructured markdown
```

由于企业内部的技术文档通常涉及具体的业务知识和商业背景，为避免敏感信息干扰，并更好地聚焦于技术实现本身，本文选用 Uber 公司开源的 Golang 技术教程作为示例文档。所有文档均以 Markdown 格式编写，并采用 .md 作为文件扩展名。需要处理的文档的目录结构如图4-2所示。

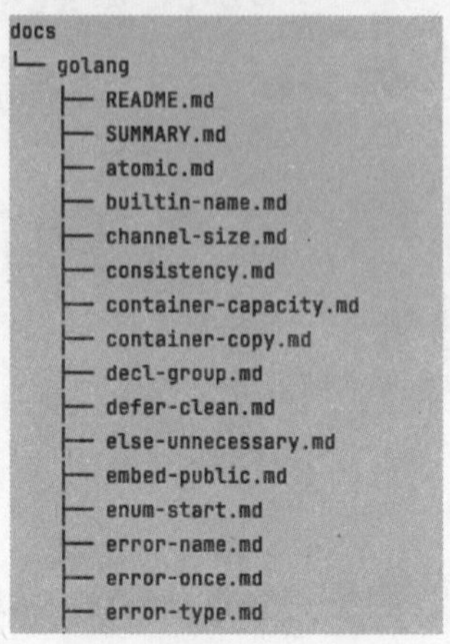

docs
└─ golang
├─ README.md
├─ SUMMARY.md
├─ atomic.md
├─ builtin-name.md
├─ channel-size.md
├─ consistency.md
├─ container-capacity.md
├─ container-copy.md
├─ decl-group.md
├─ defer-clean.md
├─ else-unnecessary.md
├─ embed-public.md
├─ enum-start.md
├─ error-name.md
├─ error-once.md
├─ error-type.md

图 4-2　文档存放的目录结构

在项目根目录下创建一个main.py脚本，编写加载文档的代码：

```
from langchain_community.document_loaders import
DirectoryLoader,UnstructuredMarkdownLoader

# 指定要加载的目录
folder_path = "./docs/golang"
# 使用DirectoryLoader加载指定目录下所有Markdown文件
loader = DirectoryLoader(
folder_path, glob="**/*.md",
loader_cls=UnstructuredMarkdownLoader)
# 加载文档
documents = loader.load()
print(documents)
print(len(documents))
```

与之前仅加载一个文件不同，这里需要加载一个特定文件夹下所有以md为后缀的文件，因此使用了DirectoryLoader类来实现文档遍历加载。

初始化DirectoryLoader类时传递了3个参数：folder_path是需要加载的目录；glob用于设置加载的模式，**/*.md表示递归地加载所有子目录中以md结尾的文件；最后一个参数loader_cls非常重要，它指定用于加载使用的加载类，这里使用的是UnstructuredMarkdownLoader，这是一个专门用于加载Markdown文件的加载类，它使用流行的unstructured库来解析Markdown文档内容。

接下来进行文档的预处理：分割（splitting）文本。

正如第3章所介绍的，LangChain提供了多种文本分割器，如CharacterTextSplitter、RecursiveCharacterTextSplitter、TextSplitter、TokenTextSplitter等。开发者需要根据实际需求选择最合适的分割器。对于普通的文本，一般使用CharacterTextSplitter，它以字符数为单位进行分割，而不考虑文本的内容和格式。由于待处理的原始文档为 Markdown 格式，且其内容包含大量 Markdown 语法元素。为了更有效地进行文本分割，LangChain 提供了专门针对Markdown格式的 MarkdownTextSplitter 类。该类能够识别 Markdown 的语义结构，如标题、列表、代码块等，并据此进行更符合语义逻辑的文本切分。同时，在分割后的结果中仍保留原有的格式信息，便于后续处理与展示。

因此，此处选择使用MarkdownTextSplitter来完成文本分割，代码如下：

```
from langchain.text_splitter import MarkdownTextSplitter

# 指定要加载的目录
folder_path = "./docs/golang"
# 使用DirectoryLoader加载指定目录下所有Markdown文件
loader = DirectoryLoader(folder_path, glob="**/*.md",
loader_cls=UnstructuredMarkdownLoader)
# 加载文档
documents = loader.load()

# 初始化MarkdownTextSplitter实例，设置分割参数
markdown_splitter = MarkdownTextSplitter(chunk_size=1000, chunk_overlap=0)

# 分割文档
split_documents = markdown_splitter.split_documents(documents)

print(len(split_documents))
print(split_documents[0])
```

运行这段代码，可以得到如下的输出结果：

```
113
page_content='Embedding in Structs

Embedded types should be at the top of the field list of a
struct, and there must be an empty line separating embedded fields from regular
fields.
```

```
Bad Good ```go
type Client struct {
  version int
  http.Client
}
``` ```go
type Client struct {
  http.Client

  version int
}' metadata={'source': 'docs/golang/struct-embed.md'}
```

从输出结果可以看出，分割器很好地保留了Markdown的原始格式，有效地避免了在分割过程中丢失关键的格式信息。

## 4.3 Embedding过程

完成预处理之后，我们开始将分割后的数据进行词嵌入。LangChain同样提供了多种强大的词嵌入模型，其中流行的包括OpenAIEmbedding和开源的HuggingFace提供的众多词嵌入模型。

在第3章中，笔者已经使用过OpenAI的词嵌入模型和HuggingFace提供的BGE模型，它们针对通用的文本能很好地完成词嵌入工作。因此，如果不特别关注文本内容和特点，我们完全可以直接使用这些模型来完成词嵌入。

然而，针对Markdown文件，我们需要考虑以下因素：

- 文件特征：内容包含大量Markdown语法，混合代码块、表格、列表等内容，而不仅仅是简单的纯文本。
- 不同词嵌入模型的侧重点：不同的词嵌入模型擅长处理不同类型的信息。有的模型擅长文本语义分析，有的则擅长代码部分。
- 词嵌入效率：对于大量且复杂的Markdown文件，选择高效的词嵌入模型尤为重要。

在HuggingFace中，有专门针对代码的词嵌入模型，例如CodeBERT或CodeT5。这些模型擅长处理混合有普通文本和代码的文本。

CodeBERT 是由微软开发的一种双模态预训练模型，专门用于编程语言（PL）与自然语言（NL）的联合建模。该模型通过学习通用的代码表示，能够有效支持代码理解与代码生成等任务。此外，CodeBERT 也可用于自然语言的向量化表示，在需要语义嵌入的场景中发挥作用。
```

CodeT5 是由 Salesforce 研究团队提出的一种面向代码理解和生成任务的预训练编码器-解码器模型。该模型基于 T5 架构，并引入了针对代码特性的改进机制，旨在更准确地捕捉代码语义，并支持多种与代码相关的下游任务，如代码补全、代码翻译、代码注释生成等。

下面是一个利用CodeT5实现代码生成的例子：

```
   from transformers import RobertaTokenizer, T5ForConditionalGeneration
import torch

# 检查GPU是否可用
device = torch.device('cuda' if torch.cuda.is_available() else 'cpu')

# 加载模型
model_name = "Salesforce/codet5-base"
tokenizer = RobertaTokenizer.from_pretrained(model_name)
model = T5ForConditionalGeneration.from_pretrained(model_name).to(device)

# 输入的需求文本
input_text = ("Write a Python function to implement quick sort algorithm. "
             "The function should take a list as input and return the sorted list."
             "Here is the function definition: def quicksort(arr):")

# 编码输入需求文本
input_ids = tokenizer.encode(input_text, return_tensors="pt").to(device)

# 生成代码
outputs = model.generate(input_ids, max_length=200, num_beams=5,
early_stopping=True, repetition_penalty=2.0)

# 解码
generated_code = tokenizer.decode(outputs[0], skip_special_tokens=True)

print("Generated Code:")
print(generated_code)
```

生成的代码质量与模型本身的能力和提示词清晰度有关。相对而言，CodeT5仍有很大的提升空间。

本次开发选择使用CodeBERT来完成词嵌入工作，在实现之前，需要先安装相关的依赖库：

```
pip install transformers
```

随后使用CodeBERT来完成词嵌入。与之前使用的词嵌入模型不同：

```
model_name = "microsoft/codebert-base"  # 选择CodeBERT模型
```

```
    # 加载模型和分词器
    tokenizer = AutoTokenizer.from_pretrained(model_name)
    model = AutoModel.from_pretrained(model_name)
    texts = [str(item) for item in split_documents]

    # 设置最大长度
    max_length = 512

    # 使用padding和truncation参数
    inputs = tokenizer(texts, padding=True, truncation=True, max_length=max_length,
return_tensors="pt")

    with torch.no_grad():
        outputs = model(**inputs)
        # 获取最后一个隐藏层的输出作为词嵌入向量
        embeddings = outputs.last_hidden_state.detach()

    print(embeddings.shape) # 打印词嵌入向量形状
    print(embeddings)       # 打印词嵌入向量
```

与直接使用已经简化调用过程的OpenAIEmbedding不同，使用CodeBERT模型时，需要先创建模型对象和分词其对象，随后使用分词器进行数据的补全和预处理。

这段代码使用torch.no_grad()上下文管理器，表示在该代码块内的所有操作都不会进行梯度计算。

接下来，处理输入数据inputs，并获取模型的输出结果outputs，最后从outputs中获取词嵌入向量。

运行该段代码后，可以看到如下的输出（此处省略大量向量数据的内容）：

```
    torch.Size([113, 463, 768])
    tensor([[[-4.1261e-02,  1.3320e-01,  3.7105e-02,  ..., -1.1131e-01,
             -5.7304e-01,  6.6179e-01],
             ...
                    [ 3.4182e-01, -4.6872e-01,  3.3560e-02,  ..., -3.7221e-01,
             -4.5468e-01, -3.1911e-01]]])
```

4.4 vectorstore 的选择

选择合适的向量数据库（vectorstore）需要考虑多种因素：

- 数据规模：向量数据库包含的向量数量是多少？如果数据量很大，需要选择能够高效存储和检索大量向量的数据库。例如，如果向量数据库有数百万个向量，可能需要选择专门的向量数据库，如Pinecone或Faiss。

- 向量维度：每个向量包含多少个维度？向量的维度决定了数据库索引和搜索的复杂性。如果向量维度很高，可能需要选择能够处理高维度向量的数据库，如Weaviate或Qdrant。
- 维护成本：不同的向量数据库的维护成本不同。例如，Faiss完全开源免费，但需要自行搭建服务；而Qdrant可从云服务器上托管，但需要一定费用。

根据之前打印出来的向量维度和数量，向量数据包含了113个向量，768个维度。从数量上来说，这并不算多，维度也在普通水平之内。Faiss是一个高性能的向量数据库，能够完美适用于这种数量级的向量存储和查询。

```
pip install faiss-cpu
```

回顾前文实现Embedding的过程，代码实现较为烦琐，整体效率较低，开发体验也不够友好。实际上，我们可以直接使用HuggingFaceEmbeddings 类来完成向量化操作。得益于其良好的封装设计，开发者无须手动加载tokenizer和模型，也无须通过PyTorch显式获取词嵌入结果。HuggingFaceEmbeddings会自动完成这些底层操作，大大简化了开发流程并提升了易用性。

HuggingFaceEmbeddings支持多种模型，其中较为流行的模型有：

- all-mpnet-base-v2：通用句子嵌入模型，在各种下游任务中的表现都非常出色。
- multi-qa-mpnet-base-dot-v1：专为问答任务预训练的句子嵌入模型。
- all-MiniLM-L6-v2：轻量级模型，适用于资源受限的场景。
- paraphrase-distilroberta-base-v1：较小的模型，在句子相似度任务中表现出色。

由于笔者在笔记本电脑上运行，受限于有限的资源，因此选择了轻量级的all-MinLM-L6-v2进行演示。

在改写代码之前，需要先安装如下依赖库：

```
pip install sentence-transformers
pip install -U langchain-huggingface
```

改写后的代码也非常简洁，如下所示：

```
from langchain_huggingface import HuggingFaceEmbeddings
# 省略其他代码
model_name = "all-MiniLM-L6-v2"
# 使用HuggingFaceEmbeddings创建嵌入模型
embeddings = HuggingFaceEmbeddings(model_name=model_name)
print(embeddings)
```

第一次运行这段代码时，需要下载模型数据，具体下载时间取决于网络速度，等待一段时间，可以看到如下的输出结果：

```
client=SentenceTransformer(
  (0): Transformer({'max_seq_length': 256, 'do_lower_case': False}) with Transformer model: BertModel
  (1): Pooling({'word_embedding_dimension': 384, 'pooling_mode_cls_token': False, 'pooling_mode_mean_tokens': True, 'pooling_mode_max_tokens': False, 'pooling_mode_mean_sqrt_len_tokens': False, 'pooling_mode_weightedmean_tokens': False, 'pooling_mode_lasttoken': False, 'include_prompt': True})
  (2): Normalize()
) model_name='all-MiniLM-L6-v2' cache_folder=None model_kwargs={} encode_kwargs={} multi_process=False show_progress=False
```

随后使用FAISS完成向量存储，并使用检索器进行测试：

```
from langchain_community.vectorstores import FAISS

# 创建FAISS向量存储
vectorstore = FAISS.from_documents(
    documents=split_documents,
    embedding=embeddings
)

# 创建检索器
retriever = vectorstore.as_retriever(search_kwargs={"k": 5})

# 进行检索
query = "Why we should avoid using Built-In Names?"
results = retriever.get_relevant_documents(query)

# 打印结果
print(results)
```

运行之后，可以看到如下输出（省略大量文档数据的显示）：

```
LangChainDeprecationWarning: The method `BaseRetriever.get_relevant_documents` was deprecated in langchain-core 0.1.46 and will be removed in 0.3.0. Use invoke instead.

  warn_deprecated(
[Document(metadata={'source': 'docs/golang/package-name.md'}, page_content='Package Names\n\nWhen naming packages, choose a name that is:\n\nAll lower-case. No capitals or underscores.\n\nDoes not need to be renamed using named imports at most call sites.\n\nShort and succinct. Remember that the name is identified
```

```
in full at every call\n  site.\n\nNot plural. For example, net/url, not
net/urls.\n\nNot "common", "util", "shared", or "lib". These are bad, uninformative
names.\n\nSee also  ```go\nvar errorM
    \nTestMyFunction_WhatIsBeingTested.")]
```

在日常的LangChain开发过程中，开发者经常会遇到关于废弃方法的提示信息。例如，上述输出中指出，BaseRetriever.get_relevant_documents方法已在v0.1.46版本中标记为废弃（deprecated），并计划在v0.3.0版本中正式移除。

当前我们使用的LangChain版本为v0.2.7，虽然该方法仍可使用，但为保证代码的兼容性与前瞻性，建议遵循官方提示，改用invoke方法进行替代。具体写法如下：

```
results = retriever.invoke(query)
```

4.5　问答式检索器：QARetriever

“万事俱备，只欠东风”。当我们完成向量数据存储之后，就可以使用LangChain框架提供的多种检索器，从而实现AI功能。

假如你是一位新加入研发团队的初级工程师，甚至是第一次从事Golang开发工作，对Golang本身和工程最佳实践都缺乏经验。那么，你最希望的是有一个人能根据公司研发要求，持续地提供细致的帮助。如果能做到有问必答，那就完美了。然而，科技公司的研发任务和排期都比较紧张，即使资深开发工程师有心帮你，也不可能做到随问随答所有问题。因此，基于这个现实需求，公司决定开发智能文档平台的AI问答功能。

实现基于文档的问答需要使用LangChain的QARetriever检索器。QARetriever是一个强大的组件，专门用于在检索式问答系统中检索相关文档。它可以与LangChain的其他组件有机结合，利用LLM进行分析，随后使用RetrievalQA完成高质量的检索。

在这个例子中，我们选择使用OpenAI的模型作为LLM，初始化OpenAI模型的代码如下：

```
from langchain_openai import OpenAI
import os
from dotenv import load_dotenv
load_dotenv()

api_key = os.getenv("OPENAI_API_KEY")
base_url = os.getenv("OPENAI_URL")

llm = OpenAI(api_key=api_key, base_url=base_url, temperature=0.9)
```

随后使用LangChain的RetrievalQA类实现问答链功能：

```
from langchain.chains.retrieval_qa.base import RetrievalQA
```

```
# 省略其他代码
# 初始化RetrievalQA
qa_chain = RetrievalQA.from_chain_type(llm, retriever=retriever)
# 查询问题，由于技术文档都是英文编写的，因此尽可能用英文提问会更好
query = "Why should we reduce the scope of the variable? "
# 执行
result = qa_chain.invoke(query)
# 打印答案
print(result)
```

在上述代码中，我们将向量数据库检索到的文本片段作为上下文传递给OpenAI模型，并使用提示来引导LLM模型给出答案。

我们使用RetrievalQA类的from_chain_type方法把LLM和检索器结合，生成了QA检索链。随后，通过一个变量作用域的问题来检验问答效果。

执行代码后，得到如下结果：

```
{'query': 'Why should we reduce the scope of the variable? ', 'result': ' Reducing the scope of a variable can help to avoid confusion and accidental changes in global variables. It also keeps the code more organized and easier to follow. Additionally, reducing the scope can improve the performance of the code by freeing up memory that is no longer needed after the variable goes out of scope. '}
```

可以看出，result的内容就是LLM的最终回复，准确地回答了变量作用域的规范。

需要注意的是，运行这段代码时可能会出现一些警告信息，如下所示：

```
huggingface/tokenizers: The current process just got forked, after parallelism has already been used. Disabling parallelism to avoid deadlocks...
To disable this warning, you can either:
    - Avoid using `tokenizers` before the fork if possible
    - Explicitly set the environment variable TOKENIZERS_PARALLELISM=(true | false)
huggingface/tokenizers: The current process just got forked, after parallelism has already been used. Disabling parallelism to avoid deadlocks...
To disable this warning, you can either:
    - Avoid using `tokenizers` before the fork if possible
    - Explicitly set the environment variable TOKENIZERS_PARALLELISM=(true | false)
```

这是因为HuggingFace的tokenizers库在进程已被fork后尝试使用并行化（parallelism），这可能导致死锁问题。因此，我们需要按照提示设置环境变量TOKENIZERS_PARALLELISM为false，相关实现代码如下：

```
os.environ["TOKENIZERS_PARALLELISM"] = "false"
```

为了验证LLM是否基于文档的向量数据检索结果来生成答案，我们更换了一个与文档内容相关的问题：

```
    # 查询问题
    query = "How to Initializing Maps in golang?Show me the good sample as documents said"
    # 执行
    result = qa_chain.invoke(query)
    # 打印答案
    print(result)
```

这个问题的关键点在后半段，要求LLM根据文档中的描述给出案例代码，如果LLM是脱离原始文档生成的答案，它就不会提供和文档中类似的代码样例。执行该代码后，可以看到如下的输出结果：

```
    {'query': 'How to Initializing Maps in golang?Show me the good sample as documents said', 'result': '\n\nThere are two recommended ways to initialize maps in Go: using a map literal or using the make() function.\n\n1. Using a Map Literal\nA map literal is a concise way to create a map in Go. It allows you to initialize and populate a map in a single line of code. Here is an example:\n\n```go\n// Initializing a map using a literal\nm := map[string]string{\n  "key1": "value1",\n  "key2": "value2",\n "key3": "value3",\n}\n```\n\n2. Using the make() function\nThe make() function is used to create and initialize data structures in Go, including maps. It takes in the type of map and an optional capacity hint, which specifies the number of elements the map is expected to hold. Here is an example:\n\n```go\n// Initializing a map using the make() function\nm := make(map[string]string)\n```\n\nBy default, the make() function creates an empty map with no initial capacity. However, it is recommended to provide a capacity hint when initializing maps with make() to minimize subsequent allocations as elements are added to the map. This is especially important for performance-critical applications.\n\nYou can provide a capacity hint by passing in an integer'}
```

由输出结果可见， LLM的回答确实基于技术文档，并且返回的代码样例与文档中的代码段类似。

总结一下，问答式检索器的工作流程如图4-3所示，其中第三步并非必要：

（1）接收用户的自然语言查询。

（2）使用底层的向量数据库进行检索，找到与查询最相关的文档。

（3）使用LLM基于查询到的文档内容生成回复。

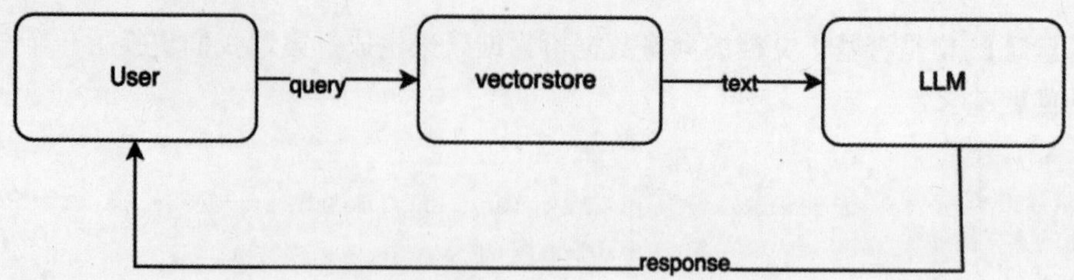

图 4-3　问答式检索器的工作流程

4.6　自查询检索器：SelfQueryRetriever

对于问答式检索器来说，整个流程符合人类惯性思维。然而，在LangChain开发中，还有其他查询检索器可以实现更好的检索效果。

其中，SelfQueryRetriever是一种高效的检索器，它结合了向量数据库和大语言模型（LLM）来生成向量数据库查询。它的优势在于能够利用大语言模型的语义理解能力，将用户用自然语言表达的模糊查询转换为精确的结构化查询，从而提升检索结果的准确性和效率。

SelfQueryRetriever的工作流程如图4-4所示，与QARetriever有明显的不同。

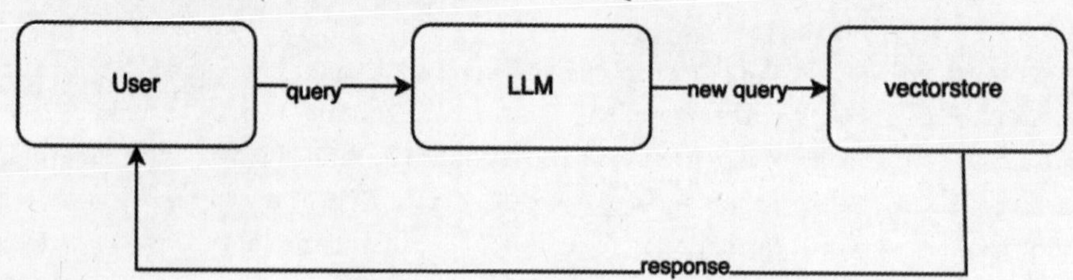

图 4-4　自查询检索器的工作流程

（1）用户用自然语言提出查询。

（2）LLM将自然语言转换为向量查询。

（3）使用该查询对底层的向量数据库进行检索。

这种查询检索器由于其语义理解能力的不足，更适合用于简单的问答场景，例如基于关键词检索相关信息，或从简单的文本中提取特定信息。

LangChain提供了SelfQueryRetriever类，封装了常用的方法，如from_llm、from_documents等。使用from_llm方法时，必须传递metadata_field_info和document_contents两个参数，以帮助LLM更好地理解文档内容。

接下来，我们详细介绍这两个参数的含义：

- document_contents：描述文档的内容，可以是文档的简短描述。例如，在我们项目中的文档，可以概括为“Golang代码规范和最佳实践指南”。

- metadata_field_info：描述文档内容的属性，如标题、作者、内容简介等元数据字段。

对于技术文档，元数据字段通常包含几个核心字段：标题、主题和内容摘要。在完成对文档元数据结构的分析后，即可开始编码实现。此时仅需引入对应的类即可进行后续开发：

```
from langchain.retrievers.self_query.base import SelfQueryRetriever
```

随后定义元数据字段：

```
from langchain.chains.query_constructor.base import AttributeInfo

# 定义元数据信息
metadata_field_info = [
    AttributeInfo(name="title", description="document title", type="string"),
    AttributeInfo(name="topic", description="Document topic", type="string"),
    AttributeInfo(name="summary", description="Document summary",
type="string"),
]
```

接下来，使用SelfQueryRetriever的from_llm方法来生成检索器并进行查询：

```
retriever = SelfQueryRetriever.from_llm(
    llm,
    vector_store,
    document_contents="Golang代码规范和最佳实践指南",
    metadata_field_info=metadata_field_info,     # 传入元数据信息
)

# 使用SelfQueryRetriever检索
query = "How about the marshaled structs?"
results = retriever.get_relevant_documents(query)
print(results)
```

运行这段代码时，你可能会遇到如下报错信息：

```
Traceback (most recent call last):
  File "/Users/utang/pythonwork/langchain-llm/chapter04/smart-doc/main.py",
line 133, in <module>
    self_query_retrieve(vectorstore)
  File "/Users/utang/pythonwork/langchain-llm/chapter04/smart-doc/main.py",
line 109, in self_query_retrieve
    retriever = SelfQueryRetriever.from_llm(
  File
"/Users/utang/anaconda3/envs/smart-doc/lib/python3.10/site-packages/langchain/ret
```

```
rievers/self_query/base.py", line 306, in from_llm
      structured_query_translator = _get_builtin_translator(vectorstore)
     File
"/Users/utang/anaconda3/envs/smart-doc/lib/python3.10/site-packages/langchain/ret
rievers/self_query/base.py", line 180, in _get_builtin_translator
      raise ValueError(
   ValueError: Self query retriever with Vector Store type <class
'langchain_community.vectorstores.faiss.FAISS'> not supported.
```

由此可见，FAISS不支持SelfQueryRetriever的直接调用。现在有两个方案可供选择：

（1）使用其他向量数据库（如Chroma等）来完成自查询检索器的初始化。

（2）根据报错信息的提示，自己实现基于FAISS的查找翻译器（translator）。

由于我们已经用FAISS实现了向量数据存储，因此选择第二种方案。经过多次尝试之后，最终实现以下自定义翻译器：

```
# 实现针对FAISS的自定义翻译器
from langchain.retrievers.self_query.base import Visitor

class CustomFAISSTranslator(Visitor):
    def __init__(self):
        self.allowed_comparators = ["<", ">", "==", "!=", "<=", ">="]
        self.allowed_operators = ["AND", "OR", "NOT"]

    def visit_comparison(self, node):
        print(f"Visiting comparison node: {node}")
        return node

    def visit_operation(self, node):
        print(f"Visiting operation node: {node}")
        return node

    def visit_structured_query(self, node):
        print(f"Visiting structured query node: {node}")
        new_query = "processed query"
        search_kwargs = {"param1": "value1"}
        return new_query, search_kwargs

translator = CustomFAISSTranslator()
# 结合LLM和向量数据库生成检索器
retriever = SelfQueryRetriever.from_llm(
    llm,
```

```
    vector_store,
    document_contents="Golang代码规范和最佳实践指南",
    metadata_field_info=metadata_field_info,      # 传入元数据信息
    structured_query_translator=translator,
)
```

在上述的代码中，首先定义了CustomFAISSTranslator，并实现了必要的方法。随后通过structured_query_translator参数将自定义翻译器传递给SelfQueryRetriever实例，从而成功地生成了自查询检索器。如果想使用其他向量数据库（如Chroma），改写实现的代码即可。

为了更好地组织代码结构，笔者将加载数据、分割文档、向量化存储等步骤封装成可重用的方法：

```
def load_data():
    # 指定要加载的目录
    folder_path = "./docs/golang"
    # 使用DirectoryLoader加载指定目录下所有Markdown文件
    loader = DirectoryLoader(folder_path, glob="**/*.md",
loader_cls=UnstructuredMarkdownLoader)
    # 加载文档
    documents = loader.load()
    return documents


def split_documents(documents):
    # 初始化MarkdownTextSplitter实例，设置分割参数
    markdown_splitter = MarkdownTextSplitter(chunk_size=1000, chunk_overlap=0)
    # 分割文档
    split_documents = markdown_splitter.split_documents(documents)
    return split_documents

def embedding_documents(documents):
    # model_name = "all-MiniLM-L6-v2"
    # 使用HuggingFaceEmbeddings创建嵌入模型
    # embeddings = HuggingFaceEmbeddings(model_name=model_name)
    # 创建OpenAI词嵌入模型实例
    embeddings = OpenAIEmbeddings(
        openai_api_key=api_key,
        openai_api_base=base_url
    )
    # 创建FAISS向量存储
    vectorstore = FAISS.from_documents(
        documents=documents,
```

```
        embedding=embeddings
    )

    return vectorstore
```

在调用不同的检索器之前，首先需要依次调用加载数据的方法（load_data）、分割文档数据的方法（split_documents）以及向量化存储数据的方法（embedding_documents）。然后，可以执行不同的检索器进行查询。封装复用代码并随时整理和改进代码结构，是良好的工程习惯。

4.7 多向量检索器：MultiVectorRetriever

MultiVectorRetriever是LangChain中的一个重要模块，用于从多个向量索引中进行检索。它可以帮助用户在多个嵌入向量（通常是文本嵌入）中找到最相关的内容。这对于需要处理大量文档并快速找到相关信息的应用程序非常有用。

多向量检索器有如下重要的特点：

- 多向量索引支持：MultiVectorRetriever可以处理来自多个向量索引的数据源，特别适用于需要跨多个数据集进行检索的场景。
- 高效检索：利用向量相似性（如余弦相似度），可以高效地从大量数据中检索出最相关的结果。
- 灵活性：可以与不同的嵌入模型和向量数据库配合使用，提供灵活的检索配置选项。
- 整合能力：便于与LangChain中的其他组件整合，支持复杂的查询和数据处理流程。

它的应用场景也非常广泛，例如：

- 大规模文档搜索：在大量文档中快速找到相关段落或句子。
- 问答系统：从多个知识库中检索信息，以回答用户问题。
- 推荐系统：基于用户查询和历史数据推荐相关内容。

在我们的smart-doc项目中，我们将它用于文档搜索和问答功能。

首先，需要安装LangChain对Chroma的支持库：

```
pip install langchain-chroma
```

下面是一个简单的使用多向量检索器的示例：

```
from langchain.storage import InMemoryByteStore
from langchain_chroma import Chroma
from langchain_community.document_loaders import TextLoader
from langchain_openai import OpenAIEmbeddings
from langchain_text_splitters import RecursiveCharacterTextSplitter
```

```
from langchain.storage import InMemoryByteStore
from langchain.retrievers.multi_vector import MultiVectorRetriever
import os
from dotenv import load_dotenv
import uuid
# 加载多个TXT文档
loaders = [
    TextLoader("./docs/api-gateway.txt"),
    TextLoader("./docs/microservice.txt")
]

docs = []

for loader in loaders:
    docs.extend(loader.load())

text_splitter = RecursiveCharacterTextSplitter(chunk_size=4000)
docs = text_splitter.split_documents(docs)

load_dotenv()
api_key = os.getenv("OPENAI_API_KEY")
base_url = os.getenv("OPENAI_URL")
# 创建OpenAI词嵌入模型实例
embeddings = OpenAIEmbeddings(
    openai_api_key=api_key,
    openai_api_base=base_url
)

# 使用向量数据库保存，并使用索引
vectorstore = Chroma(
    collection_name="my_documents", embedding_function=embeddings
)

id_key = 'doc_id'

# 使用内存数据库存储
store = InMemoryByteStore()

# 利用uuid生成文档 id
doc_ids = [str(uuid.uuid4()) for _ in docs]

# 切分出更小的文本块
```

```
    child_text_splitter = RecursiveCharacterTextSplitter(chunk_size=400)

    sub_docs = []
    for i, doc in enumerate(docs):
        _id = doc_ids[i]
        _sub_docs = child_text_splitter.split_documents([doc])
        for _doc in _sub_docs:
            _doc.metadata[id_key] = _id
        sub_docs.extend(_sub_docs)


    retriever = MultiVectorRetriever(
        vectorstore=vectorstore,
        byte_store=store,
        id_key=id_key,
    )

    # 把数据保存到向量数据库和内存数据库中
    retriever.vectorstore.add_documents(sub_docs)
    retriever.docstore.mset(list(zip(doc_ids, docs)))

    # 使用小文本块在向量数据库查询
    closet_response = retriever.vectorstore.similarity_search("访问管理")[0]
    print(closet_response)
```

运行这段代码后，可以看到如下的输出结果：

```
    page_content='使用 NGINX Plus 作为 [API 网关](https://www.nginx.com/solutions/
api-gateway/)的理由包括：

    - **访问管理**

        上至Web应用级别，下至每个个体微服务级别，都可以使用各种访问控制列表（ACL）方法，并且可以
轻松实现SSL/TLS。

    - **可管理性与伸缩性**

        可以使用NGINX的动态重新配置API、Lua模块、Perl来更新基于NGINX Plus的API服务器，也可
以通过Chef、Puppet、ZooKeeper或DNS来改变。

    - **与第三方工具集成**' metadata={'doc_id':
'7256c295-4f0f-4880-baa5-ed8fe002ab1c', 'source': './docs/api-gateway.txt'}
```

这样的检索结果尤为精准，适合用于高精度搜索的需求。

假设有一个更复杂的场景：文档中的客户支持工单数据集。公司技术团队计划采用多元化的嵌入向量技术，以全面捕捉工单文本的多个维度，包括详尽的问题描述、客户的情绪状态以及他们所请求的具体操作。通过这种方法，从而实现更为精细和精确的相关工单检索功能，以提升客户服务的效率和响应质量。

其中，工单数据如下：

```
工单1：我收到的商品有损坏，请问如何申请退货或更换？我已经拍了照片作为证据。
工单2：我的信用卡支付失败了，请问是什么原因？我的订单号是#67890。
工单3：我忘记了我的账户密码和安全问题答案，请问如何找回账户？
工单4：你们的客服电话一直占线，我无法联系到你们。请问有其他的联系方式吗？
工单5：我需要帮助设置新的电子邮件账户。
```

依然可以使用MultiVectorRetriever来完成精准检索，代码如下：

```
import os
from dotenv import load_dotenv
from langchain.embeddings import OpenAIEmbeddings
from langchain.vectorstores import Chroma
from langchain.text_splitter import RecursiveCharacterTextSplitter
from langchain.document_loaders import TextLoader
from langchain.chains import QAChain
from langchain.chat_models import ChatOpenAI
from transformers import pipeline
import logging

# 加载环境变量
load_dotenv()

# 设置日志配置
logging.basicConfig(
    level=logging.INFO,
    format="%(asctime)s [%(levelname)s] %(message)s",
    handlers=[logging.StreamHandler()]
)

# 获取 API key
api_key = os.getenv("OPENAI_API_KEY")
if not api_key:
    logging.error("未找到 OpenAI API key，请检查环境变量配置。")
    exit(1)

# 初始化 OpenAI LLM
llm = ChatOpenAI(openai_api_key=api_key, model="gpt-3.5-turbo",
```

```
temperature=0.9)

    # 加载示例支持工单
    try:
        loader = TextLoader("support_tickets.txt")    # 每个工单用空行分隔
        documents = loader.load()     # 加载文档
        logging.info("支持工单文件加载成功。")
    except FileNotFoundError:
        logging.error("支持工单文件未找到。请提供有效的路径。")
        exit(1)

    # 文本分割器
    text_splitter = RecursiveCharacterTextSplitter(chunk_size=500,
chunk_overlap=100)
    docs = text_splitter.split_documents(documents)

    # 创建嵌入向量对象
    openai_embeddings = OpenAIEmbeddings()
    # 语句分析管道
    sentiment_pipeline = pipeline("sentiment-analysis",
model="distilbert-base-uncased-finetuned-sst-2-english")

    # 创建 Chroma 数据库（持久化到磁盘）
    persist_directory = "./chroma_store"
    try:
        vectorstore = Chroma.from_documents(
            documents=docs,
            embedding=openai_embeddings,
            persist_directory=persist_directory
        )
        vectorstore.persist()
        logging.info(f"Chroma 数据库创建成功。")
    except Exception as e:
        logging.error(f"创建 Chroma 数据库时出错：{e}")
        exit(1)

    # 执行相似度搜索的函数
    def search_similar_documents(query: str, k: int = 2):
        try:
            results = vectorstore.similarity_search(query, k=k)
            return results
        except Exception as e:
```

```
            logging.error(f"相似度搜索时出错：{e}")
            return []

    # 获取用户查询
    query = input("请输入客户支持查询：")

    # 执行搜索并显示结果
    results = search_similar_documents(query)
    print("\n最相似的支持工单：")
    for doc in results:
        print(f"来源：{doc.metadata.get('source', '未知来源')}\n内容：
{doc.page_content}\n---")

    # 添加问答链以获得更详细的答案
    qa_chain = QAChain.from_llm(llm)
    context = "\n".join([f"工单：{doc.page_content}" for doc in results])
    try:
        answer = qa_chain.run(input_documents=results, question=query)
        print(f"\n基于相似工单的答案：{answer}")
    except Exception as e:
        logging.error(f"执行问答链时出错：{e}")
```

这段代码实现了一个基于LangChain和Chroma的客户支持查询系统。其核心功能包括：

（1）加载支持工单数据：使用TextLoader加载支持工单文本文件，每个工单用空行分隔。

（2）文本预处理：利用 RecursiveCharacterTextSplitter 将工单内容切割成较小的块，便于处理和向量化。

（3）创建嵌入和向量数据库：

① 使用OpenAIEmbeddings将工单文本转换为嵌入向量。

② 结合Chroma创建持久化的向量数据库，便于快速检索。

（4）多向量检索：支持用户输入查询，利用嵌入向量计算相似度，检索最相关的支持工单。

（5）问答链补充：使用问答链（QAChain）结合上下文生成更详细的答案。

（6）错误处理和日志记录：在加载数据、创建嵌入和数据库，以及查询的过程中，提供详细的错误日志记录，以增强代码的健壮性。

4.8 多轮对话能力

LangChain提供了用于构建会话式应用的核心组件，其中ConversationalRetrievalQAChain是一个典型的实现方案。该链式结构专为问答任务设计，融合了检索机制与对话状态管理能力，允许开发者配置输入参数并执行基于上下文的问答处理。

通过结合使用Memory模块，可以实现对历史对话内容的存储与管理。借助丰富的上下文信息，AI能够在多轮对话中保持语境连贯，展现出更强的交互能力。LangChain提供了多种内存机制（Memory Mechanism），用于持久化和管理对话状态，从而支持复杂场景下的会话流程。

例如，可以使用ConversationBufferMemory组件将对话历史记录暂存在内存中，适用于对话轮次较少、上下文较短的场景；而ConversationSummaryMemory则能够对对话历史进行自动总结，并将生成的摘要信息传递给LLM，从而在保持上下文连贯性的同时降低输入长度的开销。

下面是使用ConversationBufferMemory的例子：

```
from langchain.memory import ConversationBufferMemory
from langchain_openai import OpenAI
import os
from dotenv import load_dotenv

# 初始化一个ConversationBufferMemory实例
memory = ConversationBufferMemory()

load_dotenv()
api_key = os.getenv("OPENAI_API_KEY")
base_url = os.getenv("OPENAI_URL")
# 初始化OpenAI实例
llm = OpenAI(api_key=api_key, base_url=base_url, temperature=0.6)


def conversation_handler(user_input):
    # 将用户输入保存到memory中
    memory.save_context({'input': user_input}, {"output": ""})

    # 加载内存中的历史对话记录
    history = memory.load_memory_variables({})['history']

    # 使用LLM生成回复
    response = llm.invoke(
```

```
        f"You are a powerful AI assistant. The following is a conversation history:
\n{history}\nWhat is the response to: {user_input}?Please reply in Chinese")

    # 将回复保存到内存中
    memory.save_context({"input": user_input}, {"output": response})

    # 返回回复
    return response


# 测试对话
print("欢迎使用AI机器人! ")
while True:
    user_input = input("你: ")
    if user_input.lower() == "退出":
        break
    response = conversation_handler(user_input)
    print("AI机器人: ", response)
```

该段代码使用ConversationBufferMemory来存储用户的对话历史。每次交互时，系统会将当前的历史记录通过提示词传递给OpenAI模型，模型生成的回复也将被保存至内存中，以供后续对话使用。运行这段代码后，可在终端中与AI进行交互式对话，执行结果如图4-5所示。

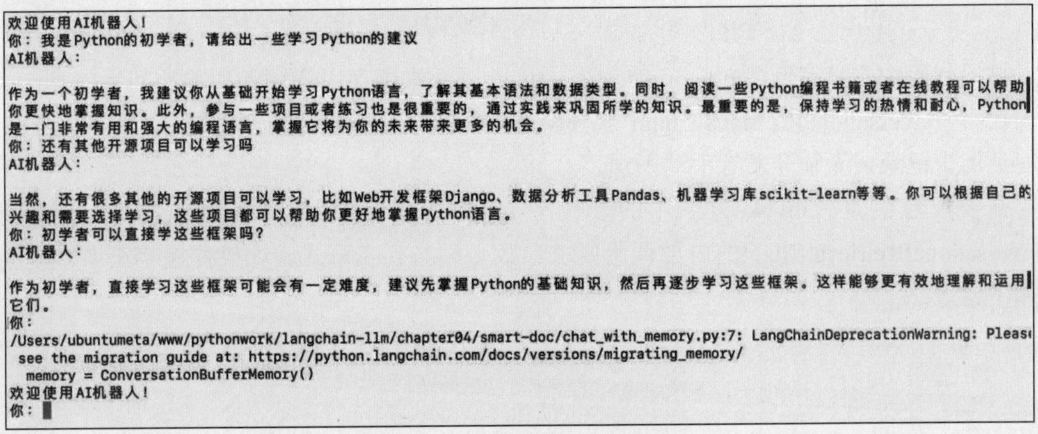

```
欢迎使用AI机器人!
你: 我是Python的初学者，请给出一些学习Python的建议
AI机器人:

作为一个初学者，我建议你从基础开始学习Python语言，了解其基本语法和数据类型。同时，阅读一些Python编程书籍或者在线教程可以帮助
你更快地掌握知识。此外，参与一些项目或者练习也是很重要的，通过实践来巩固所学的知识。最重要的是，保持学习的热情和耐心，Python
是一门非常有用和强大的编程语言，掌握它将为你的未来带来更多的机会。
你: 还有其他开源项目可以学习吗
AI机器人:

当然，还有很多其他的开源项目可以学习，比如Web开发框架Django、数据分析工具Pandas、机器学习库scikit-learn等等。你可以根据自己的
兴趣和需要选择学习，这些项目都可以帮助你更好地掌握Python语言。
你: 初学者可以直接学这些框架吗?
AI机器人:

作为初学者，直接学习这些框架可能会有一定难度，建议先掌握Python的基础知识，然后再逐步学习这些框架。这样能够更有效地理解和运用
它们。
你:
/Users/ubuntumeta/www/pythonwork/langchain-llm/chapter04/smart-doc/chat_with_memory.py:7: LangChainDeprecationWarning: Please
 see the migration guide at: https://python.langchain.com/docs/versions/migrating_memory/
  memory = ConversationBufferMemory()
欢迎使用AI机器人!
你:
```

图4-5　AI机器人聊天效果

在了解基本的实践用法之后，可以将ConversationBufferMemory用于smart-doc项目中，首先，封装并实现获取ConversationalRetrievalChain的方法：

```
def get_conversational_retrieval_chain(memory, vector_store):
    api_key = os.getenv("OPENAI_API_KEY")
    base_url = os.getenv("OPENAI_URL")
```

```
    llm = OpenAI(api_key=api_key, base_url=base_url, temperature=0.9)
    # 生成ConversationalRetrievalChain实例
    chain = ConversationalRetrievalChain.from_llm(
        llm=llm,
        retriever=vector_store.as_retriever(),
        memory=memory
    )
    return chain
```

其中，memory参数是从外部传递给函数的ConversationBufferMemory对象，而vector_store参数是向量数据库对象。

接下来，开始实现多轮对话功能，相关代码如下：

```
# 初始化ConversationBufferMemory对象
memory = ConversationBufferMemory(memory_key="chat_history")
# 生成Chain对象
chain = get_conversational_retrieval_chain(memory, vectorstore)
print("欢迎使用Smart Doc的多轮对话问答系统！")
while True:
    user_input = input("你：")
    if user_input.lower() == "退出":
        break
    response = chain.invoke({"question": user_input})
    print("AI：", response['answer'])  # 提取答案部分并打印
```

这段代码中并没有使用memory的save_context方法来保存用户输入和AI的回复信息。这是因为在将ConversationalRetrievalChain与ConversationBufferMemory结合使用时，系统会自动管理对话历史记录，无须开发者手动干预。

需要注意的是，invoke方法中的参数是一个列表，而不是简单的字符串。这是因为ConversationalRetrievalChain的内部调用要求参数必须是列表形式。如果传递字符串，则会报出如下错误：

```
File ....site-packages/langchain/chains/base.py", line 156, in invoke
    self._call(inputs, run_manager=run_manager)
  File
"/Users/utang/anaconda3/envs/smart-doc/lib/python3.10/site-packages/langchain/cha
ins/conversational_retrieval/base.py", line 144, in _call
    chat_history_str = get_chat_history(inputs["chat_history"])
....10/site-packages/langchain/chains/conversational_retrieval/base.py", line
52, in _get_chat_history
    raise ValueError(
ValueError: Unsupported chat history format: <class 'str'>.
```

当读者执行这段脚本代码时，第一次的对话能正常运行，而继续问出第二个问题时，依然会触发前述错误。

其原因是未对Memory组件的输出键进行显式指定，导致上下文信息无法正确解析。为解决该问题，需修改memory变量的初始化代码，并明确设置输出内容的键值字段：

```
    memory = ConversationBufferMemory(memory_key="chat_history",
return_messages=True, output_key='answer')
```

这样就能够解决报错问题，从而正常使用这个多轮对话功能，如图4-6所示。

```
/opt/anaconda3/envs/smart-doc/bin/python /Users/ubuntumeta/www/pythonwork/langchain-llm/chapter04/smart-doc/main.py

欢迎使用Smart Doc的多轮对话问答系统！
你：How about the channel size?
AI:
The channel size should typically be either one or zero. Having a size of one means that the channel can hold one v
alue at a time, preventing it from filling up and blocking writers. Having a size of zero, or being unbuffered, mea
ns that the channel can only hold one value at a time, ensuring that it doesn't fill up and block writers. Any othe
r size should be carefully considered and evaluated to ensure that it won't lead to issues with blocking writers or
 overflowing.
你：show me the code
AI:   I'm sorry, I don't have access to code and I am not knowledgeable enough to create an accurate example. It's
best to refer to official documentation or consult with a more experienced programmer for this question.
你：退出
```

图 4-6　Smart Doc 多轮对话

读者在运行这段代码的时候还可能遇到如下报错：

```
    File
"/opt/anaconda3/envs/smart-doc/lib/python3.10/site-packages/unstructured/nlp/toke
nize.py", line 130, in _download_nltk_packages_if_not_present
      download_nltk_packages()
     File
"/opt/anaconda3/envs/smart-doc/lib/python3.10/site-packages/unstructured/nlp/toke
nize.py", line 88, in download_nltk_packages
      urllib.request.urlretrieve(NLTK_DATA_URL, tgz_file)
     File "/opt/anaconda3/envs/smart-doc/lib/python3.10/urllib/request.py", line
241, in urlretrieve
      with contextlib.closing(urlopen(url, data)) as fp:
     File "/opt/anaconda3/envs/smart-doc/lib/python3.10/urllib/request.py", line
216, in urlopen
      return opener.open(url, data, timeout)
     File "/opt/anaconda3/envs/smart-doc/lib/python3.10/urllib/request.py", line
525, in open
      response = meth(req, response)
     File "/opt/anaconda3/envs/smart-doc/lib/python3.10/urllib/request.py", line
634, in http_response
      response = self.parent.error(
     File "/opt/anaconda3/envs/smart-doc/lib/python3.10/urllib/request.py", line
```

```
563, in error
      return self._call_chain(*args)
    File "/opt/anaconda3/envs/smart-doc/lib/python3.10/urllib/request.py", line
496, in _call_chain
      result = func(*args)
```

这是因为unstructured库的版本不兼容，会默认尝试下载nltk来实现自然语言分析。解决办法就是安装一个兼容版本的unstructured，在终端运行如下命令即可：

```
pip install unstructured==0.10.25
```

4.9 优化会话内存管理

在实际开发中，我们可以进一步优化LangChain中的内存管理，以提高效率和减少资源占用。以下是一些优化方向：

- 限制对话历史长度：默认情况下，ConversationBufferMemory会存储所有对话历史。为了节省内存，可以设置max_history参数来限制对话历史的长度。例如：

```
memory = ConversationBufferMemory(max_history=5)
```

以上代码只会保留最近的5个对话回合。

- 使用更轻量级的内存类型：除了ConversationBufferMemory外，LangChain还提供了其他几种内存类型，例如ConversationBufferWindowMemory和ChatHistory。这些内存类型可能会使用更少的内存，但它们的功能也可能有所限制。例如，ConversationBufferWindowMemory只能存储最近的几句话，而ChatHistory只能存储简单的聊天记录。
- 使用外部缓存：如果你的对话历史记录很大，并且需要在多个对话回合之间共享，可以考虑使用外部缓存系统，例如Redis或Memcached。这样可以将对话历史记录存储在更强大的系统中，并通过LangChain的ExternalMemory类进行访问。
- 使用自定义内存类：如果你需要更复杂的内存管理逻辑，可以自定义内存类。可以继承BaseMemory类，并实现save_context、load_memory_variables和clear等方法，以满足特定需求。

以下展示如何结合使用ConversationBufferWindowMemory与外部缓存服务Redis实现对话状态的持久化管理。在开始实现前，首先需要安装Redis相关依赖库：

```
pip install redis
```

也可以选择安装LangChain封装的Redis集成模块，其使用方式与原生Redis库类似。但为展示底层实现逻辑，本文选择直接使用原生Redis库进行开发。为了实现基于Redis的对话记忆管理，需要自定义一个记忆类。该类将负责与Redis进行交互，完成对话历史的读取与存储。具体实现如下：

```
# 自定义Redis记忆类
class RedisMemory:
    def __init__(self, redis_client, key="chat_history"):
        self.redis_client = redis_client
        self.key = key

    def save_context(self, inputs, outputs, **kwargs):
        chat_history = self.load_memory_variables(**kwargs).get("chat_history",
[])
        chat_history.append({"input": inputs["question"], "output":
outputs["answer"]})
        self.redis_client.set(self.key, chat_history)

    def load_memory_variables(self, **kwargs):
        chat_history = self.redis_client.get(self.key)
        if chat_history:
            return {"chat_history": chat_history.decode("utf-8")}
        else:
            return {"chat_history": []}

    def clear(self):
        self.redis_client.delete(self.key)
```

完成自定义记忆类的初始化并进行调用，其代码如下：

```
from langchain.memory import ConversationBufferWindowMemory
import redis

# 初始化ConversationBufferWindowMemory，用于存储最近的对话回合
conversation_memory = ConversationBufferWindowMemory(k=5) # 保留最近的5个对话回合


# 初始化Redis记忆对象
redis_memory = RedisMemory(redis_client)
# 初始化ConversationalRetrievalChain，并使用记忆
convo_qa_chain = ConversationalRetrievalChain.from_llm(
    llm=llm,
    retriever=vectordb.as_retriever(),
```

```
    memory=conversation_memory + redis_memory  # 同时使用两种记忆
)
```

通过上面的代码，我们将大部分历史对话保存在Redis中，最近5条记录则保存在ConversationBufferWindowMemory中。这样做既提高了会话内存的管理效率，还充分利用Redis进行了数据持久化。

4.10 优化上下文和检索

正如前文所述，任何大语言模型（LLM）的上下文长度都存在明确的上限。一旦输入内容超出该限制，将可能导致请求失败、程序报错，或显著影响模型输出的质量。

以目前OpenAI最新发布的gpt-4o模型为例，其最大上下文长度为128,000个token。尽管这一数值已相当可观，但在长时间对话或多轮交互过程中，仍有可能达到甚至超过该上限。因此，必须对上下文进行合理优化，以确保AI服务能够持续稳定运行。

LangChain提供了一些方法来优化上下文，例如压缩上下文和概括上下文，以便更好地利用模型的上下文窗口。

1. 压缩上下文

- 使用ConversationBufferWindowMemory：这是一个简单的内存类型，它只存储最近的*k*个对话回合，从而限制了上下文长度。开发者可以根据需要调整*k*的值来控制上下文的大小。这在前面已经介绍过，这里不再赘述。
- 使用ChatHistory：可以存储简单的聊天记录，并通过max_history参数限制历史记录的长度。
- 使用BufferMemory：可以设置max_length参数，用来限制存储的上下文长度，超出长度的部分会被截断。

2. 概括上下文

- 使用SummarizationChain：该链可以利用大语言模型的能力对上下文进行概括，以生成一个更短的摘要，从而保留重要的信息并压缩上下文长度。
- 使用ConversationalRetrievalChain：它可以使用检索器从知识库中获取相关信息，并将其与当前的对话回合结合，形成一个更完整的上下文。然后，可以使用SummarizationChain对上下文进行概括。

下面是使用SummarizationChain实现上下文概括的示例：

```
from langchain.chains.summarize import load_summarize_chain
from langchain.llms import OpenAI
```

```
    from langchain.memory import ConversationBufferWindowMemory
    from langchain.embeddings import OpenAIEmbeddings
    from langchain.vectorstores import Chroma

    # 初始化LLM和Embeddings
    llm = OpenAI(temperature=0.7)
    embeddings = OpenAIEmbeddings()

    # 初始化知识库（假设已经创建）
    knowledge_base = Chroma.from_texts(
        ["This is the first document.", "This is the second document."],
        embeddings,
        persist_directory="./chroma_db"
    )

    # 初始化对话式检索链
    convo_qa_chain = ConversationalRetrievalChain.from_llm(
        llm=llm,
        retriever=knowledge_base.as_retriever(),
        memory=ConversationBufferWindowMemory(k=5)
    )

    # 使用load_summarize_chain初始化摘要链
    summarization_chain = load_summarize_chain(llm=llm, chain_type="stuff",
verbose=True)

    # 构建复合链
    def chain(question, chat_history):
        # 1. 使用对话式检索链获取上下文
        response = convo_qa_chain({"question": question, "chat_history":
chat_history})
        # 2. 使用摘要链对上下文进行概括
        summary = summarization_chain.invoke(response["answer"])
        # 3. 返回概括后的上下文
        return summary

    # 开始多轮对话
    print("欢迎使用多轮对话问答系统！")
    chat_history = []  # 初始化对话历史记录
    while True:
        user_input = input("你：")
        if user_input.lower() == "退出":
```

```
        break
    response = chain(user_input, chat_history)
    print("机器人：", response)
    # 更新对话历史记录
    chat_history.append({"input": user_input, "output": response})
```

在上述代码中，首先使用ConversationBufferWindowMemory限制上下文长度，然后利用load_summarize_chain对ConversationalRetrievalChain获取的上下文进行概括，最后返回LLM的回复给用户。第一种方式设置了chain_type为Stuff，它将所有文档简单地填充到一个单一的提示中。另一种方式是Map Reduce。这两种方式的算法实现示意如图4-7所示。

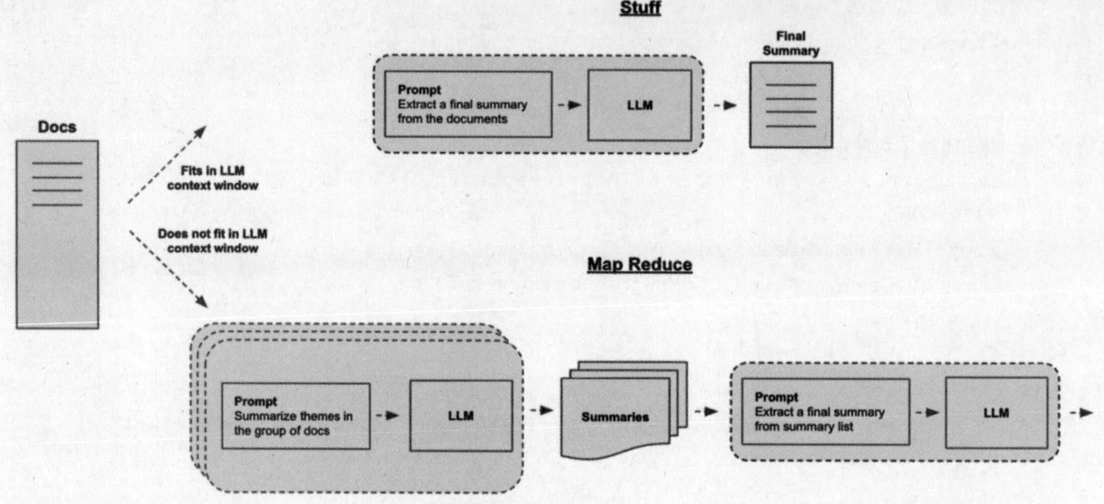

图 4-7　Stuff 和 Map Reduce 算法的示意图

这个多轮对话问答和摘要系统仍有优化的空间：

（1）OpenAI和OpenAIEmbeddings都被多次初始化，可以在模块级别进行统一初始化，减少重复工作。

（2）对话历史没有进行有效的清理，可能会导致在长时间运行时占用过多内存。

（3）Chroma.from_texts直接在代码中初始化简单的文档，不适合处理较大规模的数据。因此，将文档加载逻辑从代码中分离，使用外部存储（如数据库）初始化Chroma。

（4）添加必要的日志来记录异常错误，方便调试和监控服务的稳定性。

（5）用户交互时没有提示当前对话轮次或系统处理的上下文信息。

下面是优化后的代码：

```
import logging
from langchain.chains.summarize import load_summarize_chain
```

```
from langchain.chains import ConversationalRetrievalChain
from langchain.llms import OpenAI
from langchain.memory import ConversationBufferWindowMemory
from langchain.embeddings import OpenAIEmbeddings
from langchain.vectorstores import Chroma

# 配置日志
logging.basicConfig(level=logging.INFO, format="%(asctime)s
[%(levelname)s] %(message)s")

# 全局配置与初始化
def initialize_components():
    logging.info("初始化模型和嵌入向量...")
    llm = OpenAI(temperature=0.7)
    embeddings = OpenAIEmbeddings()

    logging.info("加载知识库...")
    knowledge_base = Chroma.from_texts(
        ["This is the first document.", "This is the second document."],
        embeddings,
        persist_directory="./chroma_db"
    )

    logging.info("初始化链...")
    convo_qa_chain = ConversationalRetrievalChain.from_llm(
        llm=llm,
        retriever=knowledge_base.as_retriever(),
        memory=ConversationBufferWindowMemory(k=5)
    )

    summarization_chain = load_summarize_chain(llm=llm, chain_type="stuff",
verbose=False)

    return convo_qa_chain, summarization_chain

convo_qa_chain, summarization_chain = initialize_components()

# 主函数逻辑
def chain(question, chat_history):
    try:
        # 使用对话式检索链获取上下文
        response = convo_qa_chain({"question": question, "chat_history":
```

```
chat_history})
            # 使用摘要链对上下文进行概括
            summary = summarization_chain.invoke(response["answer"])
            return summary
        except Exception as e:
            logging.error(f"处理问题时出错: {e}")
            return "抱歉，我无法处理您的请求。"

    # 开始对话逻辑
    def main():
        print("欢迎使用多轮对话问答系统！")
        chat_history = []  # 初始化对话历史记录
        while True:
            user_input = input("你: ")
            if user_input.lower() in ["退出", "exit"]:
                print("机器人: 感谢使用，再见！")
                break

            response = chain(user_input, chat_history)
            print("机器人: ", response)

            # 更新对话历史记录
            chat_history.append({"input": user_input, "output": response})

    # 运行主程序
    if __name__ == "__main__":
        main()
```

优化后的代码更具扩展性、可读性和运行效率。整段代码基于模块化设计，未来接入更复杂的知识库或模型也非常容易，对用户的体验会有很大的提升。

有代码洁癖的读者可能会进一步想到利用第3章讲的LCEL来进一步优化代码，让它更加简洁，参考实现如下：

```
    import logging
    from langchain.chains.summarize import load_summarize_chain
    from langchain.chains import ConversationalRetrievalChain
    from langchain.llms import OpenAI
    from langchain.memory import ConversationBufferWindowMemory
    from langchain.embeddings import OpenAIEmbeddings
    from langchain.vectorstores import Chroma
    from langchain.agents import LCELChain
    from langchain.prompts import PromptTemplate
```

```
    # 配置日志
    logging.basicConfig(level=logging.INFO, format="%(asctime)s
[%(levelname)s] %(message)s")

    # 初始化组件（与原来的初始化函数类似）
    def initialize_components():
        logging.info("初始化模型和嵌入向量...")
        llm = OpenAI(temperature=0.7)
        embeddings = OpenAIEmbeddings()

        logging.info("加载知识库...")
        knowledge_base = Chroma.from_texts(
            ["This is the first document.", "This is the second document."],
            embeddings,
            persist_directory="./chroma_db"
        )

        logging.info("初始化链...")
        convo_qa_chain = ConversationalRetrievalChain.from_llm(
            llm=llm,
            retriever=knowledge_base.as_retriever(),
            memory=ConversationBufferWindowMemory(k=5)
        )

        summarization_chain = load_summarize_chain(llm=llm, chain_type="stuff",
verbose=False)

        return convo_qa_chain, summarization_chain

    # 定义LCEL链条，整合原始逻辑
    def create_lcel_chain(convo_qa_chain, summarization_chain):
        # 创建一个Prompt模板用于输入问题
        prompt_template = PromptTemplate(
            input_variables=["question", "chat_history"],
            template="请根据以下问题和历史记录提供回答：{question}. 历史记录：
{chat_history}"
        )

        # 定义LCEL链：首先进行对话式检索，之后进行摘要处理
        lcel_chain = LCELChain(
            tools=[convo_qa_chain, summarization_chain],
            prompt=prompt_template,
```

```
        chain_type="stuff",  # 可以选择不同的链类型
    )

    return lcel_chain

# 组合初始化与LCEL链
convo_qa_chain, summarization_chain = initialize_components()
lcel_chain = create_lcel_chain(convo_qa_chain, summarization_chain)

# 主函数逻辑
def chain(question, chat_history):
    try:
        # 通过LCEL链处理问题
        result = lcel_chain.invoke({"question": question, "chat_history":
chat_history})
        return result
    except Exception as e:
        logging.error(f"处理问题时出错: {e}")
        return "抱歉，我无法处理您的请求。"

# 开始对话逻辑
def main():
    print("欢迎使用多轮对话问答系统！")
    chat_history = []  # 初始化对话历史记录
    while True:
        user_input = input("你: ")
        if user_input.lower() in ["退出", "exit"]:
            print("机器人: 感谢使用，再见！")
            break

        response = chain(user_input, chat_history)
        print("机器人: ", response)

        # 更新对话历史记录
        chat_history.append({"input": user_input, "output": response})

# 运行主程序
if __name__ == "__main__":
    main()
```

首先，我们通过定义initialize_components函数完成了对大语言模型、嵌入向量、知识库以及对话链的初始化工作。接着，我们定义了create_lcel_chain函数，该函数利用LCELChain来实

现LCEL链的生成。在这个过程中，我们将两个核心组件——对话式检索链和摘要链有效地结合起来，并按照指定顺序执行。

在这一版本中，LCEL通过将对话式检索和摘要生成等多步操作以高层次方式整合，简化了流程定义，使代码更简洁、易维护。同时，LCEL的灵活性让我们能够轻松组合不同的工具和步骤，简化了系统的扩展过程。

通过这次优化，笔者想传达一个观点：优秀的代码是经过反复迭代和改进才完善的。每次实现后，尽可能多思考优化的可能性，有助于提升代码的效率和简洁性。LangChain提供的LCEL是非常强大的功能，运用得当，可以事半功倍。

第 5 章 旅游业AI客服实战

5

本章主要围绕旅游业AI客服进行开发，从旅游业的真实需求出发，完成AI客服的架构设计，利用LangChain的Agent模块，集成丰富的第三方服务接口，并学习使用LangGraph开发出强大的AI服务。

5.1 旅游服务的“痛点”

想象一下，我有一位朋友叫大明，他是一家扎根旅游业的科技公司（快乐旅行科技）的主力技术工程师。这两年，旅游业逐渐火爆，但服务质量一直饱受消费者的诟病。于是，技术部门协同产品部门工作，思考如何利用AI技术更好地服务大众消费者。

大明对如何设计和开发AI服务感到非常茫然，于是笔者首先协助他详细分析了国内旅游服务痛点：

- 价格与价值不匹配：尽管国内旅游人数回升，但人均消费仍然较低。国内游客对价格更为敏感，更注重性价比，寻求高价值的旅游产品和服务。
- 服务质量参差不齐：国内旅游市场服务质量不均，部分商家服务意识不强，缺乏规范化管理，导致游客体验不佳。
- 产品同质化严重：许多旅游景区缺乏特色，产品雷同，难以满足游客多样化、个性化的需求。
- 基础设施有待完善：部分地区的旅游基础设施建设滞后，交通不便，住宿条件有限，影响了游客的出行体验。
- 信息化程度不足：旅游信息服务平台建设相对滞后，缺乏便捷、高效的旅游信息获取渠道，难以满足游客在行程规划、预订等方面的需求。

要一口气解决所有问题显然不现实，于是大明决定先开发最重要的3个功能：天气服务、旅行线路规划和酒店预订的客服服务。

（1）天气服务：用户因未能及时获取目的地的天气信息，导致行程安排不当。利用Agent，可以获取实时的当地天气信息，为旅行保驾护航。

（2）旅行线路规划：在用户选择了目的地后，需要在有限的时间内规划适合自己的旅行线路。很多人因为缺乏了解而通过小红书等途径寻找"旅游攻略"，但容易陷入"软文陷阱"，难以找到真正优质的旅行线路。此时，AI服务能够规划出一条高质量的专属旅行线路。

（3）酒店预订：选择优质靠谱的酒店对很多用户来说是个难题。利用AI进行智能分析和比价，可以推荐出高性价比的酒店，让旅行变得轻松便捷。

5.2 AI 客服架构设计

在搭建AI客服项目的技术架构时，首先需要完成技术选型。大明所在的快乐旅行科技公司是一个以Python为主要开发语言的科技团队，因此在LLM应用开发框架上选择了LangChain。在开源大语言模型方面，公司选择了主流的OpenAI模型，并结合了ChatOpenAI模型。此外，为了满足数据持久化需求，团队选择了关系数据库MySQL，而缓存服务则选择了Redis。

根据模块划分，技术架构可以分为以下几个部分：

- 用户交互模块：负责接收用户的文本、语音或图像输入，并进行初步处理。
- 自然语言处理模块：负责理解用户的意图，例如查询航班信息、预订酒店、生成行程计划等。
- 知识库模块：存储丰富的旅游相关信息，包括景点介绍、酒店信息、航班信息、交通路线等。
- 旅行规划模块：根据用户的需求，生成个性化的旅行方案，包括行程安排、景点推荐、预算预估等。
- 服务集成模块：集成第三方服务，例如航班查询、酒店预订、支付服务等，实现功能的有效扩展。
- 数据分析模块：收集用户数据，分析用户行为，提高AI客服的用户体验，同时也为后续开发提供思路。

整个服务分层设计如图5-1所示。

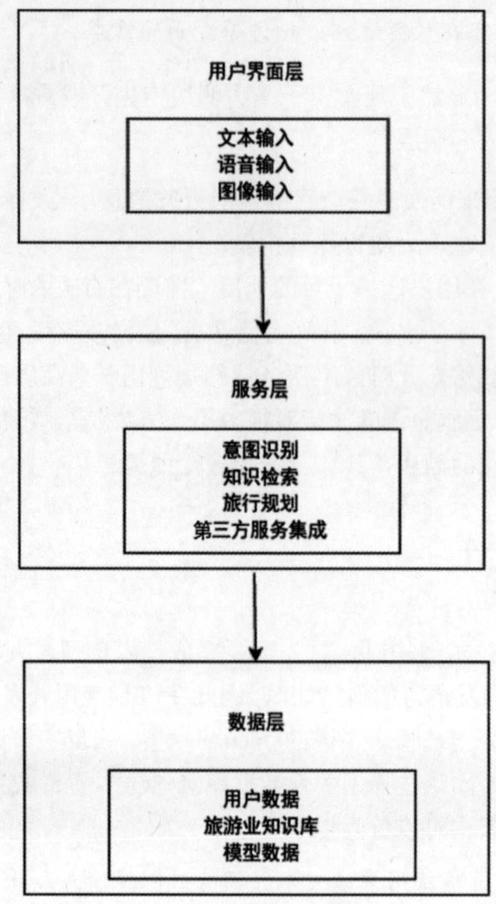

图 5-1　服务分层架构图

下面是各层的具体功能和含义：

- 用户界面层：接收用户输入信息，并进行初步处理。
- 服务层：展示服务结果，并提供用户操作界面。
  - 意图识别：理解用户意图，例如查询航班、预订酒店、生成行程等。
  - 知识检索：从知识库中检索相关信息，例如景点介绍、酒店信息、航班信息等。
  - 旅行规划：根据用户需求，生成个性化的旅行方案，例如行程安排、景点推荐、预算预估等。
  - 第三方服务集成：调用第三方服务，例如航班查询API、酒店预订API、支付平台等，实现功能闭环。
- 数据层：存储用户数据，例如用户偏好、旅行历史等；存储旅游信息，例如景点信息、酒店信息、航班信息等；存储模型参数，用于训练和优化模型。

从涉及的技术组件来分析，具有以下核心组件：

- LangChain Agent：作为项目中最重要的组件，根据用户的输出和上下文来协调与调用不同的工具。
- LLM：用于理解用户的需求，并根据上下文生成有效的回复。
- Agent Tools：对应不同的第三方服务，提供具体的执行功能，例如查询天气信息、预订酒店、生成行程计划等。
- 数据库：用于存储用户对话数据、订单数据等。

整个技术组件的调用流程如图5-2所示。

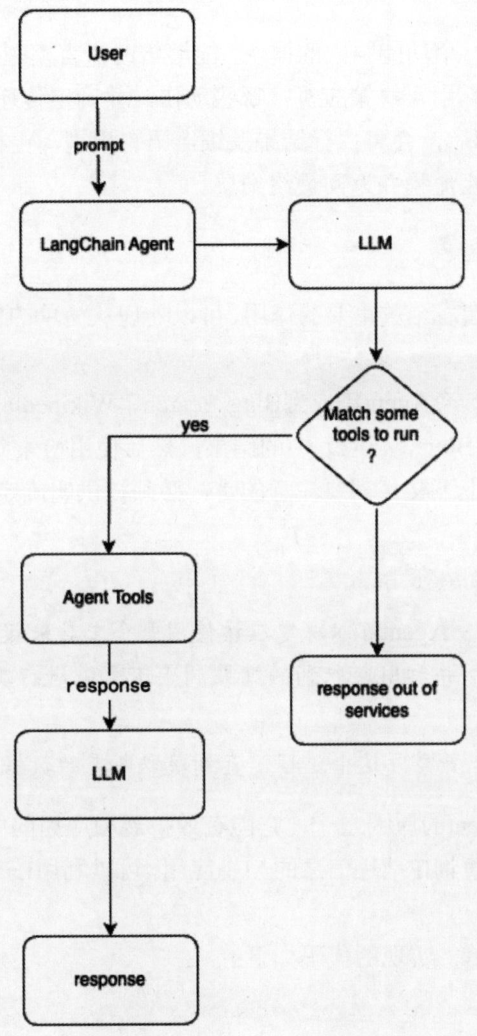

图 5-2　核心组件工作流程图

图5-2所示的流程依次为：

（1）用户通过文本、语音、图片等方式向AI客服服务发送信息。

（2）Agent组件利用LLM分析用户意图，并形成意图识别结果。

（3）通过识别结果选择最适配的Agent Tools完成相应的任务。

（4）完成Tools的调用后，将返回的结果转换成提示词，随后再次使用LLM生成最完整的回复，并返回给用户。

5.3 Agent模块

LangChain的Agent是一个功能强大的模块，能够借助语言模型驱动一系列操作的执行。它以语言模型作为推理引擎，用于决策应执行哪些动作，并确定传递给这些动作的输入参数。

在Agent完成一次操作后，会将执行结果反馈给语言模型，由模型判断是否需要继续执行后续操作，或是否可以终止流程并返回最终结果。

5.3.1 Agent的基本概念

Agent在LangChain中起着至关重要的作用，可以处理从简单的自动化回复到复杂的上下文感知交互等多种任务。

例如，开发者可以将一个Agent集成到Bing Search、Wikipedia和OpenAI LLM中。借助提供的Agent工具，可以搜索Bing（必应）中的结果，然后使用检索到的上下文在Wikipedia工具中查找详细信息，并扩展上下文。需要注意的是，必须提供明确定义的指令，以确保Agent能够按正确的顺序调用工具。

Agent相比于Chain的优势在于：

- 基于对工具的描述，Agent可以决定应该使用哪个工具来获取相关信息。
- Agent会执行操作，并利用获取到的结果的上下文来进行其他资源的搜索（例如Bing搜索和Wikipedia）。
- Agent会检查结果，并重复这个过程，直到获取所需的数据。

这些优势就是使用Agent的原因之一，它能有效扩展AI应用的能力圈。

如果我们想开发一个查询IP地址信息的AI小应用，可以利用LangChain的Agent来实现一个IP查询的工具（tool）。

查询IP的方法非常简单，实现的代码如下：

```
from langchain_core.tools import tool

@tool
```

```
    def query_ip(query: str) -> str:
        """查询IP地址的信息"""
        response = requests.get(f"http://ip-api.com/json/{query}")
        if response.status_code == 200:
            data = response.json()
            return f"""IP地址：{data["query"]}
                    国家：{data["country"]}
                    城市：{data["city"]}
                    网络运营商：{data["isp"]}"""
        else:
            return "查询失败，请检查IP地址是否有效。"
```

上述代码中的@tool注解是一个Python装饰器，它的作用是将一个函数标记为一个工具函数（Tool Function）。在LangChain中，一旦一个函数被@tool标记后，LLM就可以调用这个函数来执行特定任务。

随后创建工具组，目前只用到这个查询IP地址的新函数：

```
    # 创建工具组
    tools = [query_ip]
```

继续创建LLM实例，选择使用ChatOpenAI模型，初始化代码如下：

```
    api_key = os.getenv("OPENAI_API_KEY")
    base_url = os.getenv("OPENAI_URL")
    # 初始化OpenAI实例
    llm = ChatOpenAI(api_key=api_key, base_url=base_url, model="gpt-3.5-turbo",
temperature=0.7)
```

完成LLM初始化后，开始定义提示词模板对象，这里使用ChatPromptTemplate类，代码如下：

```
    prompt = ChatPromptTemplate.from_messages([
        ("system",
         "你是一个助手，需要根据用户的请求使用工具来完成任务，并根据工具的输出继续和用户对话。
\n"),
        ("user", "用户请求是：{input}"),
        ("placeholder", "{agent_scratchpad}")
    ])
```

随后，定义Agent对象，将LLM、工具集以及提示词模板进行组合，构建完整的执行逻辑。之后通过AgentExecutor启动代理流程，完成对任务的自动化处理。相关实现代码如下：

```
    from langchain.agents import AgentExecutor, create_tool_calling_agent
    from langchain.memory import ConversationBufferMemory

    # 定义一个Agent对象，使用LLM链和IP查询工具
```

```
agent = create_tool_calling_agent(llm, tools, prompt)
memory = ConversationBufferMemory()
agent_executor = AgentExecutor(
    tools=tools,
    agent=agent,
    memory=memory,
    verbose=True,
)

# 用户输入
query = "查询119.75.217.109的信息"
inputs = {"input": query}
print("Sending request:", inputs)
# 执行Agent
response = agent_executor.invoke(inputs)

# 打印结果
print(response)
```

运行这段代码后，可以在控制台看到如下输出结果：

```
Sending request: {'input': '查询 119.75.217.109 的信息'}
> Entering new AgentExecutor chain...
Invoking: `query_ip` with '{'query': '119.75.217.109'}'

IP 地址: 119.75.217.109
                国家/地区: 中国
                城市: 北京
                网络运营商: 查询到的信息如下:

- **IP 地址**: 119.75.217.109
- **国家**: 中国 (China)
- **城市**: 北京 (Beijing)
- **网络运营商**: 北京百度网讯科技有限公司
如果你还有其他问题或需要更多的信息，请告诉我!
> Finished chain.
{'input': '查询 119.75.217.109 的信息', 'history': '', 'output': '查询到的信息如下:
\n\n- **IP 地址**: 119.75.217.109\n- **国家/地区**: 中国 (China)\n- **城市**: 北京
(Beijing)\n- **网络运营商**: 北京百度网讯科技有限公司\n\n如果你还有其他问题或需要更多的信息，
请告诉我! '}

Process finished with exit code 0
```

5.3.2 Agent 的常用类型和实际使用场景

LangChain提供多种类型的Agent，能够帮助开发者构建强大的语言模型应用。熟悉和掌握不同Agent的使用对开发尤为重要，以下详细介绍每一种类型。

1. 计划执行型Agent

计划执行型Agent（Plan-and-Execute Agent）是一种基于结构化流程的任务处理机制。该类型Agent在处理复杂任务时，首先生成一个明确的行动计划，包含多个可执行步骤。随后，按照计划顺序依次调用相关工具完成具体操作，并根据执行结果推进任务流程。

它的工作原理如下：

- 规划阶段：如同军师制定作战计划，Agent利用语言模型分析任务，将其分解成清晰可执行的步骤，从而形成行动指南。
- 执行阶段：Agent严格按照计划执行每个步骤，并将执行结果记录在案。
- 迭代优化：根据执行结果，Agent会审时度势，调整后续步骤，甚至重新制定计划。

应用场景：

- 多步骤任务：例如预订航班和酒店、撰写结构化文档、自动化客户服务流程等，这类任务需要多步操作才能完成。

Agent擅长处理步骤明确的任务，因为清晰的步骤分解有助于Agent的理解和执行。

计划执行型Agent的优点如下：

（1）结构清晰：如同清晰的作战地图，易于理解和调试。

（2）可控性强：每个步骤的执行情况一目了然，便于追踪和管理。

计划执行型Agent的缺点如下：

（1）灵活性不足：面对瞬息万变的环境，Agent的应变能力稍显不足。

（2）规划耗时：对于复杂任务，制定计划的过程可能比较耗时。

2. 推理行动型Agent

推理行动型Agent（ReAct Agent）是一种基于循环决策机制的智能代理模型。它通过“推理-行动-观察”的反复迭代，在与环境的交互过程中逐步获取信息并调整策略，最终完成指定任务。

推理行动型Agent的工作原理如下：

- 观察：通过观察，Agent会收集当前环境信息。
- 推理：基于观察结果和任务目标，Agent利用语言模型进行推理，根据学习经验判断，从而选择合适的行动方案。

- 行动: Agent执行选定的行动，并观察行动结果，如同探险家迈出步伐，观察环境变化。
- 循环迭代：重复以上步骤，直至完成目标或达到预设条件。

推理行动型Agent的应用场景如下：

- 动态环境：例如玩游戏、控制机器人、与用户进行对话等，这类场景中环境会随着Agent的行动而变化。
- 需要探索的任务：Agent擅长处理需要通过与环境交互逐步探索解决方案的任务。

推理行动型Agent的优点如下：

（1）灵活性高：如同经验丰富的探险家，Agent能够适应动态变化的环境。

（2）学习能力强：Agent能够在与环境的不断交互中学习和改进策略。

推理行动型Agent的缺点如下：

- 效率较低：Agent可能需要多次尝试才能找到最佳解决方案。
- 调试困难：Agent的行为轨迹难以预测和分析，如同探险家的路线充满未知。

3. 多Agent系统

多Agent系统（Multi-agent System）如同一个高效的团队，由多个Agent组成，协同合作完成复杂任务。

多Agent系统的工作原理如下：

- 角色分配：如同团队成员各司其职，每个Agent拥有特定角色和目标。
- 信息交互：Agent之间通过信息传递等方式紧密配合，如同团队成员高效沟通。
- 协同决策：Agent共同制定行动策略，如同团队成员集思广益，共同完成目标。

多Agent系统的应用场景如下：

- 多人游戏：例如模拟多人棋牌游戏、角色扮演游戏等，这类游戏需要多个角色互动。
- 协作式创作：例如多人协作编写剧本、设计产品等，这类创作需要多方共同参与。
- 分布式控制：例如多机器人协同完成搜索、救援等任务，这类任务需要多个机器人相互配合。

多Agent系统的优点如下：

（1）解决复杂问题：团队合作的力量强大，多Agent系统能够处理单个Agent无法完成的复杂任务。

（2）提高效率：多个Agent并行工作，如同多位专家同时协作，可以显著提高效率。

（3）增强健壮性：即使部分Agent出现故障，系统其他部分仍然可以正常运行，如同团队成员能够互相补位。

同时，多Agent系统也存在以下缺点：

（1）设计复杂：构建多Agent系统需要设计Agent之间的交互机制和协作策略，如同组建高效团队需要制定完善的制度。

（2）协调困难：确保多个Agent行为一致性是一项挑战，如同协调团队成员步调一致需要有效的管理。

4. 自我批评修正型Agent

自我批评修正型Agent（Critique Revise Agent）是一位精益求精的工匠，通过自我批评和修正，不断优化解决方案，追求精益求精。

工作原理：

- 初始方案生成：Agent利用语言模型生成一个初始解决方案，如同工匠制作出作品雏形。
- 自我批评：Agent从不同角度对初始方案进行评估，找出不足之处，如同工匠仔细审视作品，寻找瑕疵。
- 方案修正：Agent根据批评意见，对初始方案进行修正和改进，如同工匠根据问题所在，对作品进行修改。
- 迭代优化：重复以上步骤，直至方案达到满意效果，如同工匠不断打磨作品，直至臻于完美。

应用场景：

- 代码生成：Agent可以生成代码，并通过自我批评和修正不断优化代码质量，如同经验丰富的程序员不断优化代码。
- 创意写作：Agent可以生成文本内容，并通过自我批评和修正不断提升文本质量，如同作家反复修改文章，力求完美。

自我批评修正型Agent有两个明显的优点：

（1）方案质量高：通过迭代优化，Agent可以获得高质量的解决方案，如同经过工匠精心打磨的作品。

（2）可解释性强：Agent的自我批评过程可以帮助理解其决策依据，如同工匠的修改思路清晰可见。

自我批评修正型Agent的缺点也很明显：

（1）效率较低：Agent需要多次迭代才能得到最终方案，如同精雕细琢需要花费更多时间。

（2）批评标准难以确定：需要设计合理的批评标准，才能有效指导方案修正，如同评判作品优劣需要明确的标准。

5.3.3 Agent Tools的使用

在5.3.1节的IP信息查询工具示例，我们已经初步了解了Agent如何使用工具。然而，LangChain为开发者提供了大量可用的工具集。

简而言之，LangChain的Agent Tools是一个强大的工具集，它允许开发者构建能够与外部世界交互的语言模型。Agent Tools就像语言模型的“超级扩展器”，通过它们，语言模型能够访问外部信息并执行现实世界中的操作，例如搜索网页、访问数据库、执行API调用等。

我们的AI客服可以使用Agent Tools来访问外部信息，例如数据库、知识库、天气预报API等，以更准确地回答用户的问题和满足用户的个性化需求。

其中一个典型的工具是Wikipedia，它是一个多语言的免费在线百科全书，由名为维基百科的志愿者社区通过开放协作和使用基于维基的编辑系统MediaWiki编写和维护。维基百科是历史上规模最大、阅读量最多的参考资料。下面是一个获取维基数据的Agent Tool的使用示例：

```
from langchain_community.tools import WikipediaQueryRun
from langchain_community.utilities import WikipediaAPIWrapper

# 生成Wikipedia对象
wikipedia = WikipediaQueryRun(api_wrapper=WikipediaAPIWrapper())

# 执行查询
result = wikipedia.run("What is the capital of usa?")
print(result)
```

运行代码后，可以得到如下的输出结果：

```
Page: Capital punishment in the United States
Summary: In the United States, capital punishment (killing a person as punishment for allegedly committing a crime) is a legal penalty throughout the country at the federal level, in 27 states, and in American Samoa. It is also a legal penalty for some military offenses. Capital punishment has been abolished in 23 states and in the federal capital, Washington, D.C. It is usually applied for only the most serious crimes, such as aggravated murder. Although it is a legal penalty in 27 states, 20 of them have authority to execute death sentences, with the other 7, as well as the federal government and military, subject to...
```

如果我们需要开发基于搜索引擎结果的AI服务，可以考虑使用Bing（必应）来实现联网工具功能。

为了便捷地使用Bing搜索的API，我们需要先在Microsoft Azure（微软云服务平台）上创建一个Bing搜索资源。如果读者之前未曾使用过Azure，可以通过官方网站使用邮箱注册一个新账户。已有账户的用户可以直接登录控制台。在控制台页面中，通过搜索栏输入“Bing”关键词，然后选择创建Bing搜索资源的选项。在创建资源的过程中，请在定价层选项中选择F1定价层，这是一项提供免费额度的服务，允许开发者每秒发起3次接口请求，每月可免费请求1000次。这样的免费额度对于学习阶段已经足够。创建完成后，可以在该资源的控制面板中找到密钥，后续请求Bing搜索资源时需要使用该密钥。

具体代码如下：

```
# 省略import语句

# 使用Bing Search Web API来搜索网页
@tool
def bing_search(query: str) -> str:
    """使用Bing（必应）搜索查询信息

    Args:
        query: 搜索查询词

    Returns:
        搜索结果的字符串
    """
    load_dotenv()
    # 从.env文件中读取环境变量BING_SUBSCRIPTION_KEY
    subscription_key = os.getenv("BING_SUBSCRIPTION_KEY")
    # 从.env文件中读取环境变量BING_SEARCH_URL
    search_url = os.getenv("BING_SEARCH_URL")
    # 将订阅密钥设置到请求头中
    headers = {"Ocp-Apim-Subscription-Key": subscription_key}
    params = {"q": query, "textDecorations": True, "textFormat": "HTML"}
    response = requests.get(search_url, headers=headers, params=params)
    response.raise_for_status()
    # 将响应转为JSON对象
    search_results = response.json()
    result_urls = []
    # 将返回结果中的URL收集起来
    for item in search_results['webPages']['value']:
        result_urls.append(item['url'])
    return " ".join(result_urls)
```

然后将定义好的bing_search方法放入tools中并生成LLM实例，完成用户查询：

```
tools = [bing_search]
```

```
    # 默认从当前目录下的.env文件加载环境变量
    load_dotenv()
    # 从环境变量中获取OpenAI的API key
    api_key = os.getenv("OPENAI_API_KEY")
    # 创建一个OpenAI模型对象
    base_url = os.getenv("OPENAI_URL")

    llm = ChatOpenAI(api_key=api_key, base_url=base_url, model="gpt-3.5-turbo",
temperature=0.7)

    prompt = ChatPromptTemplate.from_messages([
        ("system",
         "你是一个AI搜索服务，需要根据用户的搜索条件提供最准确和有价值的搜索结果，请对返回的结果
进行概括。\n"),
        ("user", "用户搜索内容是：{input}"),
        ("placeholder", "{agent_scratchpad}")
    ])

    # 创建一个Agent
    agent = create_tool_calling_agent(llm, tools, prompt)
    agent_executor = AgentExecutor(
        tools=tools,
        agent=agent,
        verbose=True,
    )

    # 使用Agent回答问题
    # 用户输入
    query = "人工智能的未来在哪里？"
    inputs = {"input": query}
    response = agent_executor.invoke(inputs)

    # 打印结果
    print(response)
```

通过上述代码，LLM应用就能够利用Bing（必应）搜索完成联网搜索功能。运行代码后，可以得到如下的输出结果：

```
    > Entering new AgentExecutor chain...
    Invoking: `bing_search` with `{'query': '人工智能的未来在哪里？'}`
    http://www.news.cn/tech/20240103/06334b17b41c44518168c2dea7bb844d/c.html
https://botpress.com/zh/blog/top-artificial-intelligence-trends
https://www.imf.org/zh/Publications/fandd/issues/2023/12/Scenario-Planning-for-an
```

```
-AGI-future-Anton-korinek
http://www.xinhuanet.com/politics/2022lh/2022-03/07/c_1211598022.htm
https://www.mckinsey.com.cn/%E4%B8%AD%E5%9B%BD%E4%BA%BA%E5%B7%A5%E6%99%BA%E8%83%B
D%E7%9A%84%E6%9C%AA%E6%9D%A5%E4%B9%8B%E8%B7%AF/根据搜索结果，人工智能的未来发展在以下几个方面：

    1. 技术发展：人工智能的技术将继续发展，包括机器学习、深度学习、自然语言处理等领域的进步。

    2. 应用领域：人工智能将在各个领域得到广泛应用，包括医疗、金融、制造等，带来效率提升和创新。

    3. 社会影响：人工智能的普及将对社会产生深远影响，改变工作方式、经济结构和社会关系。

    4. 挑战与风险：人工智能的发展也带来一些挑战和风险，包括数据隐私、就业岗位变动、伦理道德等问题需要重视和解决。

    总之，人工智能的未来发展有广阔的前景，但也需要我们积极应对其中的挑战和风险。

    > Finished chain.
    {'input': '人工智能的未来在哪里？', 'output': '根据搜索结果，人工智能的未来发展在以下几个方面：\n\n1. 技术发展：人工智能的技术将继续发展，包括机器学习、深度学习、自然语言处理等领域的进步。\n\n2. 应用领域：......。'}
```

5.3.4 Agent 和 OpenAI 整合

OpenAI模型可以通过参数的形式传入给Agent，帮助完成交互工作。LangChain提供了多种方式和OpenAI进行整合：

- OpenAI Function Agent: 利用OpenAI函数进行调用，可以更有效地利用函数调用结果，从而完成更强大的AI功能。
- OpenAI Tools Agent: 这种Agent类型是OpenAI Functions Agent的升级版，允许模型在需要时调用多个函数。这可以显著减少Agent完成任务所需的时间。

在当前版本的LangChain中，OpenAI Function Agent已从tools模块中移除。因此，我们采用功能更为完善的OpenAI Tools Agent作为替代方案，以支持基于工具调用的任务执行流程。

笔者准备使用TavilySearch API来完成AI的实时搜索。值得一提的是，TavilySearch API是一个专门为人工智能代理（AI Agent）构建的搜索引擎，可以快速提供实时、准确和真实的结果。

在使用该API服务之前，首先需要先在TavilySearch官方网站注册账号。它针对不同的使用目的提供了不同的API定价套餐，其中Researcher套餐提供了一定的免费API请求额度。如图5-3所示，用户可以使用该套餐获取API key。

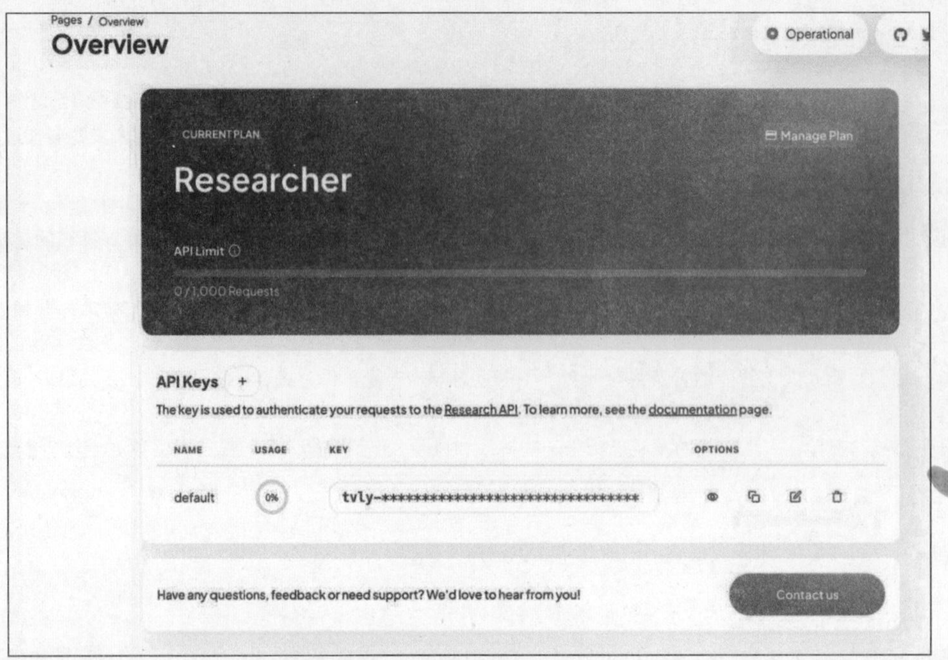

图 5-3　TavilySearch API 获取页面

下面是一个使用该API的简单示例：

```
from tavily import TavilyClient
import os
from dotenv import load_dotenv
load_dotenv()
api_key = os.getenv('TAVILY_API_KEY')
# 初始化Tavily客户端
tavily_client = TavilyClient(api_key=api_key)

# 执行查询
response = tavily_client.search("Who is Tupac?")

# 输出结果
print(response)
```

运行以上代码，输出结果如下：

```
{'query': 'Who is Tupac?', 'follow_up_questions': None, 'answer': None, 'images':
[], 'results': [{'title': 'Tupac Shakur: Rapper, Poet, Actor & King of Hip-Hop -
YouTube', 'url': 'https://www.youtube.com/watch?v=1sjxDosvxJo', 'content':
'Watch....], 'response_time': 2.75}
```

将TavilySearch作为Tool与LangChain进行整合，代码如下：

```
# 导入所需的库
from langchain import hub
from langchain.agents import AgentExecutor, create_openai_tools_agent
from langchain_community.tools.tavily_search import TavilySearchResults
from langchain_openai import ChatOpenAI
import os
import json
from dotenv import load_dotenv
load_dotenv()
tavily_api_key = os.getenv("TAVILY_API_KEY")
# 初始化工具
tools = [TavilySearchResults(tavily_api_key=tavily_api_key, max_results=1)]

# 获取提示模板
instructions = """
You are a powerful assistant.
"""
base_prompt = hub.pull("hwchase17/openai-functions-agent")
prompt = base_prompt.partial(instructions=instructions)
api_key = os.getenv("OPENAI_API_KEY")
base_url = os.getenv("OPENAI_URL")
# 生成ChatOpenAI实例
llm = ChatOpenAI(api_key=api_key, base_url=base_url, model="gpt-3.5-turbo",
temperature=0.7)

# 创建OpenAI tools Agent
agent = create_openai_tools_agent(llm, tools, prompt)
# 创建Agent执行器
agent_executor = AgentExecutor(
    agent=agent,
    tools=tools,
    verbose=True,
)
query_input = {"input": "什么是LangChain"}
query = "什么是LangChain？"
arguments = {"query": query}
arguments_json = json.dumps(arguments)
# 运行Agent，输入问题
response = agent_executor.invoke({"input": "什么是LangChain"})

print(response)
```

运行代码，输出结果如下：

```
> Entering new AgentExecutor chain...
Invoking: `tavily_search_results_json` with `{'query': '什么是LangChain'}`
[{'url': 'https://www.langchain.com.cn/get_started/introduction', 'content': 'LangChain是一个基于大语言模型（LLM）开发应用程序的框架。LangChain简化了LLM应用程序生命周期的每个阶段：
开发：使用LangChain的开源构建模块和组件构建应用程序。使用第三方集成快速上手。
生产化：使用LangSmith检查、监控和评估你的链条 ...'}]LangChain是一个专门为基于大语言模型（LLM）开发应用程序而设计的框架。它简化了LLM应用程序生命周期的各个阶段，包括：

1. **开发**：使用 LangChain 的开源构建模块和组件来构建应用程序。
2. **集成**：支持与第三方服务的集成，便于快速上手。
3. **生产化**：利用LangSmith工具进行检查、监控和评估应用程序的性能。

如需了解更多信息，可以访问[LangChain官方网站](https://www.langchain.com.cn/get_started/introduction)。

> Finished chain.
```

LangChain利用TavilySearch和OpenAI实现了联网版的AI服务。使用TavilySearch相比Bing（必应）搜索有以下优势：

- 快速、高效的搜索结果：TavilySearch能够快速返回与任务相关的搜索结果，并提供简洁、易于理解的答案。
- 上下文感知：TavilySearch能够理解搜索任务的上下文，并返回与上下文相关的搜索结果。
- 信息提取：TavilySearch能够从多个来源提取相关信息，并将其整合到一个易于理解的格式中。
- 减少幻觉：TavilySearch能够帮助减少LLM产生的幻觉，因为它提供了更准确、更可靠的信息。
- 数据源丰富：整合了新闻、天气和其他内部数据源，以补充在线信息，提供更全面的搜索结果。

5.4 接入第三方天气 API

对于旅游用户来说，能够准确知道旅行目的地的天气是非常重要的。我们的AI旅游客服需要提供未来一周，甚至更长时间的天气情况查询，并包括实时的天气数据。因此，需要使用第三方天气API来获取天气数据，以增强AI的能力。

第三方天气API有许多选择，以下依照流行度列举三种。

1. OpenWeatherMap

OpenWeatherMap是全世界最受欢迎的天气API之一，提供全球范围内的实时天气数据、预报和历史数据。它拥有多种API产品供用户选择，其中包括：

- One Call API 3.0：提供当前天气、分钟预报、小时预报、日预报、政府天气警报等信息。
- Current Weather Data API：提供当前天气数据。
- Hourly Forecast API：提供未来4天的每小时预报。
- Daily Forecast API：提供未来16天的每日预报。
- Climatic Forecast API：提供未来30天的气候预报。
- History API：提供历史天气数据。

2. WeatherAPI

WeatherAPI.com提供实时天气数据、预报、历史数据、空气质量数据、天文数据、地理位置数据等。它的特色之一是高精度数据，提供15分钟间隔的预报，并且提供一定额度的API免费调用次数。

3. 高德天气

高德天气服务提供实时天气数据和未来天气的简单预测，它提供一个简单的HTTP接口，根据用户输入的adcode（自定义的城市编码）查询目标区域当前/未来的天气情况。数据来源于中国气象局，具有高度权威性。

假设我们主要面向国内用户，因此选择使用高德天气API进行集成工作。为了接入高德天气服务，首先需要注册一个高德开放平台账号。完成注册后，进入控制后台，获取API key。按照如图5-4所示的3个步骤即可完成API调用。

使用说明
1 第一步
申请【Web服务API】密钥（Key）
2 第二步
拼接 HTTP 请求 URL，第一步申请的
Key 需作为必填参数一同发送
3 第三步
接收 HTTP 请求返回的数据（JSON
或 XML 格式），解析数据

图 5-4　API 调用步骤

首先，申请创建Web服务API，根据指引创建一个名为“天气API”的应用，如图5-5所示。

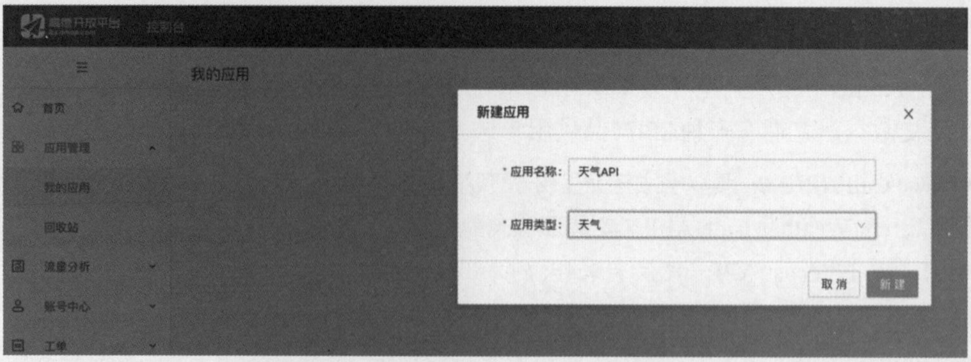

图 5-5　“天气 API”应用创建页面

完成创建后，开始配置API key，这个API key可以用于获取多种天气数据。下面是使用天气API的示例代码：

```
import requests
import os
from dotenv import load_dotenv
import pprint

load_dotenv()
weather_api_url =
'https://restapi.amap.com/v3/weather/weatherInfo?city=510104&key='


def get_weather_data(weather_type='base'):
    api_key = os.getenv('AMAP_API_KEY')
    response = requests.get(weather_api_url + api_key + '&extensions=' +
weather_type)
    return response


# 获取实时天气数据
response_for_base = get_weather_data()
# 获取未来预测天气数据
response_for_feature_weather = get_weather_data(weather_type='all')
pprint.pprint(response_for_base.json())
pprint.pprint(response_for_feature_weather.json())
```

高德的天气API支持两种天气数据类型（参数为extensions）：

- base：返回实况天气。
- all：返回未来预报天气。

在上面这个例子中，我们请求了这两种天气数据，city参数设置为成都市锦江区的adcode，最后打印出如下的输出结果：

```
{...
 'lives': [{'adcode': '510104',
           'city': '锦江区',
           'humidity': '70',
           'humidity_float': '70.0',
           'province': '四川',
           'reporttime': '2024-08-18 22:02:25',
           'temperature': '27',
           'temperature_float': '27.0',
           'weather': '晴',
           'winddirection': '南',
           'windpower': '≤3'}],
 'status': '1'}
{...
 'forecasts': [{'adcode': '510104',
               'casts': [{'date': '2024-08-18',
                          'daypower': '1-3',
                         ...
                         {'date': '2024-08-21',
                          'daypower': '1-3',
                          'daytemp': '35',
                          'daytemp_float': '35.0',
                          'dayweather': '晴',
                          'daywind': '北',
                          'nightpower': '1-3',
                          'nighttemp': '26',
                          'nighttemp_float': '26.0',
                          'nightweather': '多云',
                          'nightwind': '北',
                          'week': '3'}],
               'city': '锦江区',
               'province': '四川',
               'reporttime': '2024-08-18 22:02:25'}],
 ...}
```

这样，我们把天气API的调用封装成一个tool，然后集成到Agent Tool中：

```
# 省略引入所需库的代码
load_dotenv()
```

```
    @tool
    def get_weather_data(adcode: str, data_type='base') -> json:
        """
        查询指定城市地区的天气数据
        :param adcode：城市地区编码
        :param data_type：天气数据的类型，支持的类型有：base和all。默认是base，代表获取实时天
气。all代表获取预报天气
        :return：返回JSON格式的结果
        """
        base_api_url = 'https://restapi.amap.com/v3/weather/weatherInfo'
        api_key = os.getenv('AMAP_API_KEY')
        response =
requests.get(f"{base_api_url}?city={adcode}&key={api_key}&extensions={data_type}"
)
        data = response.json()
        if data_type == 'all':
            return data['forecasts']
        elif data_type == 'base':
            return data['lives']

    # 创建工具组
    tools = [get_weather_data]

    api_key = os.getenv("OPENAI_API_KEY")
    base_url = os.getenv("OPENAI_URL")
    # 初始化OpenAI实例
    llm = ChatOpenAI(api_key=api_key, base_url=base_url, model="gpt-3.5-turbo",
temperature=0.7)

    prompt = ChatPromptTemplate.from_messages([
        ("system",
         "你是一个助手，需要根据用户的请求使用工具来完成任务，并根据工具的输出继续和用户对话，当
询问天气时，请选择查询指定城市地区天气数据的工具。\n"),
        ("user", "用户请求是：{input}"),
        ("placeholder", "{agent_scratchpad}")
    ])


    # 定义一个Agent，使用LLM和工具组
    agent = create_tool_calling_agent(llm, tools, prompt)
    memory = ConversationBufferMemory()
```

```
agent_executor = AgentExecutor(
    tools=tools,
    agent=agent,
    memory=memory,
    verbose=True,
)

# 用户输入
query = "查询一下明天的成都市武侯区的天气"
inputs = {"input": query}
print("Sending request:", inputs)
# 执行Agent
response = agent_executor.invoke(inputs)

# 打印结果
print(response)
```

通过利用提示词，我们完成了对高德天气API的参数转换，并成功获取了成都武侯区的实时天气获取。

5.5　第三方酒店预订 API 整合

旅客在选择了旅行目的地后，需要选择酒店并完成预订。AI客服可以通过接入第三方酒店API来帮助用户快速完成这些事务。

对于国内用户，可以选择多种酒店预订API提供商，如美团酒店、携程、去哪儿、飞猪等平台。对于全球客户，可以选择Airbnb、Cleartrip、Priceline等平台。

我们可以从以下几个方面来考虑选择合适的API提供方：

- 酒店房间库存：API提供的酒店房型是否足够丰富，能否满足用户的个性化需求。
- API调用成本：API提供商是否有优惠的套餐，能降低API使用成本。
- 技术文档：API提供商的API文档是否清晰易懂，是否提供SDK或示例代码。
- 后续技术支持：API提供商是否提供技术支持，是否能够及时解决开发者遇到的问题。

由于几乎所有的API平台都要求以商家的身份入驻，因此在这里只进行技术演示，实际拥有公司资质的用户可以自行申请。

在此推荐使用淘宝的开放平台，它提供丰富的API和海量的真实酒店数据。我们可以通过飞猪系的相关接口完成酒店查询和预订。

首先，需要注册并登录淘宝的开放平台，推荐使用已经实名认证的支付宝账号进行登录。然后选择进入控制台，单击“开发”，新建一个飞猪场景下的应用，如图5-6所示。

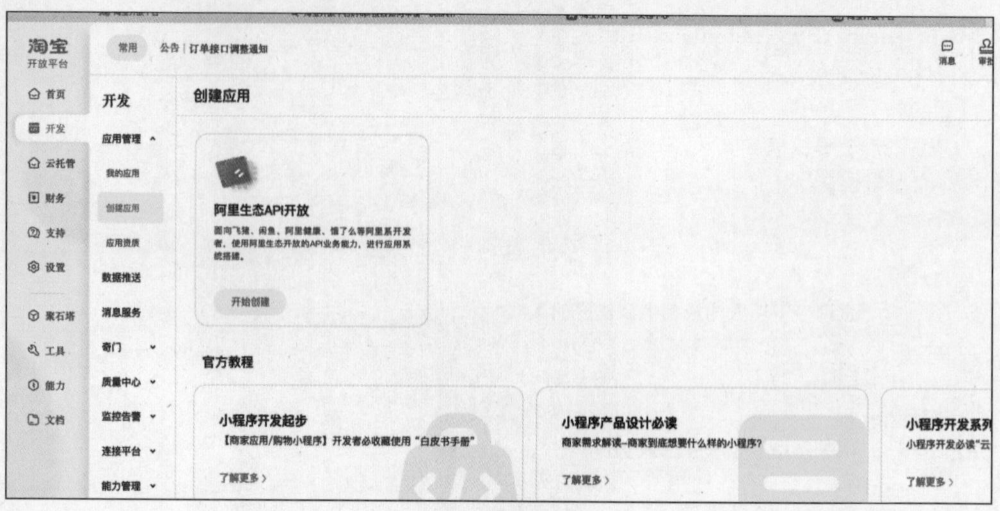

图 5-6　创建新应用

随后，我们可以得到App Key和App Secret Key，它们用于酒店业务的API调用。淘宝的开放平台提供了丰富的API，如图5-7所示，主要包括：

- 酒店详细信息查询API：根据城市编号和酒店编号查询多个（或单个）酒店信息。
- 酒店城市数据获取接口：查询指定城市及热门景点的酒店总数。
- 酒店评论接口：加载用户对酒店的评论数据。
- 飞猪分销通用酒店报价接口：根据指定的酒店ID查询不同房型的报价。
- 飞猪分销通用酒店标准信息接口：获取酒店的标准信息，包括类型、地址、开业信息等。
- 飞猪分销通用酒店实时报价接口：获取酒店房型的实时报价，并提供下单链接。

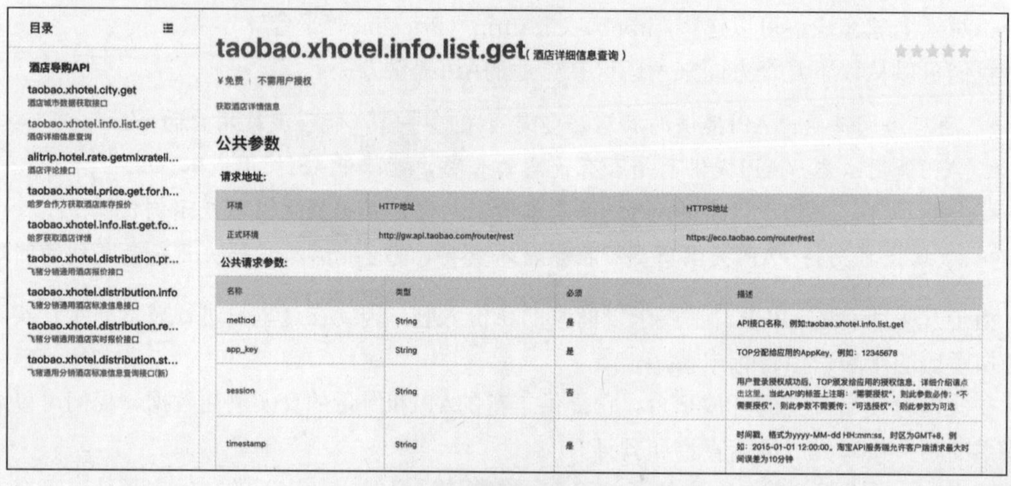

图 5-7　酒店业务 API 列表

以飞猪分销通用酒店实时报价接口为例，封装成Tool，代码如下：

```
import top.api
from dotenv import load_dotenv
from langchain_core.tools import tool

load_dotenv()


@tool
def get_hotel_real_time_price(hotel_ids: str, checkin_date: str, checkout_date: str) -> dict:
    """
    飞猪分销获取酒店实时报价
    :param hotel_ids：查询报价的酒店列表，以逗号分隔，如12331,12422
    :type hotel_ids:str
    :param checkin_date：入住日期 yyyy-MM-dd
    :type checkin_date:str
    :param checkout_date：离店日期 yyyy-MM-dd
    :type checkout_date:str
    :return：返回JSON格式的结果
    :rtype: dict
    """
    req = top.api.XhotelDistributionRealtimePriceRequest(url, port)
    req.set_app_info(top.appinfo(appkey, secret))

    req.shids = hotel_ids
    req.checkin_date = checkin_date
    req.checkout_date = checkout_date
    req.open_id = os.getenv('TOP_OPEN_ID')
    req.telephone_number = os.getenv("TOP_PHONE_NUMBER")
    try:
        resp = req.getResponse()
        return resp
    except Exception as e:
        print(e)
```

这里参照官方提供的请求示例，封装了get_hotel_real_time_price方法作为Tool，并将Open ID和Telephone定义在环境变量中，以方便管理和使用。

5.6 LangGraph 的使用

随着AI客服功能的不断增强，其背后的Agent设计和实现也变得越来越复杂。单纯依靠简单的Agent工具组合，难以让大语言模型精准地选择最合适的工具服务。除此之外，每个Tool的定义和管理也会变得非常混乱。

幸而LangChain官方推出了LangGraph来解决这个问题。LangGraph是LangChain的一个全新框架，它提供了一个更加灵活、可控的架构，用于构建复杂的AI Agent。

LangGraph的优势非常明显：

- 可控的认知架构：LangGraph提供了灵活的API，支持各种控制流，例如单Agent、多Agent、层次结构、顺序等，可以更灵活地构建复杂的Agent工作流程。
- 可靠性：LangGraph可以轻松添加审核和质量循环，防止Agent偏离轨道，确保Agent的可靠性。
- 人机协作：LangGraph Agent可以与人类无缝协作，例如编写草稿供人类审查，并在执行操作之前等待人类批准。
- 流式支持：LangGraph提供了原生令牌级流式处理和中间步骤流式处理，可以提供更动态、交互式的用户体验。
- 可扩展性：LangGraph Cloud可以帮助快速部署和扩展Agent应用程序，并提供针对Agent的基础设施。

使用LangGraph重新组织代码，修改后的代码如下：

```
from langgraph import LangGraph, Node
import requests  # 用于API调用(请替换为实际使用的API库)
from datetime import datetime, timedelta


# 定义一个辅助函数，用于处理API调用的错误
def make_api_call(url, params):
    """
    执行API调用，并处理潜在的错误。

    Args:
        url: API的URL地址。
        params: API请求的参数。

    Returns:
        如果成功，返回API调用的结果 (JSON格式)。
        如果失败，则返回一个包含错误信息的字典。
```

```
    """
    try:
        response = requests.get(url, params=params)
        response.raise_for_status()  # 对于错误的HTTP状态码抛出异常
        return response.json()
    except requests.exceptions.RequestException as e:
        return {"error": f"API调用失败: {e}"}
    except ValueError as e:
        return {"error": f"API返回数据解析失败: {e}"}


# 定义酒店查询工具
def hotel_query(city, date):
    """
    查询酒店信息。 (请替换为你的实际酒店API调用)

    Args:
        city: 城市名称。
        date: 日期 (YYYY-MM-DD格式)。

    Returns:
        如果成功，返回酒店查询结果 (字典格式)。
        如果失败，则返回一个包含错误信息的字典。
    """
    # 替换以下内容为你的实际酒店API调用
    api_url = "YOUR_HOTEL_API_URL"  # 替换为你的酒店API URL
    params = {"city": city, "date": date}
    result = make_api_call(api_url, params)
    if "error" in result:
        return result    # 返回错误信息
    return result        # 返回酒店信息


hotel_tool = Node(
    name="hotel_tool",
    description="查询酒店信息",
    function=hotel_query
)


# 定义天气查询工具
def weather_query(city, date):
```

```
    """
    查询天气信息。(请替换为你的实际天气API调用)

    Args:
        city: 城市名称。
        date: 日期(YYYY-MM-DD格式)。

    Returns:
        如果成功，返回天气查询结果 (字典格式)。
        如果失败，则返回一个包含错误信息的字典。
    """
    # 替换以下内容为你的实际天气API调用
    api_url = "YOUR_WEATHER_API_URL" # 替换为你的天气API URL
    params = {"city": city, "date": date}
    result = make_api_call(api_url, params)
    if "error" in result:
        return result     # 返回错误信息
    return result         # 返回天气信息


weather_tool = Node(
    name="weather_tool",
    description="查询天气信息",
    function=weather_query
)


# 构建LangGraph
graph = LangGraph()
graph.add_node(hotel_tool)
graph.add_node(weather_tool)


# 定义工作流程，并增加输入验证
def condition_hotel_then_weather(context):
    """
    检查是否已经执行了酒店查询，然后决定是否执行天气查询
    """
    return "hotel_tool" in context["executed_tools"]


graph.add_edge(
```

```
    source=hotel_tool,
    target=weather_tool,
    condition=condition_hotel_then_weather
)


# 运行Agent，并增加输入处理和错误处理
def run_agent(query):
    """
    运行Agent，处理用户输入并处理潜在的错误
    """
    try:
        # 简单的自然语言处理，提取城市和日期信息（需要改进为更强大的NLP）
        parts = query.split()
        city = parts[-2]       # 假设城市名称是倒数第二个词
        date_str = parts[-1] # 假设日期是最后一个词
        try:
            # 尝试将日期字符串转换为日期对象，如果失败，则抛出异常
            date_obj = datetime.strptime(date_str, "%Y-%m-%d")
        except ValueError:
            date_obj = datetime.now() + timedelta(days=1) # 默认查询明天的信息

        date = date_obj.strftime("%Y-%m-%d") # 格式化日期

        context = {"executed_tools": []}
        output = graph.run(query=query, context=context)
        return output
    except Exception as e:
        return f"发生错误: {e}"


query = "帮我预订2024-03-15在纽约的酒店，并且告诉我2024-03-16的天气" # 测试用例
output = run_agent(query)
print(output)

query = "帮我预订在伦敦的酒店，并且告诉我明天的天气" # 测试用例，日期缺失
output = run_agent(query)
print(output
```

这个版本包含了更全面的错误处理，并对输入进行了简单的验证。后续迭代可以考虑用更强大的NLP来处理更复杂的查询。

5.7 UI 整合

为了提供更好的用户体验，我们需要通过聊天界面接收用户输入，并使用RESTful API将消息发送给后端LangChain开发的LLM应用。由于本书主要聚焦于LangChain相关开发，因此选择开源UI来快速完成UI部分的开发，将更多的资源投入AI模型的开发和优化中。目前，市面上有许多优秀的开源UI框架可供选择：

- Botonic：Botonic是一个现代的开源框架，用于构建对话式接口，包括聊天机器人和语音助手。它使用React开发，开发和维护都十分方便。
- Chatbot UI: Chatbot UI是一个开源的聊天机器人UI框架，提供了一个简单的聊天界面。
- Rasa：Rasa是一个开源的对话式AI框架，提供了一个灵活的对话管理系统，可以轻松集成到Flask应用中。

在这里，我们选择使用Chatbot UI来完成UI部分的开发。首先，在GitHub上找到Chatbot UI项目，并使用以下命令克隆该项目：

```
git clone https://github.com/mckaywrigley/chatbot-ui.git
```

接下来，安装依赖：

```
npm install
```

安装官方文档推荐使用Supabase实现前端服务中的数据存储。安装Supabase的方法因平台而异。

对于macOS/Linux用户，可以使用以下命令：

```
brew install supabase/tap/supabase
```

对于Windows用户，可以使用以下命令：

```
scoop bucket add supabase https://github.com/supabase/scoop-bucket.git scoop
install supabase
```

完成Supabase的安装之后，使用以下命令将它运行起来：

```
supabase start
```

后续对Supabase导入导出数据，可以参考相关官方文档，这里不再展开讲解。

随后开始定制聊天页面，并将消息发送给Flask的接口，主要代码如下：

```
import React, { useState } from 'react';
import './App.css';

function App() {
```

```
  const [input, setInput] = useState('');
  const [response, setResponse] = useState('');

  const handleInputChange = (e) => {
    setInput(e.target.value);
  };

  const handleSendMessage = () => {
    // 发送请求到后端服务API
    fetch('/api/message', {
      method: 'POST',
      headers: {
        'Content-Type': 'application/json',
      },
      body: JSON.stringify({ input }),
    })
      .then((response) => response.json())
      .then((data) => {
        setResponse(data.response);
      });
  };

  return (
    <div className="app">
      <input
        type="text"
        value={input}
        onChange={handleInputChange}
        placeholder="请输入消息"
      />
      <button onClick={handleSendMessage}>发送</button>
      <p>响应：{response}</p>
    </div>
  );
}

export default App;
```

在代码中，我们使用了Fetch API来发送请求到后端服务API，并通过then方法来处理返回的数据。整个UI项目是基于React开发的。如果用户对React框架不熟悉，可以自行查找官方文档，学习相关API及其用法。

5.8 本章小结

LangChain的Agent开发模式是其最引人注目的特色之一。通过构建AI客服系统，我们不仅深入理解了Agent的核心应用，还掌握了如何将工具类和第三方API集成到我们的系统中。通过LangGraph，我们将Agent和Tool无缝整合，这一举措极大地提升了AI客服的工作效率和功能。在用户界面设计上，我们选择了chatbot-ui作为前端框架，为用户提供了一个直观且友好的交互界面，从而显著增强了用户体验。

在开发企业级AI客服系统的过程中，我们还必须重视聊天数据的持久化存储问题，并确保用户数据的安全性和隐私得到妥善保护。我们可以吸取智能文档项目中的宝贵经验，将私有化知识库技术融入AI客服系统中，这不仅能够增强系统的专业能力，还能提高其在上下文理解方面的准确性。通过这些措施，我们能够为用户提供一个既安全又高效的AI客服解决方案，满足企业在客户服务方面的高标准要求。

第 6 章

6

开发者AI Assistant实战

本章主要围绕旅游业AI Assistant的开发，基于开发者在标准开发工作流程中的实际需求，利用AI技术实现Git操作的智能辅助功能，包括代码生成、基于代码仓库的问答检索等功能，从而提高开发者的开发效率。

6.1 开发者的开发流程和新需求

在大中型企业中，开发者（或研发工程师）通常依据特定的开发流程来完成研发工作。主流的开发模式有瀑布流开发和Scrum开发两种。

6.1.1 瀑布流开发

瀑布流开发是一种传统的软件开发模型，其流程如同瀑布一般，自上而下，且各个阶段之间严格区分，前一阶段完成后才能进入下一阶段。

按照阶段划分如下：

- 需求分析：明确项目目标、功能需求、性能需求和用户需求等，并形成详细的需求文档。
- 设计阶段：根据需求文档进行系统设计，包括架构设计、数据库设计、界面设计等，并形成设计文档。
- 编码阶段：依据设计文档进行代码编写，并进行单元测试。
- 测试阶段：对系统进行功能测试、性能测试、安全测试等，并进行缺陷修复。
- 部署阶段：将系统部署到生产环境，并进行验收测试。
- 维护阶段：进行日常维护，包括修复Bug、更新功能等。

这种开发模式结构清晰、流程规范。适用于需求明确且变更较少的项目，虽然在一些传统科技公司中依然在使用，但对于那些迭代周期短且需求变化频繁的项目或公司而言，缺少灵活性。

6.1.2 Scrum开发

Scrum是一种较为流行的敏捷开发模式，通过迭代开发来完成需求，并通过快速反馈来持续改进。

Scrum的阶段划分如下：

- 冲刺前阶段：明确产品愿景与长期目标，收集各方需求创建产品待办事项列表，并进行优先级排序和详细描述，为后续冲刺做好准备，形成全面的规划文档。
- 冲刺阶段：开启冲刺规划会议，团队与产品负责人共同确定本次冲刺任务，形成冲刺待办事项列表。每日举行站会，保持信息同步与问题及时解决。团队成员依据冲刺待办事项进行高效开发、测试等工作。冲刺结束时进行评审会议，展示成果并收集反馈。随后的回顾会议，总结经验教训，形成改进方案文档。
- 持续改进阶段：根据回顾会议的改进方案，在后续冲刺中实施调整，不断优化工作方式与流程。持续收集产品反馈，产品负责人据此调整产品待办事项列表，确保产品始终满足用户需求与实现业务价值，形成动态调整文档。

Scrum的优势非常明显。它可以降低项目的沟通成本并提高协同效率，通过每日站立会、冲刺评审会、回顾会议等方式，将项目的进展共享给每一个团队成员。相比瀑布流开发，Scrum更加灵活，能迅速响应需求变化。一旦出现新的需求，团队可以立即讨论并调整任务的优先级，确保研发团队能够快速响应最重要的任务。

越来越多的国内外科技公司选择以Scrum为主的敏捷开发模式，通过短周期的冲刺模式来交付可工作的软件和服务。作为研发工程师，如何利用AI更好地提高工作效率一直是值得思考的问题。因此，企业内部决定基于研发工作流程开发一个AI Assistant，帮助软件工程师快速编写代码，并对IDE进行智能改造。

6.2 技术选型和架构设计

假设小明是负责开发AI Assistant的软件工程师，他的日常编程工作是在Visual Studio Code编辑器中完成的，因此他考虑基于Visual Studio Code开发一个AI插件。

根据日常工作的真实场景，整理出的需求如下：

- Git操作智能化：针对Git操作进行AI交互，如根据代码内容生成有意义的提交信息，智能合并多次提交为一个较大的提交。
- 代码分析：利用AI分析和优化代码片段，查找代码中的漏洞及其他优化点。

- 基于代码仓库问答：针对特定项目提问，AI分析并返回最有价值的回复。
- 代码注释：根据选定的代码段生成代码注释，可针对方法、类生成相应的注释。
- 文档生成：基于项目代码生成相应的技术文档，方便开发工程师持续开发和维护项目。
- 单元测试生成：单元测试的编写是非常重要的一环，大多数单元测试遵循一定的规律和格式，可利用AI来完成大体上的框架，基于业务代码来快速生成大多数的单元测试代码。

由于AI Assistant作为插件集成在Visual Studio Code中，而该编辑器支持多种编程语言的开发与扩展，因此选择更适合插件开发的TypeScript作为开发语言，用于完成插件功能的开发。在LLM应用开发框架方面，选用LangChain，支持模块化构建与链式调用；大语言模型采用OpenAI提供的ChatOpenAI，确保推理能力与响应质量。在持久化数据存储方面，考虑到数据结构的灵活性与扩展性，选择了非关系型数据库MongoDB。

服务分层架构如图6-1所示。

图 6-1　服务分层架构图

我们可以利用Visual Studio Code提供的丰富API来完成编辑器UI界面上的交互功能。这些API允许创建右击快捷菜单，并绑定组合按键作为快捷键来触发功能。

在AI服务层中，根据实际需要编写相应命令来完成特定任务。例如，为了生成Git的commit message（提交信息），可以编写相应的命令方法，并在启用服务时订阅该命令，使该功能在编辑器中生效。

6.2.1 插件开发初体验

对于第一次开发Visual Studio Code插件的读者，建议先了解插件开发的基础知识和常用API。在这里只做简单介绍，推荐使用Visual Studio Code官方提供的脚手架工具来生成标准的项目。

首先，运行以下命令来全局安装脚手架工具：

```
npm install --global yo generator-code
```

其中，yo是一个命令行工具，用于快速生成项目的脚手架结构。它可以帮助开发者快速启动新项目，并提供一些预设的项目模板。通过交互式的方式，引导开发者完成项目初始化设置。

安装完毕后，执行**yo code**来初始化插件项目，按照引导步骤依次操作。引导过程中的选择如下：

```
What type of extension do you want to create? New Extension (TypeScript)
? What's the name of your extension? ai-assistant
? What's the identifier of your extension? ai-assistant
? What's the description of your extension? speed up coding
? Initialize a git repository? Yes
? Which bundler to use? unbundled
? Which package manager to use? npm
```

按Enter键之后，就能生成一个新的TypeScript版本的插件项目，整个目录结构非常清晰和整洁。

在项目的根目录下，可以在package.json文件中设置插件的配置，并实现命令（Command）和菜单功能的绑定。

下面是一个简单的“Hey，AI”功能的package.json配置（省略不重要的部分）：

```
{
// 激活事件列表
"activationEvents": [
  "onCommand:extension.sayHeyAI"
],
"main": "./out/extension.js",
"contributes": {
```

```
  "commands": [
    {
      "command": "hey-ai.sayHeyAI",
      "title": "Hey AI"
    }
  ]
},
}
```

接下来，在extension.ts中编写sayHeyAI方法，代码如下：

```
// The module 'vscode' contains the VS Code extensibility API
// Import the module and reference it with the alias vscode in your code below
import * as vscode from 'vscode';

// This method is called when your extension is activated
// Your extension is activated the very first time the command is executed
export function activate(context: vscode.ExtensionContext) {

    // 若插件被激活，则输出提示
    console.log('Congratulations, your extension "hey-ai" is now active!');
    // 将回调函数注册到对应的命令上
    const disposable = vscode.commands.registerCommand('hey-ai.sayHeyAI', () =>
{
        // 显示提示信息给用户
        vscode.window.showInformationMessage('Hey AI, use AI to be great!');
    });

    context.subscriptions.push(disposable);
}

// 关闭该插件时的回调函数
export function deactivate() {
    console.log("The extension is deactivated.")
}
```

在这段简单的代码中，已经用到了Visual Studio Code提供的3个重要的函数：activate、deactivate和registerCommand。activate函数用于定义插件被激活后需要执行的业务逻辑；deactivate函数用于定义当插件被禁用（disable）时需要执行的操作；registerCommand函数用于注册在package.json中定义的命令，并指定这些命令需要执行的具体逻辑。

6.2.2 调试、编译和安装插件

完成代码编写后，按F5键可以开启一个新的Visual Studio Code窗口，此窗口将默认集成刚编写好的插件。然后，使用组合键Shift+Command+P输入**Hey AI**命令，如图6-2所示。

图6-2　输入命令

按Enter键后，可以在编辑器右下角看到提示信息，如图6-3所示，表明插件正在正常工作。

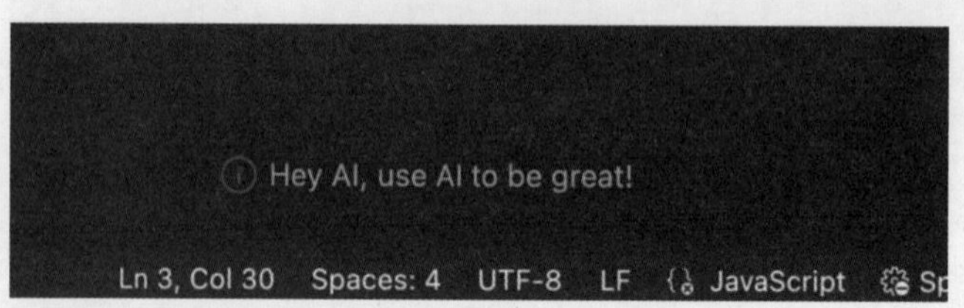

图6-3　提示信息

在Visual Studio Code的DEBUG CONSOLE中，也会显示一段输出，表示插件已成功启用：

```
Congratulations, your extension "hey-ai" is now active!
```

有部分读者在执行上述操作后，可能会遇到以下报错信息：

```
Activating extension 'undefined_publisher.hey-ai' failed: Cannot find module
'/Users/xxx/pythonwork/langchain-llm/chapter06/hey-ai/out/extension.js' Require
stack: - /Applications/Visual Studio
Code.app/Contents/Resources/app/out/bootstrap-fork.js.
```

此问题可能是由于在调试模式下未能成功编译出extension.js文件，这通常是Visual Studio Code编辑器内部出现问题，导致自动编译未完成。建议升级到Visual Studio Code的最新版本来解决此问题。

目前，插件已在调试模式下顺利开发并运行。如果希望将插件发布并导出供他人使用，请运行以下命令：

```
vsce package
```

执行该命令后，部分读者可能会遇到如下报错信息：

```
ERROR  Make sure to edit the README.md file before you package or publish your
extension.
```

这是由于未修改README.md文件的内容。该文件需要详细描述插件的功能和简单介绍。例如，README.md文件中的内容如下：

```
    # Hey AI

    A demo
    # Author
    UbuntuMeta created this project, if you're interested in it, reach out with him
please.
    His email is xxx.com

    ## Features
    1. Say Hey to AI as tips.
```

执行**vsce package**命令后，将生成hey-ai-0.0.1.vsix文件，这是VSIX格式的扩展包。安装扩展的步骤为：首先打开Visual Studio Code，进入“扩展”（EXTENSIONS）视图；然后选择“从VSIX安装”（Install from VSIX）；最后选择生成的hey-ai-0.0.1.vsix文件，完成安装。具体操作如图6-4所示。

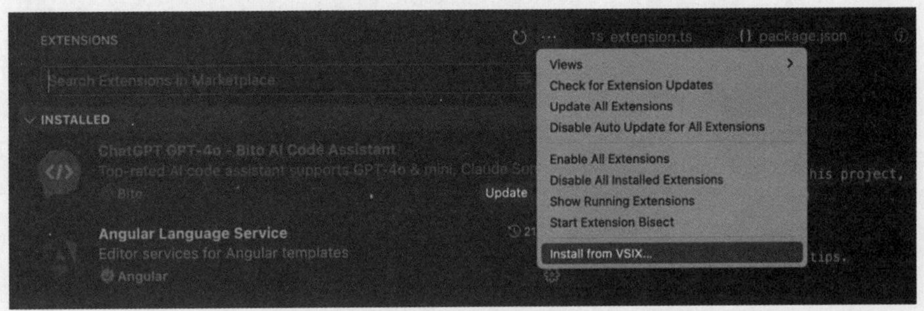

图 6-4　安装 VSIX 插件

6.3　常用 Git 操作的封装

在6.2节中，我们体验了如何开发一个简单的插件。现在，我们将正式开始开发AI Assistant插件。首先，我们仍然使用yo命令生成一个标准的项目框架。

在Git工作流中，有许多操作可以通过AI辅助来提高效率。例如，以下操作可以通过插件实现：

- 根据代码段生成对应的注释。
- 提交修改并编写提交信息。
- 推送（Push）修改。
- 通过rebase合并多个修改。

6.3.1 自动生成注释

对于研发工程师而言，撰写清晰且富有意义的注释是一项颇具挑战的任务。不恰当的注释往往会导致理解困难，不仅影响他人，甚至编写者自己也可能难以把握，进而影响开发效率和项目进度。因此，利用人工智能技术来辅助注释生成变得尤为重要。

在package.json中定义生成代码注释的命令：

```
"contributes": {
   "commands": [
       {
           "command": "ai-assistant.generateComment",
           "title": "Generate Comment By The Selected Code"
         }
   ]
```

在extension.ts文件中编写绑定generateComment的命令：

```
/**
 * 根据所选择的代码段生成注释
 */
const generateCommentCommand =
vscode.commands.registerCommand('ai-assistant.generateComment', async () => {
    try {
        // 将生成的注释写回选定的代码段中
        await generateComment(apiKey);
    } catch (error) {
        console.log(error);
        throw error;
    }
});
```

在这段代码前面继续定义generateComment方法，代码如下：

```
/**
 * 根据选定的代码段生成注释
 * @returns {Promise<void>}
 */
const generateComment = async (): Promise<void> => {
  // Get the code which we pick from the edit window
  // 从编辑窗口获取选定的代码段
  let editor = vscode.window.activeTextEditor;
  if (!editor) {
    vscode.window.showErrorMessage("没有激活的编辑窗口!");
    return;
```

```
  }
  const selection = editor.selection;
  const selectedCode = editor.document.getText(selection);
  vscode.window.showInformationMessage('注释正在生成，请稍等一会儿。');
  const payload = { selectedCode };
  // 请求AI Assistant的API服务
  const response = await fetch("http://loclahost:3000/comment/generate", {
    method: "POST",
    body: JSON.stringify(payload),
    headers: { "Content-Type": "application/json" },
  });
  const jsonResponse: any = await response.json();
  const result = jsonResponse?.result;
  if (!result) {
    return;
  }
  editor.edit((editBuilder) => {
    editBuilder.replace(selection, result);
  });
};
```

请求的接口地址是通过Flask搭建的LangChain应用的接口，通过传递代码来生成注释。需要特别注意的是，用户可能会遇到node-fetch包引入的问题，建议使用动态加载的方式来解决，具体代码如下：

```
// eslint-disable-next-line no-new-func
const importDynamic = new Function("modulePath", "return import(modulePath)");

const fetch = async (...args: any[]) => {
  const module = await importDynamic("node-fetch");
  return module.default(...args);
};
```

而Flask部分的代码如下：

```
from flask import Flask, request, jsonify
from flask_pymongo import PyMongo
import ai

# 初始化Flask实例
app = Flask(__name__)
app.config["MONGO_URI"] = "mongodb://localhost:27017/ai-assistant"
mongo = PyMongo(app)
```

```
    @app.route('/comment/generate', methods=['POST'])
    def generate():
        data = request.get_json()
        # call the ai to generate the comment
        comment = ai.generate_comment_for_code
    (data['selectedCode'])
        mongo.db['ai-comment'].insert_one({'selected_code': data['selectedCode'],
'comment': comment})
        return jsonify({
            'comment': comment
        }), 201


    if __name__ == '__main__':
        app.run(debug=True, port=3000)
```

然后创建一个名为ai.py的文件，并定义generate_comment方法：

```
    def generate_comment_for_code(code):
        template = """
        你是一个非常有编程经验的资深软件开发工程师，擅长所有主流编程语言，例如Java、C#、Golang、
C、C++、JS、Ruby、Python等。
        你对代码的注释非常擅长，尽可能编写富有意义的代码注释。
        请针对这些代码编写注释：{content}
        """
        prompt = PromptTemplate(template=template, input_variables=["content"])
        api_key = os.getenv("OPENAI_API_KEY")
        base_url = os.getenv("OPENAI_URL")
        # 初始化ChatOpenAI大模型对象
        llm = ChatOpenAI(api_key=api_key, base_url=base_url, model="gpt-3.5-turbo")
        # 创建链
        chain = prompt | llm
        result = chain.invoke({'content': code})
        return result.content
```

在自动唤起的窗口中选择一行代码，使用组合键Shift+Command+P来选择生成注释的命令，几秒后便会自动生成注释，如图6-5所示。

```
(async () => {
    const startTime = process.hrtime();
    await run();
    // 使用process.hrtime()[illegible]startTime[illegible]
    const elapsedTime = process.hrtime(startTime);
    console.log(`total cost ${elapsedTime[1] / 1000000} ms for Promise.each\r\n`);
})();
```

图 6-5　自动生成注释

每次通过命令唤起的方式来执行Generate Comment By The Selected Code比较烦琐，可以考虑将该功能添加到右击快捷菜单中。用户只需在package.json文件中进行配置，将菜单绑定到相应的命令即可：

```
"menus": {
     "editor/context": [
       {
         "when": "editorFocus",
         "command": "ai-assistant.generateComment",
         "group": "navigation"
       }
    ]
}
```

随后在编辑窗口选中某段代码，右击即可看到生成注释的功能出现在快捷菜单中，如图6-6所示。

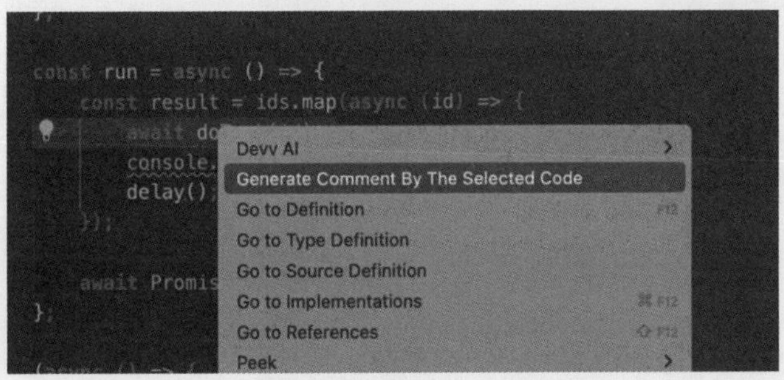

图 6-6　菜单列表显示功能

6.3.2　提交信息智能生成

在完成一定阶段的功能开发后，开发者通常会提交代码修改，并编写一个概括性的提交信息。编写高质量的提交信息对工程师来说具有一定难度，而用户可以将这一任务自动化，通过AI生成高质量的提交信息，从而帮助软件工程师更好地进行版本控制。

首先，在packge.json中定义相关命令：

```
"contributes": {
   "commands": [
```

```
    {
      "command": "ai-assistant.generateCommitMessage",
      "title": "Generate Commit Message"
    },

    // 省略其他命令
```

主要的实现思路是，利用git命令获取在暂存区中本次被修改的代码，随后让LangChain应用基于这些修改自动生成一段概括性的提交信息，并执行**git commit**命令完成提交操作。

为了在插件中调用git命令，我们选择使用第三方包simple-git来实现。首先需要安装这个包：

```
npm install simple-git
```

然后在extension.ts中定义实现的方法：

```
const generateCommitMessage = async (): Promise<string | undefined> => {
  try {
    const projectRootPath = vscode.workspace.workspaceFolders?.[0].uri.
fsPath;
    if (projectRootPath === undefined) {
      throw Error("work space is not existed");
    }
    // Run git diff to  get the change from the work space
    const myGit = simpleGit(`${projectRootPath}`);
    const changes = await myGit.diff();
    const codeChanges = changes.trim();
    const payload = { codeChanges };
    // 请求AI Assistant的API服务
    const response = await fetch(
      "http://127.0.0.1:3000/commit-message/generate",
      {
        method: "POST",
        body: JSON.stringify(payload),
        headers: { "Content-Type": "application/json" },
      }
    );
    const jsonResponse: any = await response.json();
    const result = jsonResponse?.message;
    return result;
  } catch (error) {
    console.log(error);
    throw error;
  }
};
```

此处依然使用POST请求来生成提交信息，Flask中的实现如下：

```
    @app.route('/commit-message/generate', methods=['POST'])
    def commit_message_generate():
        data = request.get_json()

        print("payload is:", data)

        changed_code = data['codeChanges']
        commit_message = ai.generate_commit_message_for_code(changed_code)
        mongo.db['commit-message'].insert_one({'changed_code': changed_code,
'commit_message': commit_message})
        return jsonify({
            'commit_message': commit_message + '\r'
        })
```

真实调用LLM的方法是AI模块中的generate_commit_message_for_code，具体实现如下：

```
    def generate_commit_message_for_code(code):
        template = """
        你是一个擅长编程的高级软件开发工程师，对代码的含义有非常深刻的理解。
        你需要基于被修改的文件及其内容来创建提交信息。
        一个标准的提交信息的格式如下：
        what the commit we do.
        - do first thing.
        - do other thing.
        忽略非“+”或“-”行。不要逐行总结，仅总结完整的修改含义。
        如果你发现更改行是注释，请将其总结为“添加一些注释”。
        请针对下面的被修改的代码生成一个概括性的提交信息：{code}
        """
        prompt = PromptTemplate(template=template, input_variables=["code"])
        llm = getLLMInstance()
        chain = prompt | llm
        result = chain.invoke({'code': code})
        return result.content
```

在上面的代码中，为大模型提供了具体的示例，使AI能更好地理解如何生成标准的代码提交信息。在实际开发中，不同的研发团队会有不同的要求，用户可以根据团队的需要为AI提供不同的示例。

当修改代码之后，调用**Generate Commit Message**命令，新生成的提交信息将在新打开的编辑页面上显示，如图6-7所示。

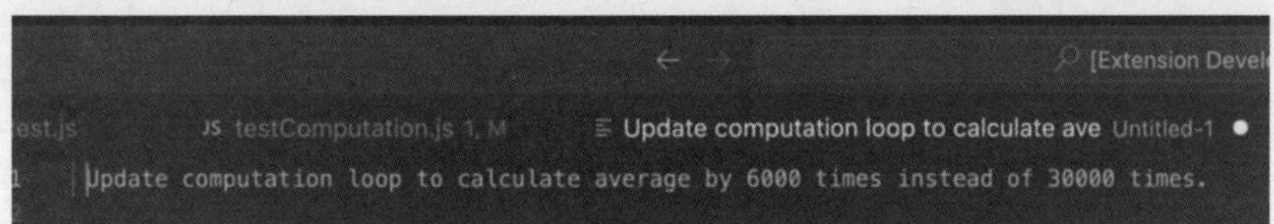

图 6-7　提交信息

为了更方便地通过右击快捷菜单来执行提交信息生成功能，可以在package.json文件中增加如下配置：

```
"menus": {
    "editor/context": [
     // 省略其他菜单配置
      {
        "when": "editorFocus",
        "command": "ai-assistant.generateCommitMessage",
        "group": "navigation"
      }
```

6.3.3　智能 rebase 多次提交

在协作开发过程中，经常需要通过rebase合并多次提交，以使提交历史更加简洁。然而，对多次提交进行有效概括并不容易，rebase的提交信息也可以交给AI来完成。

为了更好地完成rebase操作，我们计划提供一个可视化的rebase界面，如图6-8所示。该界面列出了最近50次的提交信息，每一行代表一次提交记录。每行末尾提供两个功能按钮：一个是选择按钮Select，另一个是查看详情的按钮View。

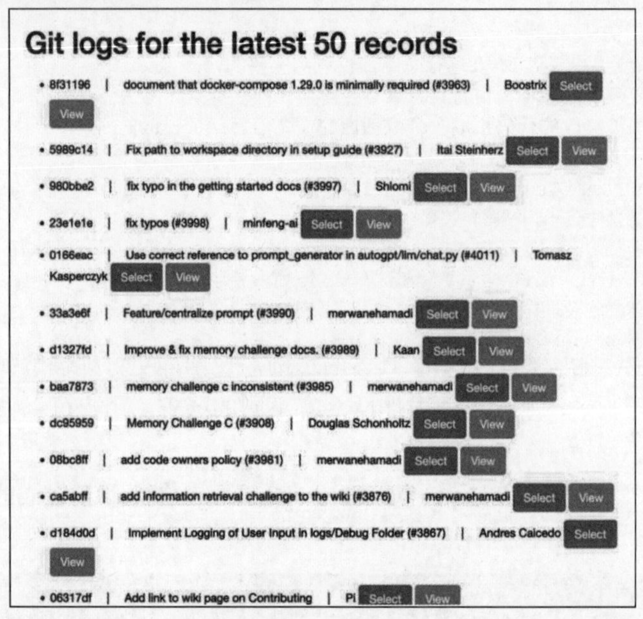

图 6-8　Git 历史记录的 UI

当单击View按钮时，可以查看该次提交的详细信息，包括代码改动的细节。单击Select按钮后，选中的行将被高亮显示。需要选择两行并单击它的Select按钮，选中的两行之间的所有提交信息将被用于执行rebase。

此次开发与以往有所不同，需使用VS Code的WebView面板开启一个新页面，以更好地显示一些交互内容。

首先，在package.json文件中定义该命令：

```
"contributes": {
   "commands": [

{
       "command": "ai-assistant.showGitLogToRebase",
       "title": "Show Git Logs To Rebase By AI"
     }
...
```

在菜单绑定的配置中，增加如下内容：

```
{
           "when": "editorFocus",
           "command": "ai-assistant.showGitLogToRebase",
           "group": "navigation"
 }
```

之后，在extension.ts文件中注册该命令：

```
const showGitLogCommand =
vscode.commands.registerCommand('dev-helper.showGitLogToRebase', async () => {
    try {
       await showGitLogInWebView();
    } catch (error) {
       console.log(error);
       throw error;
    }
});
```

showGitLogInWebView方法比较复杂，代码如下：

```
const showGitLogInWebView = async (): Promise<void> => {
  const projectRootPath = getProjectRootPath();
  const myGit = simpleGit(`${projectRootPath}`);
  // Maybe get 50 commits is enough
  let originCommitLog = await myGit.log([
    "--pretty=format:%H----%h----%an----%s",
    "-50",
  ]);
  const commitLogs = originCommitLog?.latest?.hash.split("\n") ?? [];
  let branches = await myGit.branch();
```

```
let currentBranchName = branches?.current;
// 在webview panel中显示Git日志
const panel = vscode.window.createWebviewPanel(
  "gitLog",
  "show git Logs",
  vscode.ViewColumn.One,
  {
    enableScripts: true,
  }
);
const commits = commitLogs
  .map((commit) => {
    const [hash, shortHash, author, message] = commit.split("----");
    const shortMessage =
      message.length > 100 ? message.substring(0, 100) + "..." : message;
    if (author !== undefined) {
      return {
        hash,
        shortHash,
        message,
        author,
        shortMessage,
      };
    }
  })
  .filter((item) => item !== undefined);
panel.webview.html = getWebviewContent(commits);
// 处理被选中的两个commit信息的有效性
panel.webview.onDidReceiveMessage(async (message) => {
    // 省略部分逻辑
    }
    vscode.window.showInformationMessage(
      `Going to generate the summary commit message, please wait in mins.`
    );

    let summaryCommitMessage = await generateSummaryCommitMessage(
      commitMessagesToSummary
    );
    const pureBranchName =
      currentBranchName.match(/\/([A-Z]+-\d+)/)?.[1] ?? "";
    summaryCommitMessage = pureBranchName + " " + summaryCommitMessage;
    // 完成rebase的所有操作
```

```
        const projectRootPath =
vscode.workspace.workspaceFolders?.[0].uri.fsPath;
        if (projectRootPath === undefined) {
          throw Error("work space is not existed");
        }
        const gitTodoFile =
          projectRootPath + "/.git/rebase-merge/git-rebase-todo";
        changeEditorToVScode();
        rebaseCommits(gitTodoFile);

        const panelForRebase = vscode.window.createWebviewPanel(
          "gitrebase",
          "Git Rebase Guide",
          vscode.ViewColumn.One,
          {
            enableScripts: true,
          }
        );
        panelForRebase.webview.html = getRebaseGuideContent(
          startCommitHash,
          endCommitHash,
          summaryCommitMessage,
          currentBranchName
        );
        // 省略部分交互代码
        });
      } else if (message.type === "showDetail") {
        // Get the detail of the commit
        const detail = await myGit.show([
          "--format=fuller",
          message.commit.toString(),
        ]);
        const panelToView = vscode.window.createWebviewPanel(
          "gitshow",
          "Show the commit detail",
          vscode.ViewColumn.One,
          {
            enableScripts: true,
          }
        );
        panelToView.webview.html = getCommitDetailContent(detail);
      }
```

```
    });
};
```

代码的核心思路是通过Webview面板显示当前分支的最近50次Git日志。用户可以选择需要rebase的提交记录，并将这些记录发送给AI生成一条具有概括性的提交信息。最终，系统将生成的rebase提交信息与相关操作说明整合后，在新的编辑器页面中展示。

6.4 基于代码仓库的智能问答和检索

随着项目仓库中的代码日益复杂化，迅速把握项目代码逻辑的难度也随之增加。通过LangChain和大语言模型（LLM）构建一个基于代码库的问答系统，能够助力研发团队更快地掌握和梳理代码实现及其背后的业务逻辑，进而优化工作流程。

在问答系统的检索环节，可以采用之前提及的RetrievalQA技术，利用检索器实现高效的信息检索。

6.4.1 加载文档

首先，需要用文档加载器加载代码仓库的代码，具体代码如下：

```
from langchain.memory import ConversationBufferMemory
from langchain_community.document_loaders import DirectoryLoader

def load_source_code_as_data():
    # 项目代码的根目录
    dir_path = "./source/flask/src/flask/"
    print("Starting to load source code\r\n")

    # 创建文件夹加载器并加载所有代码的目录
    loader = DirectoryLoader(dir_path, glob="**/*.py")
    documents = loader.load()
    return documents

if __name__ == "__main__":
    # 加载文档数据
    documents = load_source_code_as_data()
    print(documents[:2])
```

在这段代码中，使用DirectoryLoader(dir_path, glob="*.py")递归遍历dir_path目录下的所有文件夹，并将匹配glob参数的文件加载进来，即所有Python文件。

运行这段代码，可以看到如下的输出内容：

```
    /Users/utang/anaconda3/envs/ai-assistant/bin/python
/Users/utang/pythonwork/langchain-llm/chapter06/6.4/ai-repo-qa/main.py
    Starting to load source code

    [Document(metadata={'source': 'source/flask/src/flask/logging.py'},
page_content='from __future__ import annotations\n\nimport logging\n\nimport
sys\n\nimport...]
```

可以看到，文档数据已经按照每个文件为一个对象被加载到变量documents中（它是一个列表）。每个Document对象代表一个代码文件或代码块，包含以下属性：

- page_content：代码文件或代码块的内容。
- metadata：关于代码文件或代码块的元数据，例如文件路径。

6.4.2　切分代码块

完成代码加载后，需要将代码分割成更小的块，方便后续进行词嵌入处理。

由于代码仓库中多为Python代码，它具有非常强的格式特点。例如，函数声明通常以def开头；类声明以class开头。因此，基于这些语法特点，使用LangChain的TextSplitter来进行文档切分，实现代码如下：

```
def split_documents(documents):
    # 使用RecursiveCharacterTextSplitter分割代码
    text_splitter = RecursiveCharacterTextSplitter(
        # 自定义分隔符
        separators=["\n\n", "\n\tdef ", "\nclass "],
        chunk_size=500,
        chunk_overlap=20,
    )

    split_documents = text_splitter.split_documents(documents)
    return split_documents
```

在代码中，我们设置每次切分的大小为500个字符，并以“\n\n”“def”“class”作为分隔符，这样能够有效地切分Python代码块。

6.4.3　词嵌入和向量存储

接下来，我们将分割成小块的代码文档进行词嵌入，选择使用OpenAI的Embedding模型来完成该操作。向量数据库选择FAISS，代码实现如下：

```
def embedding_documents(documents):
    # 创建OpenAI词嵌入模型实例
```

```
    embeddings = OpenAiEmbeddings(
        openai_api_key=api_key,
        openai_api_base=base_url
    )

    # 创建FAISS向量存储
    vectorstore = FAISS.from_documents(
        documents=documents,
        embedding=embeddings
    )

    return vectorstore
```

运行这段代码后，可能会遇到如下报错信息：

```
    packages/langchain_openai/chat_models/__init__.py:1:
LangChainDeprecationWarning: As of langchain-core 0.3.0, LangChain uses pydantic v2
internally. The langchain_core.pydantic_v1 module was a compatibility shim for
pydantic v1, and should no longer be used. Please update the code to import from Pydantic
directly.  For example, replace imports like:from langchain_core.pydantic_v1 import
BaseModelwith:from pydantic import BaseModelor the v1 compatibility namespace if you
are working in a code base that has not been fully upgraded to pydantic 2 yet.      from
pydantic.v1 import BaseModel    from langchain_openai.chat_models.azure import
AzureChatOpenAI
/Users/utang/anaconda3/envs/ai-assistant/lib/python3.10/site-packages/pydantic/_i
nternal/_config.py:341: UserWarning: Valid config keys have changed in V2:
```

该问题是由于LangChain版本快速迭代，很多之前的写法发生了变化，LangChain遇到了Pydantic版本不兼容的问题。具体来说，LangChain从0.3.0版本开始，内部使用Pydantic v2，而我们可能还在使用Pydantic v1。为了解决该问题，建议将LangChain及其关联库的版本降回2.x版本。具体版本如下：

```
langchain==0.2.12
langchain-chroma==0.1.2
langchain-community==0.2.11
langchain-core==0.2.28
langchain-huggingface==0.0.3
langchain-openai==0.1.17
langchain-text-splitters==0.2.2
```

6.4.4 问答功能

利用RetrievalQA检索器可以快速完成问答式检索功能，具体代码如下：

```
from langchain.chains.retrieval_qa.base import RetrievalQA
from langchain_openai import OpenAI, OpenAIEmbeddings

def qa_retrieve(vector_store, query):
    # 创建检索器
    retriever = vector_store.as_retriever(search_kwargs={"k": 5})

    api_key = os.getenv("OPENAI_API_KEY")
    base_url = os.getenv("OPENAI_URL")
    llm = OpenAI(api_key=api_key, base_url=base_url, temperature=0.9)
    # 初始化RetrievalQA
    qa_chain = RetrievalQA.from_chain_type(llm, retriever=retriever)
    # 执行查询操作
    result = qa_chain.invoke(query)
    return result
```

在main中执行检索，代码如下：

```
vectorstore = embedding_documents(split_documents)
result = qa_retrieve(vectorstore, query="How to use Flask's router")
print(result)
```

执行结果如下：

```
    {'query': "How to use Flask's router", 'result': " Flask uses a central registry,
accessible through the Flask object, to manage view functions and URL rules. To
add new rules to the router, use the app object's `route()` decorator. Parameters
such as URL patterns, HTTP methods, and function names can be specified in the
decorator. For more information, refer to the Flask documentation."}
```

至此，LangChain利用RetrievalQA完美地进行了检索，然后通过LLM完成了高效的回复。

6.5 AI 生成代码注释

使用AI生成代码注释是提高生产力的一个有效方法。其目标是先让用户能够选择特定的代码块，然后由AI自动生成逐行的详细注释。这一功能可以在6.3.1节的基础上进一步开发，通过优化提示词来满足新的需求。

将提示词进行细化，具体如下：

```
def generate_comment_for_code(code):
    template = """
        你是一个非常有编程经验的资深软件开发工程师，擅长所有主流编程语言，例如Java、C#、Golang、
C、C++、JS、Ruby、Python等。
```

```
你对代码的注释非常擅长，尽可能编写富有意义的代码注释。
如果代码是多行，请逐行编写相应的注释，做到意思清晰且简洁明了。
如果代码是一个类，请编写对应编程语言的类注释。
如果是一个函数或者方法，请编写标准的方法注释。
请针对这些代码编写注释：{content}
"""
prompt = PromptTemplate(template=template, input_variables=["content"])
# 初始化ChatOpenAI大模型对象
llm = getLLMInstance()
# 创建链
chain = prompt | llm
result = chain.invoke({'content': code})
return result.content
```

通过向LLM提供具体的案例，能够引导它生成准确且高质量的注释，从而简化研发工作。

6.6 文档生成

通常情况下，可以基于一定格式的文档注释来生成API文档。然而，在大多数情况下，编写文档注释需要手动完成，并且需要一定的人工或编程成本。为了提高效率，可以考虑将整个项目的API文档一次性生成，所有这些工作都可以交给LLM来完成。具体思路如下：

- 将需要生成文档的代码全部通过文档加载器来加载。
- 使用适合的分割器（例如TextSplitter）将庞大的代码切分成小代码块。
- 完成词嵌入并保存到向量数据库中。
- 利用检索链来完成关键代码的检索。
- 使用OpenAI模型完成文档生成。

由于每个公司的项目可能基于不同的编程语言编写，如何进行有效检索并没有固定的实现方法。因此，这里提供一个较为通用的实现思路作为参考，用户可以学习这种思路并改写成适合自己项目的代码：

```
import os
import openai
from langchain_community.document_loaders import GenericLoader
from langchain_openai.embeddings import OpenAIEmbeddings
from langchain_chroma import Chroma
from langchain.chains.retrieval_qa.base import RetrievalQA
```

```
    # 设置OpenAI API密钥，通过环境变量确保安全性
    os.environ["OPENAI_API_KEY"] = "你的API密钥"

    # 定义代码库的路径，加载所有Python文件作为文档
    repo_path = "你的代码文件路径"
    loader = GenericLoader.from_filesystem(repo_path, glob="**/*.py")
    documents = loader.load()  # 把文档加载到内存中

    # 初始化OpenAI的嵌入模型并创建向量存储，以便进行高效检索
    embeddings = OpenAIEmbeddings()
    vector_store = Chroma.from_documents(documents, embeddings)

    # 将向量存储转换为检索器，并创建基于检索的问答链
    retriever = vector_store.as_retriever()
    qa_chain = RetrievalQA.from_chain_type(llm="gpt-3.5-turbo",
retriever=retriever)

    # 定义查询，使用问答链基于代码生成文档
    query = "请根据以下代码生成文档：<你的代码段>"
    result = qa_chain.run(query)

    # 输出生成的文档结果
    print("生成的文档：", result)
```

如同刚才讲解的思路和步骤，首先加载指定路径下的所有Python文件，然后创建一个向量存储以便进行检索。接着，使用LangChain的检索问答链（RetrievalQA）来生成基于代码段的文档。

6.7　基于业务代码生成单元测试

众所周知，单元测试是软件开发中至关重要的一环。通过单元测试，能够有效提升代码质量，降低维护成本，同时提高开发效率。然而，许多中小型科技公司往往不重视单元测试，甚至有些团队完全没有进行单元测试。这导致开发出的软件和服务问题频出，甚至经常出现线上故障。

因此，单元测试必须得到重视。虽然编写单元测试会增加一定的开发和维护成本，但可以通过利用AI来生成符合业务需求的单元测试（unit test），从而有效降低这些成本。

前面的逻辑是类似的：

```
    import os
import openai
```

```
from langchain_community.document_loaders import GenericLoader
from langchain_openai.embeddings import OpenAIEmbeddings
from langchain_chroma import Chroma
from langchain.chains.retrieval_qa.base import RetrievalQA


# 设置OpenAI API密钥，通过环境变量确保安全性
os.environ["OPENAI_API_KEY"] = "你的API密钥"

# 定义代码库的路径，加载所有Python文件作为文档
repo_path = "你的代码文件路径"
loader = GenericLoader.from_filesystem(repo_path, glob="**/*.py")
documents = loader.load()  # 把文档加载到内存中

# 初始化OpenAI的嵌入模型并创建向量存储，以便进行高效检索
embeddings = OpenAIEmbeddings()
vector_store = Chroma.from_documents(documents, embeddings)
```

随后，提供必要的提示词：

```
# 查询并生成pytest单元测试
query = "请根据以下代码生成pytest单元测试：\n```python\n<你的代码段>\n```"
result = qa_chain.run(query)

print("生成的 pytest 单元测试：", result)
```

假设需要生成单元测试的代码如下：

```
def add(x, y):
  """
  计算两个数字相加之和
  """
  return x + y
```

最终，LLM生成的单元测试如下：

```
def test_add_positive_numbers():
  assert add(2, 3) == 5

def test_add_negative_numbers():
  assert add(-2, -3) == -5

def test_add_zero():
    assert add(2, 0) == 2
```

对于生成的单元测试，可以根据实际需求进一步调整，对于那些典型流程的单元测试用例，完全可以依靠LangChain和大模型进行生成，从而达到一劳永逸的效果。对于更复杂的单元测试用例，可以通过提供更多案例给LLM来实现，可参考6.5节的做法。

6.8 代码漏洞检测和性能优化

在开发过程中，研发工程师很容易写出一些边界问题处理不当的代码，或者有性能问题的代码。在大部分情况下，这些问题可以通过多轮代码审查（Code Review）来发现并改进。开发者越早发现这些问题，对于软件开发的进度和质量将更有保证。

常见的代码漏洞包括：

- SQL注入：攻击者通过插入恶意SQL代码，获取敏感数据（如用户隐私数据）或破坏数据库。
- 命令注入：攻击者通过webshell在服务器上运行恶意命令，可能导致提权甚至破坏系统资源。
- 跨站伪造请求（CSRF）：利用用户已登录网站的信任关系，诱骗用户执行恶意操作，例如转账、修改密码等。
- 跨站脚本攻击（XSS）：将恶意脚本代码注入网页中，当用户访问该网页时，恶意脚本代码会被执行，从而窃取用户敏感信息或控制用户浏览器。

常见的性能问题包括：

- 算法低效：算法选择不当或数据结构使用不合理，导致程序运行速度慢。
- 内存泄露：程序分配了内存空间，但在使用完后未释放，导致内存被占用，最终可能使程序崩溃或性能下降。
- 循环嵌套过多：循环嵌套过多会导致代码执行时间大幅增加，尤其是在处理大量数据时。
- 频繁创建和销毁对象：例如在循环中不断创建新的复杂对象，会导致性能明显下降。
- 线程同步问题：在多线程程序中，线程同步机制设计不合理可能导致性能下降，例如死锁、竞争条件等。
- 代码逻辑错误：代码逻辑错误会导致程序运行效率低下，例如死循环、递归调用深度过深等。

以下是使用LLM检测代码性能问题的例子：

```
def improve_code(code):
    template = """
```

```
    你是一个擅长编程的高级软件开发工程师，你知道如何编写执行效率高、符合代码简洁之道的代码。
    你需要从执行效率、代码安全、算法优雅、解耦合的角度来分析代码的优化点。
    如果是Python代码，请尽可能在保证可读性的基础上进行合理优化。
    请针对下面的代码进行优化：{code}
    """

    prompt = PromptTemplate(template=template, input_variables=["code"])
    llm = getLLMInstance()
    chain = prompt | llm
    result = chain.invoke({'code': code})
    print("ai says:", result)
    return result.content
```

然后，依然用Flask提供一个接口来实现代码优化功能：

```
@app.route('/code/improve', methods=['POST'])
def improve_code():
    data = request.get_json()

    detected_code = data['code']
    better_code = ai.improve_code(detected_code)
    mongo.db['code-improve'].insert_one({'detected_code': detected_code,
'improved_code': better_code})

    return jsonify({
        'improved_code': better_code + '\r'
    }
```

第 7 章 AI代码审核实战

本章主要围绕如何利用AI进行代码审核。首先介绍代码审核在开发工作流程中的重要性，接着探讨如何利用AI技术实现代码审核和代码冲突解决，并从多个方面进行实现，最终完成代码质量报告的生成。

7.1 代码审核的重要性

代码审核（Code Review）是指对计算机程序源代码进行系统性检查的过程。它通常由一个或多个具备相关技术知识的人员（如资深开发人员、架构师等）对另一个开发人员编写的代码进行评估。在笔者所在的企业中，也会让同小组的工程师交叉审核对方的代码，从而确保每一次的代码改动都能及时同步给所有相关人员。

代码审核是开发流程中不可或缺的一环，它不仅能提高代码质量，还能增强团队协作效率，帮助开发者快速发现潜在的安全隐患，并促进团队中的知识共享。以下从多个角度论述代码审核的重要性，并以字节跳动和腾讯研发团队为例，展示他们是如何进行代码审核的。

1. 提高代码质量

代码审核可以帮助开发者发现代码中的错误、缺陷和潜在问题，例如逻辑错误、性能瓶颈、安全漏洞等。通过审核，可以及时发现并修复这些问题，从而提高代码质量，降低维护成本，减少线上故障。

- 字节跳动：字节跳动研发团队非常重视代码质量，要求所有代码都必须经过严格的代码审核。审核人员会仔细检查代码的逻辑、性能、安全性等方面，确保代码符合团队的质量标准。
- 腾讯：腾讯研发团队也十分重视代码审核，他们使用内部的代码审查系统Gongfeng，类似于GitHub和Reviewboard。开发人员在提交代码后，会邀请其他同事进行代码审查，并根据审查意见进行修改。

2. 增强代码的可维护性

代码审核有助于开发者编写更加清晰、易于理解、易于维护的代码。审核人员会对代码的结构、命名规范、注释等方面提出建议，帮助开发者编写更加规范的代码。

- 字节跳动：字节跳动研发团队制定了严格的代码规范，并通过代码审核确保所有代码都遵循这些规范。他们还鼓励开发者使用代码风格检查工具（例如ESLint、Prettier等）来提高代码的可读性和一致性。
- 腾讯：腾讯研发团队也制定了严格的代码规范，并通过代码审核来确保代码规范的执行。此外，他们还鼓励开发者使用代码静态分析工具（例如SonarQube、FindBugs等）来发现代码中的潜在问题。

3. 发现安全隐患

代码审核有助于发现代码中的安全漏洞，例如SQL注入、跨站脚本攻击、文件上传漏洞等。通过及时发现并修复这些漏洞，可以有效地提高系统的安全性，防止黑客攻击。

- 字节跳动：字节跳动研发团队非常重视代码安全，他们会对关键业务系统的代码进行安全审核，并使用自研的安全扫描工具来发现代码中的安全漏洞。
- 腾讯：腾讯研发团队也十分重视代码安全，他们会对所有代码进行安全扫描，并使用安全测试工具来模拟攻击场景，发现代码中的安全漏洞。

4. 促进知识共享

代码审核可以帮助团队成员之间互相学习，分享经验，提高团队整体的开发水平。审核人员可以学习其他开发者的代码风格和设计思路，开发者也可以从审核人员的反馈中获得新的知识和技能。

- 字节跳动：字节跳动研发团队鼓励开发者参与代码审核，并通过代码审核来促进团队成员之间的知识共享。
- 腾讯：腾讯研发团队也鼓励开发者参与代码审核，并通过代码审核来提升团队成员的代码质量和安全意识。

5. 提高团队协作

代码审核需要开发者和审核人员之间密切配合，有助于增强团队成员之间的信任和理解，提高团队的协作效率。

- 字节跳动：字节跳动研发团队通过代码审核来促进团队成员之间的沟通和协作，并鼓励开发者积极参与代码审核，提出自己的意见和建议。

- 腾讯：腾讯研发团队也通过代码审核来提高团队成员之间的沟通和协作，并鼓励开发者积极参与代码审核，共同提高代码质量。

7.2　AI 如何进行代码审核和接入工作流

在软件开发过程中，开发者完成代码编写后，通常会通过代码管理平台提交一个Pull Request（PR），请求将代码合并到主分支。团队中的其他工程师或技术管理人员会对这个PR进行代码审核，确保代码质量和符合团队规范。随着团队规模的扩大，PR数量的增加会给协作开发带来更大的挑战。

AI技术的引入可以有效地提升代码审核和相关工作流的效率。AI可以自动分析代码，识别潜在的错误、安全漏洞和代码风格问题，并提供相应的建议。在代码审核阶段，AI可以通过如下多种技术手段，帮助团队更有效地识别代码问题，提升代码质量：

- 静态分析：AI可以利用静态分析技术对代码进行全面的检查，包括语法、语义、风格、安全等方面。例如，AI可以识别出未使用的变量、潜在的内存泄露、SQL注入漏洞等，并给出相应的优化建议。
- 动态分析：AI可以通过动态分析技术模拟代码运行环境，并对代码进行测试，识别出运行时错误、性能瓶颈等问题。例如，AI可以识别出代码的性能瓶颈、内存占用过高等问题，并提供解决方案。
- 代码风格检查：AI可以根据预设的代码风格规范对代码进行格式化和规范化检查，确保代码的可读性和一致性，提高代码的可维护性。
- 代码复杂度分析：AI可以分析代码的复杂度，识别出过于复杂的代码逻辑，并给出优化建议，从而降低代码维护难度。
- 协助解决冲突：AI可以分析产生冲突的代码区域，并将冲突以清晰可视化的方式展示出来。

对于工作流接入阶段，可以考虑将AI代码审核工具应用于以下方面：

- 集成到开发工具：AI代码审核工具可以集成到常用的开发工具中，例如IDE、代码仓库等，让开发者在编写代码的同时就能进行代码审核。这种实时反馈机制可以帮助开发者及时发现问题，避免错误代码的累积。
- 自动化代码审核：AI代码审核工具可以自动进行代码审核，并生成详细的审核报告，方便开发者快速了解代码质量。开发者可以根据代码质量报告中的建议，针对性地进行代码优化和修复。

- 与CI/CD系统集成：AI代码审核工具可以与CI/CD系统集成，在代码提交、构建、部署等环节进行代码审核，确保代码质量，这种集成可以有效地防止低质量代码进入生产环境，提高软件的稳定性和可靠性。
- 提供可视化界面：AI代码审核工具可以提供直观的可视化界面，方便开发者查看代码审核结果，并进行问题定位和修复。通过可视化图表和数据分析，开发者可以更清晰地了解代码质量状况，并针对性地进行改进。

通过以上方式，AI代码审核工具可以有效地融入开发流程，帮助团队提升代码质量，提高协作开发的能力，并降低开发成本。

7.3　架构设计和场景设计

笔者是一名资深研发工程师，过去两年负责了多个大型开源项目，每天需要处理大量的Pull Request（PR）。这些PR经常来自全球不同分公司的研发团队，涵盖各种新功能开发和Bug修复。由于代码风格不够统一且质量参差不齐，加上跨时区协作开发，人工审核代码变得非常费时费力，沟通成本也随之增加。

一个研发工程师的日常工作通常是这样的：

（1）每天早晨打开代码仓库，查看最新的PR列表。

（2）逐个浏览每个PR，了解对应的任务工单（ticket）的原始需求和细节，阅读PR中的代码，理解开发者想要实现的功能是什么。

（3）检查代码风格是否符合对应团队和项目的规范，是否存在潜在的Bug或安全漏洞。

（4）针对代码问题，在PR中留下评论，与开发者进行有效且持久的沟通。

（5）审核通过后，合并PR到主分支（master）。

然而，这个过程非常耗时且容易出现分析上的遗漏：

（1）每天要审核大量的PR，工作量非常大。

（2）很多PR的代码质量不高，需要花费大量时间进行检查和修改。

（3）很多PR的代码变更非常复杂，需要花费大量时间进行理解和分析。

（4）很多PR的代码问题重复出现，需要重复进行解释和说明。

为了提高工作效率，笔者最终决定创建一个AI服务来辅助开发者进行代码审核：

AI能够自动识别代码风格问题，例如代码缩进不规范、变量命名不规范、代码注释缺失等，从而减少基本的问题。

在发生代码冲突时，能够可视化代码冲突，方便人工介入，并且能够根据一些固定模式给出一些有价值的处理建议。

同时，应该支持客户端和Webhook方式发起AI审核，在通过和驳回之后有对应的邮件通知，邮件内容也应该是AI分析后的结果。如果同意PR被合并，还需要生成代码质量报告，方便后续进行人工分析。

在技术栈方面，依然选择使用Python作为主要的编程语言，基于LangChain和OpenAI模型进行LLM应用开发，并使用MongoDB来保存相关数据。

7.4 最佳实践预学习

在软件开发过程中，遵循最佳实践至关重要，因为它能带来以下好处：

- 提高代码质量：最佳实践是经过时间检验的经验总结，能够帮助开发者编写出更易读、更易维护、更可靠的代码。例如，遵循代码风格规范可以提高代码的可读性和一致性，使用设计模式可以提高代码的可扩展性和可维护性。
- 降低开发成本：遵循最佳实践可以减少代码错误、漏洞和安全风险，从而降低开发成本。例如，使用单元测试可以尽早发现代码错误，使用代码审查可以发现潜在的漏洞和安全风险。
- 提升开发效率：遵循最佳实践可以提高代码的可重用性和可维护性，从而提升开发效率。例如，使用模块化设计可以提高代码的可重用性，使用版本控制系统可以提高代码的可维护性。
- 促进团队协作：遵循最佳实践可以使团队成员之间更容易理解和协作，提高团队效率。例如，使用统一的代码风格规范可以使团队成员更容易理解彼此的代码，使用统一的开发流程可以使团队成员更容易协作。
- 增强代码可读性：最佳实践强调代码的可读性和可维护性，使代码更容易被理解和修改，从而降低维护成本。
- 减少技术债务：遵循最佳实践可以减少技术债务的积累，避免后期维护和修改的困难。

各大公司通常拥有各自的最佳实践经验，涵盖从代码规范到开发范式等各个方面，并积累了大量的技术文档。工程师在日常的开发过程中需遵循这些文档描述的要求和案例，从而保证代码质量和技术设计符合规范。AI也需要针对这些最佳实践的文档进行预学习，建立知识库，才能更好地辅助开发者进行代码审核工作。

预学习过程和Smart Doc项目比较相似，如图7-1所示。

第一步是采集技术文档，可以通过手工的方式到公司的Wiki系统中下载并导出成适合的格式。推荐使用Markdown格式，更方便解析语义和文章内容层次。如果文档数量较多，可以考虑编写脚本来批量下载技术文档。

第二步是加载文档，然后进行文档切分，最后把文档进行词嵌处理并保存到向量数据库中。

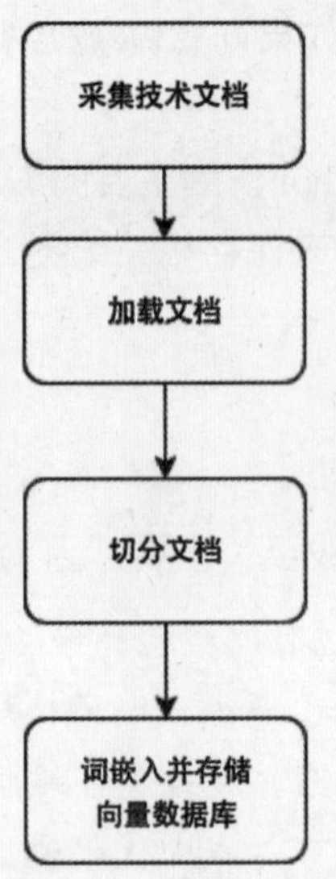

图 7-1　预学习过程

预学习最重要的是收集足够且高质量的最佳实践文档。为了更好地模拟Wiki数据的采集，选择Google团队的Python代码风格指南作为标准，编写如下代码：

```
import requests
from bs4 import BeautifulSoup
import os

# 获取网页内容
url = 'https://google.github.io/styleguide/pyguide.html'
response = requests.get(url)
soup = BeautifulSoup(response.content, 'html.parser')

# 创建目录用于保存Markdown文件
output_dir = 'docs'
os.makedirs(output_dir, exist_ok=True)


# Markdown内容转换函数
def convert_to_markdown(html_content):
    soup = BeautifulSoup(html_content, 'html.parser')

    for tag in soup.find_all(['h1', 'h2', 'h3']):
```

```
        if tag.name == 'h1':
            tag.insert_before(f"# {tag.get_text()}\n")
        elif tag.name == 'h2':
            tag.insert_before(f"## {tag.get_text()}\n")
        elif tag.name == 'h3':
            tag.insert_before(f"### {tag.get_text()}\n")
        tag.unwrap()  # 移除标签，保留文本

    for tag in soup.find_all(['p', 'ul', 'ol', 'li']):
        if tag.name == 'p':
            tag.insert_before(f"{tag.get_text()}\n")
        elif tag.name == 'ul':
            for li in tag.find_all('li'):
                li.insert_before(f"- {li.get_text()}\n")
            tag.unwrap()
        elif tag.name == 'ol':
            for idx, li in enumerate(tag.find_all('li'), start=1):
                li.insert_before(f"{idx}. {li.get_text()}\n")
            tag.unwrap()

    # 处理span标签
    for tag in soup.find_all('span'):
        # 假设有特定类来表示粗体或斜体
        if 'bold' in tag.get('class', []):
            tag.insert_before(f"**{tag.get_text()}**")
        elif 'italic' in tag.get('class', []):
            tag.insert_before(f"*{tag.get_text()}*")
        else:
            tag.insert_before(tag.get_text())
        tag.unwrap()  # 移除span标签，保留文本

    return str(soup)


# 查找所有小节
sections = soup.find_all('h2')

# 遍历小节并创建Markdown文件
for section in sections:
    section_title = section.get_text().strip()

    # 获取该小节下的内容，直到下一个小节
```

```
        content = []
        for elem in section.find_all_next():
            if elem.name == 'h2':
                break
            content.append(str(elem))

        # 转换内容为Markdown格式
        markdown_content = convert_to_markdown(''.join(content))

        # 创建Markdown文件
        filename = os.path.join(output_dir, f"{section_title}.md")
        with open(filename, 'w', encoding='utf-8') as f:
            f.write(markdown_content)

    print(f"Markdown files created in '{output_dir}' directory.")
```

运行这段代码会在当前目录下的docs文件夹中生成4个Markdown文件，这些文件作为最佳实践的技术文档。

然后，加载文档并使用Markdown文档加载器。为了更好地复用，可以将相关功能封装成一个PreLearner类：

```
    class PreLearner(object):
        def __init__(self, embedding_name='', vectorstore_name='', llm_name=''):
            self.embedding_name = embedding_name
            self.vectorstore_name = vectorstore_name
            self.llm_name = llm_name

        def load_data(self, source_path):
            # 加载指定文件夹下的特定文件
            loader = DirectoryLoader(source_path, glob="**/*.md",
loader_cls=UnstructuredMarkdownLoader)
            # 加载文档
            documents = loader.load()
            return documents

        def split_data(self, documents):
            # 初始化MarkdownTextSplitter实例，设置分割参数
            markdown_splitter = MarkdownTextSplitter(chunk_size=1000,
chunk_overlap=0)
            # 分割文档
            split_documents = markdown_splitter.split_documents(documents)
            return split_documents
```

```
    def embedding_documents(self, documents):
        if self.embedding_name == '':
            self.embedding_name = 'OpenAI'

        match self.embedding_name:
            case 'OpenAI':
                # 创建OpenAI词嵌入模型实例
                embeddings = OpenAIEmbeddings(
                    openai_api_key=api_key,
                    openai_api_base=base_url
                )
                # 创建FAISS向量存储
                vectorstore = self.create_vectorstore(embeddings, documents)

                return vectorstore
            case _:
                raise TypeError("Unknown embedding name")

    def create_vectorstore(self, embeddings, documents):
        if self.vectorstore_name == '':
            self.vectorstore_name = 'FAISS'

        match self.vectorstore_name:
            case 'FAISS':
                # 创建FAISS向量存储
                vectorstore = FAISS.from_documents(
                    documents=documents,
                    embedding=embeddings
                )
                return vectorstore
            case _:
                raise TypeError("Unknown vectorstore name")

    def learn_data(self, folder_path):
        # 加载文档
        documents = self.load_data(folder_path)
        # 分割文档
        split_documents = self.split_data(documents)
        # 词嵌入处理
        vector_store = self.embedding_documents(split_documents)
```

Python 3.10版本引入了match…case语法，类似于其他编程语言的switch…case。使用该语法能够有效简化不同词嵌入模型和向量数据库的生成过程，减少烦琐的条件判断分支。

随后，使用RetrievalQA完成检索工作：

```
def qa_retrieve(query, vector_store):
    # 创建检索器
    retriever = vector_store.as_retriever(search_kwargs={"k": 5})
    api_key = os.getenv("OPENAI_API_KEY")
    base_url = os.getenv("OPENAI_URL")
    llm = OpenAI(api_key=api_key, base_url=base_url, temperature=0.9)
    # 初始化RetrievalQA
    qa_chain = RetrievalQA.from_chain_type(llm, retriever=retriever)
    # 执行检索
    result = qa_chain.invoke(query)
    # 打印答案
    print(result)
```

接下来，可以利用PreLearner类完成预学习，然后使用qa_retrieve方法来进行查询：

```
if __name__ == "__main__":
    load_dotenv()
    # 初始化一个Prelearn实例
    prelearn = PreLearner()
    # 创建vectorstore
    vector_store = prelearn.learn_data('./docs')

    # 查询
    qa_retrieve('How to define a class in python3?', vector_store)
```

运行整个relearn.py文件，可以得到如下的输出信息：

```
{'query': 'How to define a class in python3?', 'result': '\nThe syntax for defining a class in Python3 is:\n\n```python\nclass ClassName:\n    # Class attributes and methods go here\n    pass\n```\n\nYou can also inherit from a parent class by including the parent class name in parentheses after the class name:\n\n```python\nclass ChildClass(ParentClass):\n    # Class attributes and methods go here\n    pass\n```\n\nFor more information and examples of defining classes in Python3, you can refer to the official documentation: https://docs.python.org/3/tutorial/classes.html '}
```

可以看到，基于公司的代码实践文档，该LLM应用给出了有价值的回答，后续可进一步利用该系统完成代码审核工作。

7.5 介入合并冲突

发生代码冲突是团队协作开发中最常见的问题之一，一些经验不足的软件工程师往往会因合并冲突而陷入困境。实际上，可以利用AI介入合并冲突，引导开发者快速分析并作出选择。

实现代码冲突分析的方法有很多，笔者考虑将代码解析成AI更容易理解的表达形式，例如抽象语法树（AST）。通过比较不同分支代码的AST，可以识别代码差异并进一步分析。

下面是简化版的实现代码：

```
import ast

# 简化版的代码解析模块
def parse_code(filepath):
    with open(filepath, 'r') as f:
        code = f.read()
    try:
        tree = ast.parse(code)
        return tree
    except SyntaxError:
        return None  # 处理语法错误


# 简化版的差异分析模块，需要更复杂的算法来实现
def analyze_diff(tree1, tree2):
    diff = []
    # 以下仅为示例，实际情况远比这复杂
    if ast.dump(tree1) != ast.dump(tree2):
        diff.append("代码存在差异")
    return diff
```

在完成差异分析后，可以将差异内容交给LLM来实现冲突处理的决策，代码如下：

```
# 省略引入LangChain和OpenAI相关依赖库的代码
# 冲突描述生成
llm = OpenAI(temperature=0) # 使用OpenAI的语言模型
prompt_template = """
请根据以下代码差异生成一个清晰简洁的冲突描述：

{diff_description}
"""
prompt = PromptTemplate(template=prompt_template,
input_variables=["diff_description"])
```

```
    diff_description = "文件A的第10行添加了新的函数，而文件B的第10行修改了原有函数。"
    conflict_description = llm(prompt.format(diff_description=diff_description))
    print(f"冲突描述: {conflict_description}")


    # 冲突解决策略推荐
    prompt_template = """
    根据以下冲突描述和代码差异，有哪些可能的解决策略？请列出至少三种策略，并简要说明每种策略的优
缺点。

    冲突描述：{conflict_description}
    代码差异：{diff_details}
    """
    prompt = PromptTemplate(template=prompt_template,
input_variables=["conflict_description", "diff_details"])
    diff_details = "文件A: 新增函数; 文件B: 修改原有函数"
    strategies = llm(prompt.format(conflict_description=conflict_description,
diff_details=diff_details))
    print(f"策略建议: {strategies}")
```

将以上这段代码封装到一个名为generate_solution的方法中，以便调用。后续需要基于策略生成解决冲突的代码，具体实现会根据项目实际需求有所不同，这里只提供一个通用的思路，用户可以自行思考并实现。最后，展示如何调用以上定义的方法：

```
    fileA_path = "fileA.py"  # 分支A的代码文件
    fileB_path = "fileA.py"  # 分支B的代码文件

    tree_A = parse_code(fileA_path)
    tree_B = parse_code(fileB_path)

    diff = analyze_diff(tree_A, tree_B)
    conflicts = detect_conflict(diff)
    solutions = generate_solution(conflicts, tree_A, tree_B)

    print("差异分析结果:", diff)
    print("冲突检测结果:", conflicts)
    print("生成的解决方案:", solutions)
```

7.6 客户端侧实现 AI 审核

为了更无缝地集成AI代码审核功能，可以开发Git客户端的插件或扩展程序。但这需要深入了解Git客户端的API，所以考虑先利用Git的hook（钩子）函数来实现AI审核功能。

下面是一个Git的hook脚本，可以在Git的pre-commit阶段利用AI进行代码分析并进行代码审核：

```
import subprocess
import json
# 导入其他LLM工具库

def run_ai_code_review(diff):
    """
    将代码差异发送到LLM应用，并返回结果
    """
    # 将代码差异转换为工具可以接受的格式
    …

    # 发送代码差异到LLM应用
    try:
        response = ai_tool.analyze_code(diff)  # 分析代码差异
        return response
    except Exception as e:
        return {"error": str(e)}

def pre_commit_hook():
    """
    Git pre-commit 钩子函数
    """
    try:
        diff = subprocess.check_output(["git", "diff", "--cached"]).decode()
        review_result = run_ai_code_review(diff)

        if "error" in review_result:
            print(f"AI代码审核失败: {review_result['error']}")
            exit(1)  # 阻止提交

        # 处理AI代码分析结果，例如显示建议或阻止提交
        …

    except subprocess.CalledProcessError as e:
        print(f"获取代码差异失败: {e}")
        exit(1)


if __name__ == "__main__":
    pre_commit_hook()
```

在Git客户端一侧实现AI代码审核可以结合Git钩子机制与AI代码分析工具。然而，这是一项相对复杂的任务，需要具备一定的编程能力以及对Git和AI工具的深入理解。具体实施时，

需要根据实际需求和所选择的工具进行调整和优化。同时，开发者务必牢记妥善处理错误情况并确保安全问题得到解决。

对于长期使用该功能的开发者，可以进一步考虑优化AI：建立一个反馈机制，让开发人员对AI审核结果进行评价和反馈，以便不断改进审核的准确性和实用性。

7.7 Webhook 实现 AI 代码审核

使用Webhook实现AI代码审核的核心思路是：当开发者在代码仓库（如GitHub、GitLab）上进行特定的操作（比如提交Pull Request）时，系统会自动触发一个Webhook，将相关信息发送到开发者事先配置好的AI代码审核服务。这个服务会对收到的代码进行深入分析，然后将审核结果反馈给开发者。

要实现这个功能，开发者需要完成以下步骤：

（1）搭建一个AI代码审核服务：这个服务可以是一个独立的应用程序，也可以是集成到现有CI/CD流水线中的一个环节。例如，很多公司使用Jenkins作为CI/CD平台，那么可以考虑把AI审核加入PR的构建流程中。

（2）配置Webhook：在开发者的代码仓库中，找到Webhook设置，并配置它指向开发者搭建的AI代码审核服务的接收地址。

许多企业采用成熟的代码托管平台进行版本管理，国内团队常用Gitee，而国外企业更多选择GitHub。以A公司采用GitHub为例，开发者可在仓库设置的Webhooks页面中配置新的Webhook。

整个架构调用过程如图7-2所示。

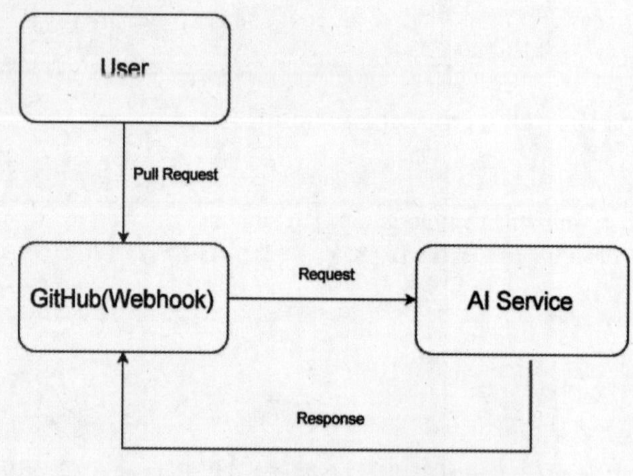

图 7-2 GitHub 和 AI 的调用过程

在GitHub的Webhook事件机制中，pull_request事件并非仅响应Pull Request的创建操作，而是一个覆盖PR全生命周期的复合事件，主要包含以下触发场景：

- Pull Request的创建：当一个新的Pull Request被创建时，会触发pull_request事件。
- Pull Request的更新：当Pull Request的内容（例如代码变更）被更新时，也会触发pull_request事件。
- Pull Request的关闭：当Pull Request被关闭（合并或取消）时，也会触发pull_request事件。

开发者可以根据实际需要，针对这3个关键事件来编写对应的Webhook脚本。其中，最重要的是前两个事件，它们是进行AI代码审核的最佳事件。

对于AI审核平台，依然选择强大的Flask来构建API，主要代码如下：

```
from flask import Flask, request, jsonify
import requests
import os
import json

app = Flask(__name__)

# 获取GitHub的secret
GITHUB_SECRET = os.environ.get("GITHUB_SECRET")

@app.route('/webhook', methods=['POST'])
def webhook():
    signature = request.headers.get('X-Hub-Signature-256')
    if not signature:
        return jsonify({"error": "Missing signature"}), 401

    # 验证授权
    if not verify_signature(signature, request.data, GITHUB_SECRET):
        return jsonify({"error": "Invalid signature"}), 401

    data = request.get_json()
    pull_request = data.get('pull_request')
    if not pull_request:
        return jsonify({"error": "Not a pull request event"}), 400

    # 获取代码变更信息（需要根据GitHub API调整）
    # 例如使用GitHub API获取diff信息

    try:
        # 调用你的AI代码分析模型
```

```
        analysis_result = analyze_code(diff_info) # analyze_code函数需要自行实现

        return jsonify({"status": "success", "analysis": analysis_result})

    except Exception as e:
        return jsonify({"error": str(e)}), 500

def verify_signature(signature, data, secret):
    """验证Webhook请求的签名"""

    # 省略验证签名的逻辑
    return True # 替换为实际的签名验证结果


def analyze_code(diff_info):
    """调用AI代码分析模型"""
    # 省略代码分析的实现逻辑
    return {"message": "代码分析结果"}


if __name__ == "__main__":
    app.run(debug=True)
```

对于Pull Request创建的事件触发审核的代码如下：

```
    if action == 'opened':  # 只处理PR创建事件
        pr_number = payload['number']
        pr_url = payload['pull_request']['html_url']
        repo_name = payload['repository']['full_name']
        # 获取代码变更信息（需要使用GitHub API）
        diff_info = get_diff_from_github(repo_name, pr_number) # 需要自行实现

        # 模拟AI代码审核
        analysis_result = perform_ai_code_review(diff_info) # 需要自行实现
```

然后，需要将AI审核的结果发送给GitHub，这需要利用GitHub的RESTful API，参考实现如下：

```
def post_comment_to_github(repo_name, pr_number, analysis_result):
    """将AI代码审核结果发送到GitHub Pull Request作为评论"""

    url =
f"https://api.github.com/repos/{repo_name}/issues/{pr_number}/comments"
    headers = {
```

```
        "Authorization": f"token {GITHUB_TOKEN}",
        "Accept": "application/vnd.github+json"
    }

    # 将分析结果转换为文本评论
    comment_body = format_analysis_result_as_comment(analysis_result)

    data = {
        "body": comment_body
    }

    try:
        response = requests.post(url, headers=headers, json=data)
        response.raise_for_status()  # 抛出异常
        print(f"Send to PR #{pr_number} successfully")
    except requests.exceptions.HTTPError as e:
        print(f"send comment to PR #{pr_number} failed: {e}")
        print(f"response: {response.text}")
    except requests.exceptions.RequestException as e:
        print(f"与GitHub API failed: {e}")
```

7.8　Pull Request 驳回和通过的处理

为了处理Pull Request的驳回和通过，开发者需要在之前代码的基础上进行扩展，根据AI分析结果的不同，生成不同的评论。以下是一个改进后的Python代码示例，它能够根据AI分析结果，在Pull Request被合并或关闭时生成相应的评论。

下面是包含主要实现的代码示例：

```
import os
import json
from pathlib import Path
import logging
from typing import Dict, Any
import requests

# 从环境变量获取GitHub Personal Access Token (PAT)
GITHUB_TOKEN = os.environ.get("GITHUB_TOKEN")
GITHUB_API_URL =
"https://api.github.com/repos/{repo_name}/issues/{pr_number}/comments"

logging.basicConfig(level=logging.INFO)
```

```
    logger = logging.getLogger(__name__)

    def post_comment_to_github(repo_name: str, pr_number: int, analysis_result:
Dict[str, Any], action: str) -> None:
        """将AI代码审核结果发送到GitHub Pull Request作为评论"""
        url = GITHUB_API_URL.format(repo_name=repo_name, pr_number=pr_number)
        headers = {
            "Authorization": f"token {GITHUB_TOKEN}",
            "Accept": "application/vnd.github+json"
        }

        # 根据action和analysis_result生成不同的评论
        comment_body = generate_comment(analysis_result, action)

        data = {
            "body": comment_body
        }

        with requests.post(url, headers=headers, json=data) as response:
            response.raise_for_status()
            logger.info(f"成功将评论发送到PR #{pr_number}")

    def generate_comment(analysis_result: Dict[str, Any], action: str) -> str:
        """根据AI分析结果和action生成不同的评论"""
        comment = "## AI 代码审核结果:\n\n"
        if action == "closed":  # PR被关闭（合并或驳回）
            if analysis_result.get("status") == "success":
                comment += "审核通过！ 代码质量良好。\n"
                if analysis_result.get("positive_feedback"):
                    comment += "正面评价:\n" +
"\n".join(analysis_result["positive_feedback"]) + "\n"
            else:
                comment += "审核未通过！ 请根据以下建议修改代码:\n"
                if analysis_result.get("suggestions"):
                    comment += "\n".join(analysis_result["suggestions"]) + "\n"
                if analysis_result.get("errors"):
                    comment += "\n发现以下错误:\n" + "\n".join(analysis_result["errors"])
+ "\n"
        elif action == "reopened":  # PR被重新打开
            comment += "Pull Request重新打开，AI代码审核将重新进行。"
        else:  # 其他情况
            comment += "AI代码审核正在进行中..."
```

```
    return comment
```

基本的逻辑已完成，下面是具体的使用案例：

```
repo_name = "path/to/repo" # 替换成真实项目路径
pr_number = 123

analysis_result_merged = {
    "status": "success",
    "positive_feedback": [
        "代码风格良好",
        "测试覆盖率高"
    ]
}

analysis_result_rejected = {
    "status": "failed",
    "suggestions": [
        "变量命名不够清晰",
        "存在潜在的内存泄露"
    ],
    "errors": [
        "第10行存在语法错误",
        "第25行存在逻辑错误"
    ]
}

post_comment_to_github(repo_name, pr_number, analysis_result_merged, "closed")
# post_comment_to_github(repo_name, pr_number, analysis_result_rejected,
"closed")
```

为了展示主要逻辑，这里的AI分析过程和结果都是模拟的。用户只需要把AI审核的方法替换成自己实现的LLM应用，然后将Webhooks的配置调整成对应状态发送不同的action即可。

7.9 生成代码质量报告

定期开展代码质量检查是保障软件工程质量的重要手段。随着代码库规模的持续增长，代码质量将直接影响团队的整体开发效率以及系统的稳定性与可维护性。借助人工智能技术自动生成代码质量报告，是一种具有广泛应用前景的技术方向。该方法可通过以下步骤实现：

（1）代码预处理：将目标代码文件加载到系统中，并进行必要的预处理。这包括去除可能影响分析的注释、统一代码格式等，以确保后续分析的准确性。

（2）代码静态分析：利用LangChain提供的强大工具或自定义函数，对预处理后的代码进行深入的静态分析。通过分析，可以提取出多种代码指标，如代码行数、圈复杂度以及符合各种编码规范的程度。为了提高分析的准确性和效率，可以充分利用现有的外部库，如pylint、flake8等。

（3）指标向量化：为了让计算机能够更好地理解和处理这些代码指标，将它们转换为数值向量。这种向量表示方式使得能够利用机器学习等技术进行更深入的语义分析。

（4）报告生成：借助OpenAI提供的先进语言模型（如text-davinci-003）来生成一份全面、专业的代码质量报告。通过精心设计提示词，可以引导模型生成结构清晰、内容丰富的报告，其中包含对代码质量的综合评估以及改进建议。

（5）结果输出：将生成的报告保存到指定的文件中，或者通过其他方式输出，以便于后续的查阅和使用。

以下是一个使用LangChain实现的AI生成代码质量报告的例子：

```
import os
from dotenv import load_dotenv
from langchain_openai import OpenAI
from langchain_core.prompts import PromptTemplate
import pylint.lint

load_dotenv()
api_key = os.getenv("OPENAI_API_KEY")
base_url = os.getenv("OPENAI_URL")
# 代码预处理，已进行简化
def preprocess_code(code: str) -> str:
    """去除代码注释"""
    lines = code.splitlines()
    cleaned_lines = [line for line in lines if not line.strip().startswith("#")]
    return "\n".join(cleaned_lines)

# 代码分析，已简化，使用pylint实现
def analyze_code(code: str) -> Dict:
    """使用pylint进行代码分析"""
    results = pylint.lint.Run(['-r', 'n', '-f', 'parseable', code],
do_exit=False)
    report = results.linter.reporter.reports[0]
    # 提取部分指标，已简化
    metrics = {
        "lines": report.stats['lines'],
        "errors": len(report.messages),
        "warnings": len([msg for msg in report.messages if msg.symbol == 'W'])
```

```
        }
        return metrics

    # 生成报告
    def generate_report(metrics: Dict) -> str:
        # 初始化OpenAI大模型对象，选择使用gpt-3.5-turbo-instruct模型
    llm = OpenAI(api_key=api_key, model_name="gpt-3.5-turbo-instruct",
temperature=0.9)

        prompt_template = """
        生成一份代码质量报告，基于以下指标：
        代码行数：{lines}
        错误数量：{errors}
        警告数量：{warnings}
        """
        prompt = PromptTemplate(
            input_variables=["lines", "errors", "warnings"],
            template=prompt_template
        )
        report = llm(prompt.format(lines=metrics["lines"], errors=metrics["errors"],
warnings=metrics["warnings"]))
        return report

    # 主函数
    def generate_code_quality_report(code_file_path: str) -> str:
        """生成代码质量报告"""
        with open(code_file_path, 'r') as f:
            code = f.read()
        cleaned_code = preprocess_code(code)
        metrics = analyze_code(cleaned_code)
        report = generate_report(metrics)
        return report
```

使用该方法十分简单：

```
    # 示例用法
    report = generate_code_quality_report("your_code_file.py") # 替换为真实的代码文件
路径
    print(report)
```

这只是一个基本的实现案例，不同的企业可能会有不同的代码质量标准和侧重点。

在实际应用中，为了构建一个更强大的代码质量分析系统，开发者需要进一步思考：

- 深入的代码预处理：对代码进行更细致的清理和规范化，以确保分析结果的准确性。
- 全面的代码指标：除了传统的代码指标外，还可以引入更高级的指标，如代码复杂度、可维护性等，以便更全面地评估代码质量。

- 复杂的提示词工程：设计更精巧的提示词，引导AI模型生成更具针对性、更深入的分析报告。
- 先进工具的集成：充分利用SonarQube等专业代码分析工具，结合LangChain的链式调用，构建一个高效、灵活的分析流程。
- 异常处理机制：设计完善的异常处理机制，例如文件不存在、API调用失败等，确保系统在各种情况下都能稳定运行。

7.10 集成SonarQube

SonarQube是一个功能强大的开源代码质量管理平台。它致力于持续监控代码的质量与安全性，助力开发者打造更清洁、更安全的代码。该平台通过执行静态代码分析，能够精准识别代码中的错误、安全漏洞、代码异味以及违反编码规范的问题。SonarQube的兼容性广泛，支持超过25种编程语言，涵盖Java、C#、JavaScript、TypeScript、C/C++、Python、COBOL等多种语言，使其成为多语言项目代码质量管理的理想选择。

让LangChain与SonarQube集成，可以更好地完成代码质量检测工作。

以下是SonarQube的一些主要功能和优势：

- 代码质量评估：SonarQube通过静态代码分析来衡量代码的质量，提供关于代码复杂度、重复代码、潜在的Bug、代码异味等指标。
- 多语言支持：支持多种编程语言，包括但不限于Java、C#、JavaScript、TypeScript、C/C++、Python和COBOL，使得它能够适应不同技术栈的开发需求。
- 实时代码分析：集成到CI/CD流程中，可以在代码提交时自动执行代码质量检查，及时发现问题。
- 历史趋势分析：通过历史数据追踪代码质量的变化趋势，帮助开发团队了解代码质量的演进情况。
- 规则和标准遵从性：支持自定义规则和集成行业标准，如MISRA、CWE、OWASP等，确保代码符合特定的编码标准。
- 代码覆盖率：集成单元测试结果，为开发者提供代码覆盖率报告，帮助识别未被测试覆盖的代码区域。
- 安全漏洞检测：识别代码中的安全漏洞，帮助团队在早期阶段修复这些问题，减少安全风险。
- 代码异味和复杂度分析：检测代码异味，如重复代码、复杂函数等，提供代码重构的建议。
- 项目级别和文件级别报告：提供项目级别和文件级别的详细报告，帮助开发者快速定位问题。

- 集成和扩展性：可以与流行的开发工具和平台（如Jenkins、GitLab、Bitbucket等）集成，支持插件扩展，以适应特定的需求。
- 用户友好的仪表板：提供直观的Web界面，展示关键指标和分析结果，使得非技术用户也能轻松理解代码质量状态。
- 开源和商业版：提供开源版本供免费使用，同时也提供商业版本，包含额外的企业级功能和支持。对不同需求和规模的公司都能有所支持。

SonarQube分为3种产品：

（1）SonarQube Server：这是一种设计用于检测编程问题的内部分析工具，提供了客户端工具（Client）。它适用于企业内部部署，支持定制化和扩展性，适合大规模代码库的持续集成和持续交付流程。

（2）SonarQube Cloud：这是一种软件即服务（Software-as-a-Service，SaaS）代码分析工具，旨在快速检测代码问题并完成代码审核。它提供了便捷的云服务，支持多种编程语言，适合中小规模项目和快速迭代的开发团队。

（3）SonarQube IDE：准确来说是 SonarLint，这是一款强大的插件，支持多种主流 IDE（如 IntelliJ IDEA、Eclipse、Visual Studio Code等）。它可以在开发者编写代码时实时提供反馈，帮助快速修复问题，从而提高代码质量和开发效率。

重点介绍一下SonarQube，我们需要从SonarQube的官方网站下载SonarQube Server源代码，如图7-3所示。

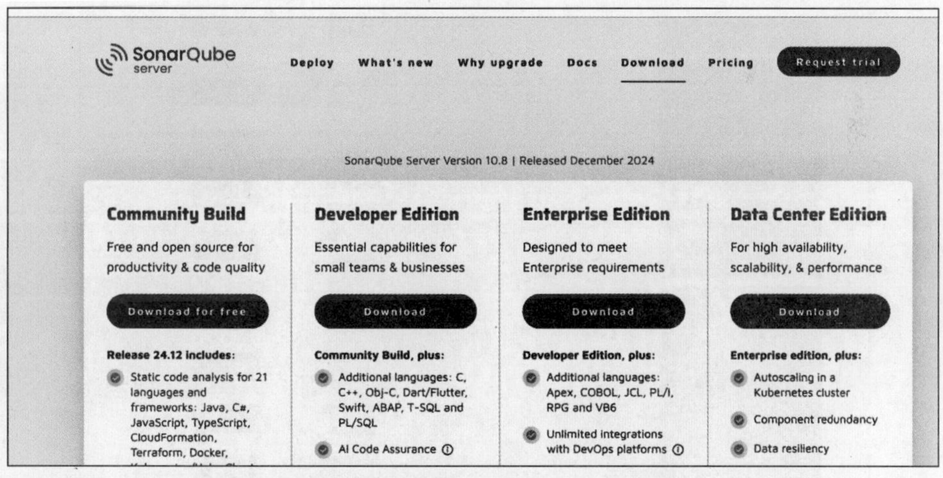

图 7-3　SonarQube Server 的下载页面

SonarQube提供了4种不同版本：

（1）社区版本（Community Build）：这是免费且开源的社区版本，提供最基本的功能。它支持21种语言和框架的静态代码分析，包括Java、C#、JavaScript、TypeScript、CloudFormation、Terraform、Docker、Kubernetes/Helm Charts、Kotlin、Ruby、Go、Scala、Flex、Python、PHP、HTML、CSS、XML、VB、NET、Ansible和Azure资源管理器。

（2）开发者版本（Developer Edition）：专门提供给小型团队和企业使用。除了社区版本支持的编程语言之外，还额外支持其他语言，如C、C++、Object-C、Dart/Flutter、Swift、ABAP、T-SQL和PL/SQL。

（3）企业版（Enterprise Edition）：此版本专为满足企业需求而设计。可以与DevOps平台无缝集成，支持的平台有GitHub、GitLab、BitBucket以及Azure DevOps。此外，它还提供更多高级特性，例如支持并行处理分析报告。

（4）数据中心版本（Data Center Edition）：除了包含企业版所有功能外，还提供Kubernetes集群中的自动扩展，支持冗余组件、数据复原、水平可伸缩性，甚至能做到在极端负载下的高性能响应。

总体而言，对于学术研究或个人小规模非商业性使用，社区版是一个合适的选择。然而，对于那些对性能和技术支持有更高要求的企业级用户，我们推荐直接采用企业版或数据中心版，它们不仅功能更为强大，还提供一流的技术支持服务。本章将使用社区版来展示如何与LangChain进行集成。

为了顺利运行SonarQube Server的源代码版本，我们需要确保系统中已安装Java 17。如果计算机尚未安装Java 17，建议访问Adoptium官方网站下载Java JDK，因为该网站提供的是Java SE的开源版本及其OpenJDK版本。请参考图7-4选择合适的JDK安装包。

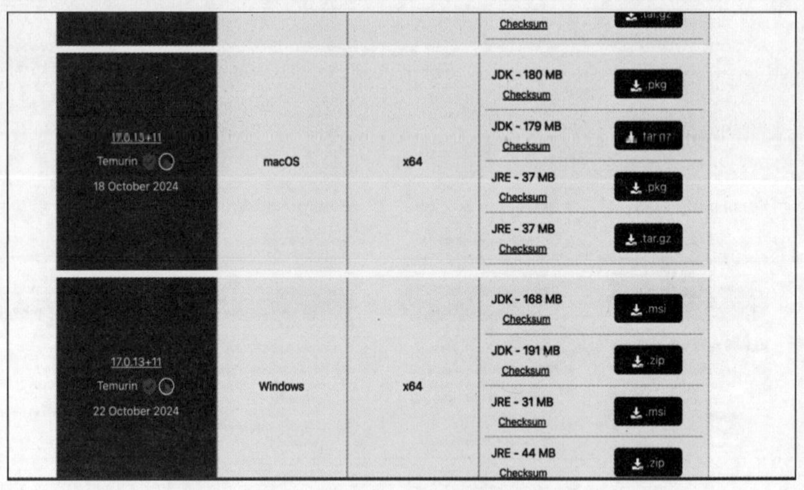

图7-4　Java SDK下载页面

读者需根据自己的操作系统，下载并安装对应版本的JDK源码包或安装包。以macOS系统为例，选择下载.pkg后缀的安装包。

双击安装包完成安装，然后在终端运行如下命令：

```
java --version
```

若看到如下输出结果，说明Java已安装成功了：

```
openjdk 17.0.13 2024-10-15
OpenJDK Runtime Environment Temurin-17.0.13+11 (build 17.0.13+11)
OpenJDK 64-Bit Server VM Temurin-17.0.13+11 (build 17.0.13+11, mixed mode)
```

接下来，可以开始安装和启动SonarQube Server。解压下载好的SonarQube Server源码包，笔者把它解压到了home目录并重命名为sonarqube-server。

然后，运行如下命令来启动SonarQube Server：

```
/Users/uu/sonarqube-server/bin/macosx-universal-64/sonar.sh console
```

这时可以看到在终端产生了大量日志：

```
2024.12.17 22:04:58 WARN  ce[][o.s.db.dialect.H2] H2 database should be used for evaluation purpose only.
2024.12.17 22:05:00 INFO  ce[][o.s.s.p.ServerFileSystemImpl] SonarQube home: /Users/ubuntumeta/sonarqube-server
2024.12.17 22:05:00 INFO  ce[][o.s.c.c.CePluginRepository] Load plugins
2024.12.17 22:05:02 INFO  ce[][o.s.c.c.ComputeEngineContainerImpl] Running Community edition
2024.12.17 22:05:02 INFO  ce[][o.s.ce.app.CeServer] Compute Engine is started
2024.12.17 22:05:02 INFO  app[][o.s.a.SchedulerImpl] Process[ce] is up
2024.12.17 22:05:02 INFO  app[][o.s.a.SchedulerImpl] SonarQube is operational
```

在浏览器中访问http://localhost:9000，可以看到SonarQube管理后台的登录界面，如图7-5所示。

图 7-5　SonarQube 登录界面

首次登录时，默认的账号和密码均为admin。登录后，系统会自动跳转到修改密码的页面，要求用户修改密码。完成密码修改后，用户可以使用新的密码重新登录。登录成功后，系统将跳转到如图7-6所示的页面，在此页面可以选择创建第一个被SonarQube检测的项目。

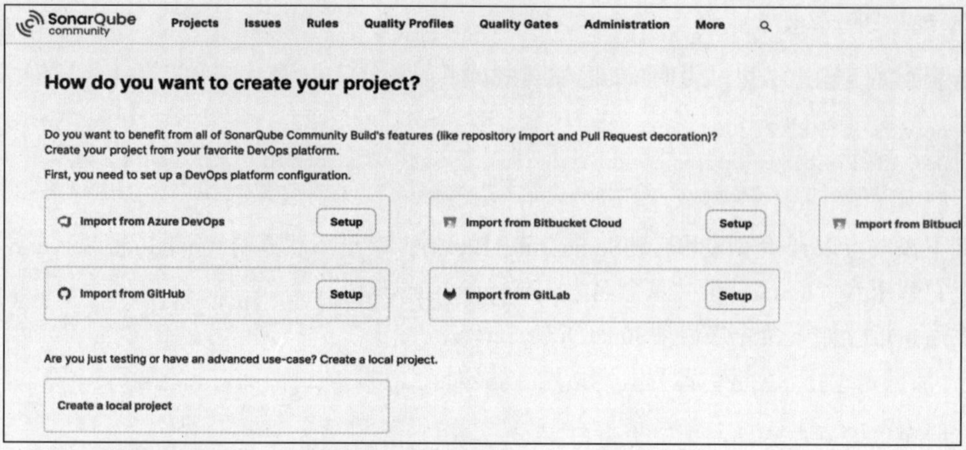

图 7-6　SonarQube 创建项目页面

从这个页面可以看到多种创建项目的方式。我们选择创建一个本地项目，这意味着被检测的项目在本地（方便后续演示）。笔者在计算机上有一个关于机器学习的项目sk-learning，于是为该项目创建一个SonarQube项目。

（1）设置Project Key，这里设置为sk-learning，与项目同名。

（2）为该项目生成token，用于SonarQube Scanner扫描分析项目代码。

（3）根据操作系统下载和解压相应的SonarQube Scanner源码包，将bin目录添加到环境变量中。

（4）创建项目配置文件。在sk-learning项目的根目录下创建名为sonar-project.properties的配置文件，内容如下：

```
# 设置项目名，必须唯一
sonar.projectKey=sk-learning

# --- 额外配置 ---
# 默认和projectKey一样
#sonar.projectName=sk-learning
# 默认设置为'not provided'(即不提供)
#sonar.projectVersion=1.0

# 路径相对sonar-project.propeties而言，默认是"."
#sonar.sources=.
```

```
# 设置源代码的字符编码方式，默认使用系统编码
#sonar.sourceEncoding=UTF-8
```

（5）在终端执行以下命令来运行SonarQube分析：

```
sonar-scanner \
  -Dsonar.projectKey=sk-learning \
  -Dsonar.sources=. \
  -Dsonar.host.url=http://localhost:9000 \
  -Dsonar.token=TOKENXXXXX
```

对上述命令逐行解释如下：

- sonar-scanner：这是命令的主体，表示要运行SonarScanner工具。SonarScanner是SonarQube的官方扫描器，用于分析代码质量。
- -Dsonar.projectKey=sk-learning: 此参数定义了项目的唯一标识符（key）。在SonarQube平台中，每个项目都必须拥有一个独一无二的键值，以便进行识别和有效管理。在此案例中，项目标识符被指定为sk-learning。
- -Dsonar.sources=.: 这个参数指定了要分析的源代码目录。“.”表示当前目录，意味着SonarScanner将分析当前目录下的所有源代码文件。
- -Dsonar.host.url=http://localhost:9000: 设置SonarQube服务器地址。

上述命令运行之后会产生大量日志，如下所示：

```
    22:22:24.442 INFO  No report imported, no coverage information will be imported
by JaCoCo XML Report Importer
    22:22:24.443 INFO  Sensor JaCoCo XML Report Importer [jacoco] (done) | time=4ms
    22:22:24.443 INFO  Sensor Java Config Sensor [iac]
    22:22:24.469 INFO  0 source files to be analyzed
    22:22:24.477 INFO  0/0 source files have been analyzed
    22:22:24.479 INFO  Sensor Java Config Sensor [iac] (done) | time=33ms
    22:22:24.479 INFO  Sensor Python Sensor [python]
    22:22:24.480 WARN  Your code is analyzed as compatible with all Python 3 versions
by default. You can get a more precise analysis by setting the exact Python version
in your configuration via the parameter "sonar.python.version"
    22:22:24.495 INFO  Starting global symbols computation
    22:22:24.495 INFO  20 source files to be analyzed
    22:22:25.765 INFO  20/20 source files have been analyzed
    22:22:25.844 INFO  Starting rules execution
    22:22:25.844 INFO  20 source files to be analyzed
    22:22:27.076 INFO  20/20 source files have been analyzed
    22:22:27.077 INFO  The Python analyzer was able to leverage cached data from
previous analyses for 0 out of 20 files. These files were not parsed.
    22:22:27.077 INFO  Sensor Python Sensor [python] (done) | time=2601ms
    22:22:27.077 INFO  Sensor Cobertura Sensor for Python coverage [python]
    22:22:27.089 INFO  Sensor Cobertura Sensor for Python coverage [python] (done)
| time=13ms
```

```
    22:22:27.091 INFO  Sensor PythonXUnitSensor [python]
    22:22:27.097 INFO  Sensor PythonXUnitSensor [python] (done) | time=8ms
    22:22:27.097 INFO  Sensor IaC Docker Sensor [iac]
    22:22:27.184 INFO  0 source files to be analyzed
    22:22:27.185 INFO  0/0 source files have been analyzed
    22:22:27.185 INFO  Sensor IaC Docker Sensor [iac] (done) | time=86ms
    22:22:27.185 INFO  Sensor TextAndSecretsSensor [text]
    22:22:27.185 INFO  Available processors: 11
    22:22:27.185 INFO  Using 11 threads for analysis.
    22:22:27.538 INFO  The property "sonar.tests" is not set. To improve the analysis
accuracy, we categorize a file as a test file if any of the following is true:
      * The filename starts with "test"
      * The filename contains "test." or "tests."
      * Any directory in the file path is named: "doc", "docs", "test" or "tests"
      * Any directory in the file path has a name ending in "test" or "tests"

    22:22:27.611 INFO  Using git CLI to retrieve untracked files
    22:22:27.666 INFO  Analyzing language associated files and files included via
"sonar.text.inclusions" that are tracked by git
    22:22:27.761 INFO  20 source files to be analyzed
    22:22:27.971 INFO  20/20 source files have been analyzed
    22:22:27.975 INFO  Sensor TextAndSecretsSensor [text] (done) | time=790ms
    22:22:28.000 INFO  ------------- Run sensors on project
    22:22:28.140 INFO  Sensor Zero Coverage Sensor
    22:22:28.158 INFO  Sensor Zero Coverage Sensor (done) | time=18ms
    22:22:28.161 INFO  SCM Publisher SCM provider for this project is: git
    22:22:28.163 INFO  SCM Publisher 20 source files to be analyzed
    22:22:28.627 INFO  SCM Publisher 20/20 source files have been analyzed (done) |
time=462ms
    22:22:28.632 INFO  CPD Executor 7 files had no CPD blocks
    22:22:28.633 INFO  CPD Executor Calculating CPD for 13 files
    22:22:28.640 INFO  CPD Executor CPD calculation finished (done) | time=8ms
    22:22:28.651 INFO  SCM revision ID '66ea355aed80d25e6a0e72555a7c5249484268fc'
    22:22:28.771 INFO  Analysis report generated in 118ms, dir size=267.0 kB
    22:22:28.828 INFO  Analysis report compressed in 55ms, zip size=76.5 kB
    22:22:28.911 INFO  Analysis report uploaded in 76ms
    22:22:28.918 INFO  ANALYSIS SUCCESSFUL, you can find the results at:
http://localhost:9000/dashboard?id=sk-learning
    22:22:28.918 INFO  Note that you will be able to access the updated dashboard once
the server has processed the submitted analysis report
    22:22:28.919 INFO  More about the report processing at
http://localhost:9000/api/ce/task?id=f235d67e-2a93-44c7-a206-13bebdccb43b
    22:22:28.959 INFO  Analysis total time: 13.853 s
    22:22:28.963 INFO  SonarScanner Engine completed successfully
    22:22:29.003 INFO  EXECUTION SUCCESS
    22:22:29.006 INFO  Total time: 23.899s
```

这段日志显示SonarQube Scanner使用了Python分析器对sk-learning项目进行分析，并将分析报告生成到SonarQube后台。在如图7-7所示的页面中，可以看到分析结果的可视化报告。

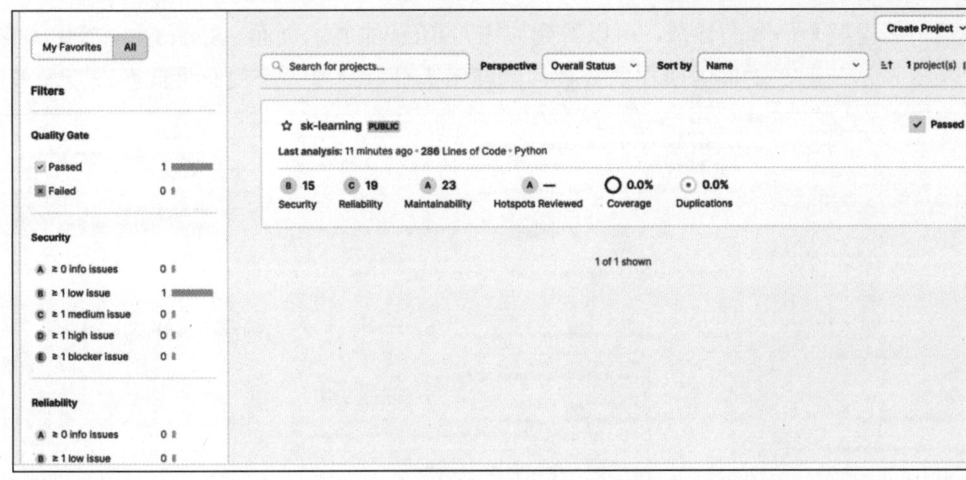

图 7-7　分析报告列表页面

可以看出，SonarQube通过以下几个指标总结了可能存在的问题：

（1）安全性（Security）：指出代码中可能存在安全风险的地方，可能是代码实现本身或使用的库存在漏洞。

（2）可靠性（Reliability）：该指标用于衡量代码中的缺陷和错误的数量，主要关注代码的稳定性和功能的正确性。

（3）可维护性（Maintainability）：该指标用于评估代码的易读性、可理解性和可修改性。它反映了代码在未来进行修改、扩展和维护时的难易程度。

用户可单击相应指标所显示的数值，以查看详细信息。例如，单击Security指标将展示如图7-8所示的安全问题列表。

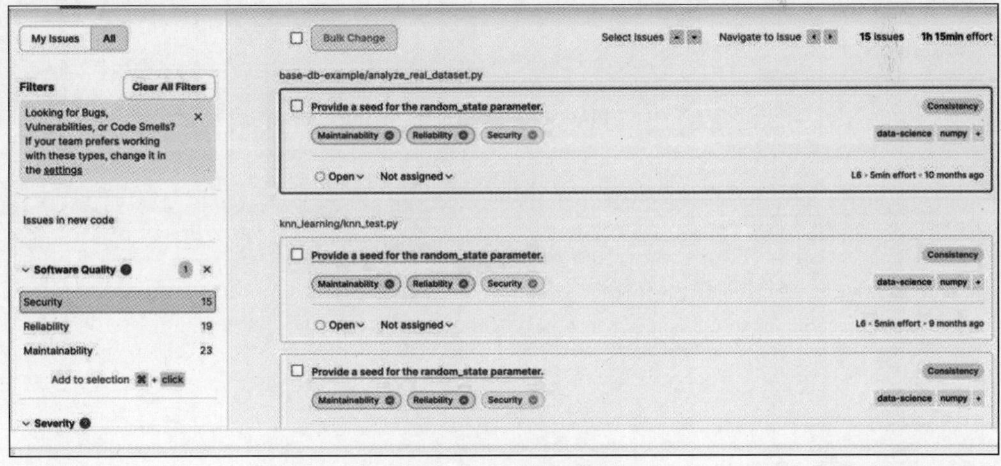

图 7-8　安全性问题列表

然后，单击某个问题的详情，可以看到如图7-9所示的展示页面。SonarQube提供了详尽的解释，指出了该问题在文件中所在的行数，解释了为什么这是一个安全性问题以及如何解决。

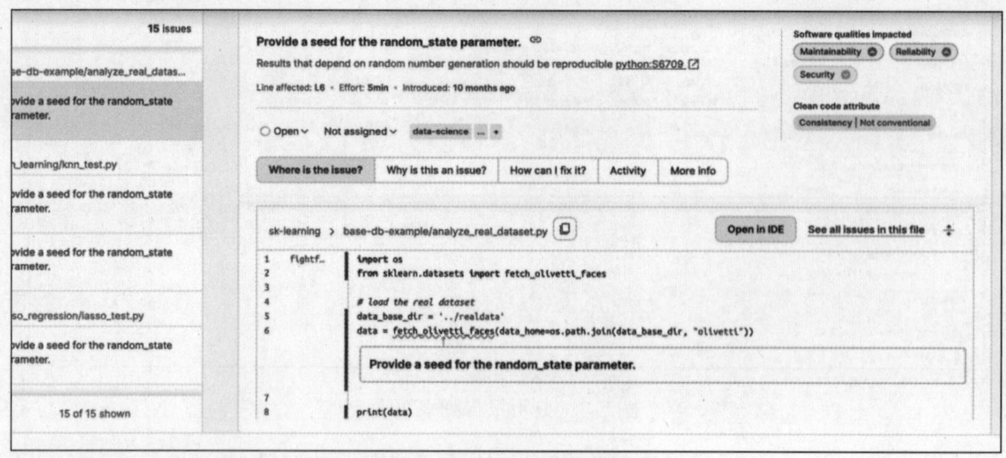

图7-9　安全性问题详情结果

其他类型的指标也有类似的功能和详情页面，读者可自行探索和学习，这里不再赘述。以下是一个集成SonarQube代码检查的示例：

```
import requests
import time
from langchain.chains import LLMChain, SequentialChain
import os
from dotenv import load_dotenv
from langchain.prompts import PromptTemplate

# 加载环境变量
load_dotenv()
# 加载SonarQube配置
sonarqube_url = os.getenv("SONARQUBE_URL") # SonarQube的服务地址
# 设置SonarQube的项目key
sonarqube_project_key = os.getenv("SONARQUBE_PROJECT_KEY")
# 设置SonarQube的token
sonarqube_token = os.getenv("SONARQUBE_TOKEN")
# 设置SonarQube要扫描的源代码路径
sonarqube_project_path = os.getenv("SONARQUBE_PROJECT_PATH")


# 定义SonarQube分析步骤
def sonar_analysis():
    # 触发SonarQube分析
```

```
    response = requests.post(
        f"{sonarqube_url}/api/alm/sonar-scanner",
        auth=(sonarqube_token, ''),
        data={
            "projectKey": sonarqube_project_key,
            "sources": sonarqube_project_path  # 指定要扫描的源代码路径
        }
    )
    if response.status_code == 200:
        # 当HTTP返回值为200时，说明请求成功
        print("SonarQube分析已成功触发。")
        return True
    else:
        print(f"分析触发失败：{response.text}")
        return False


# 获取SonarQube分析结果
def get_analysis_results():
    time.sleep(10)  # 等待分析完成，具体时间根据项目大小调整
    response = requests.get(
        f"{sonarqube_url}/api/measures/component",
        params={
            "component": sonarqube_project_key,
            "metricKeys": "ncloc,code_smells,complexity"  # 需要获取的指标
        },
        auth=(sonarqube_token, '')
    )
    if response.status_code == 200:
        # 返回分析结果，以JSON格式返回
        return response.json()
    else:
        print(f"获取分析结果失败：{response.text}")
        return None


# 定义处理分析结果的LLMChain
def process_analysis_results(results):
    prompt = PromptTemplate(
        input_variables=["results"],
        template="根据以下SonarQube分析结果生成一份代码质量报告：{results}"
    )
```

```
        llm_chain = LLMChain(prompt=prompt)
        report = llm_chain.run({"results": results})
        return report


# 定义LangChain分析流程
class CodeAnalysisChain(SequentialChain):
    def __init__(self):
        super().__init__()
        # 添加步骤
        self.add_step(sonar_analysis)

    def run(self):
        print("开始代码分析流程...")
        analysis_success = self.steps[0]()  # 运行SonarQube分析步骤
        if analysis_success:
            # 获取真实的分析结果
            results = get_analysis_results()
            if results:
                report = process_analysis_results(results)
                print("生成的分析报告：")
                # 打印报告结果
                print(report)
        print("代码分析流程完成。")


if __name__ == "__main__":
    # 创建并运行分析链
    analysis_chain = CodeAnalysisChain()
    analysis_chain.run()
```

在以上代码中，我们利用SonarQube的API完成了代码扫描并获取了扫描结果。通过get_analysis_results函数获取分析结果。该函数在分析完成后调用，并使用time.sleep等待分析完成。然后，在run方法中调用get_analysis_results函数获取实际分析结果，并将其传递给process_analysis_results函数生成报告。

尽管如此，这个版本的代码仍有一些可改进之处：

（1）错误处理：强化了错误处理机制，通过引入异常处理来精准“捕获”请求失败的各类情况。这样的改进不仅有助于确保系统的稳定性，还能为用户提供更加详尽的错误信息，便于快速定位问题并采取相应的解决措施。

（2）增加日志记录：采用日志库（例如logging）来记录分析过程中的关键信息，而不是依赖于print函数。这种方法使我们可以更有效地管理输出内容和调试信息，提高信息的可追踪性和可维护性，同时使得问题诊断更加便捷。

（3）结果解析：对获取的分析结果进行深入解析和精细格式化，旨在生成一份更加易于阅读和理解的报告。

（4）轮询等待结果：引入轮询机制来动态监控SonarQube分析进度，摒弃了传统的固定等待时间的方式，确保在分析完成后立即获取结果。这种灵活的轮询策略不仅提高了响应效率，还优化了资源使用，确保在分析结果准备就绪时能够第一时间获得通知。

对于第4点轮询等待结果，可以用如下代码来实现：

```
def get_analysis_results():
        while True:
            response = requests.get(
                f"{sonarqube_url}/api/measures/component",
                params={
                    "component": sonarqube_project_key,
                    "metricKeys": "ncloc,code_smells,complexity"
                },
                auth=(self.token, '')
            )
            response.raise_for_status()
            results = response.json()
            if results['component']['measures']:
                return results
            logging.info("分析尚未完成，等待中...")
            time.sleep(5)  # 每5秒检查一次
```

第 8 章

8

LangSmith实战

本章将介绍如何使用LangSmith来完成LLM应用的性能监控和调优。从概念出发，讲解LangSmith的核心功能模块，并逐一展示多种方式对LLM应用性能进行评估，帮助实现有针对性的优化。

8.1 什么是 LangSmith

通过前面的章节，读者已经对LangChain框架有了一定的实践经验。然而，随着LLM应用运行时间的增长，用户规模的增加以及业务逻辑的复杂化，可能会出现一些性能问题。这时，可以使用LangSmith来对LLM应用进行性能调优。

LangSmith是LangChain生态系统中的重要组成部分，它是一个用于构建、测试和监控大语言模型（LLM）应用程序的平台。LangSmith并非LangChain的直接组成部分，而是与其紧密集成，提供了一种跟踪、评估和改进LLM应用的方法。

最新的文档显示，LangSmith已经能够独立于LangChain运作。即使LLM应用未使用LangChain开发，仍然可以使用LangSmith。

8.1.1 LangSmith 的基本概念

LangSmith作为一个强大的工具，可以帮助开发者更好地理解和管理LLM应用程序，主要功能包括：

- 详细追踪：记录每个LLM调用的输入、输出和执行时间等信息，便于开发者调试和分析问题。可以通过LangChain的traceable装饰器或LangSmith的SDK将LLM调用集成到追踪系统中。

- 全面评估：提供多种评估指标，帮助开发者量化LLM的性能，支持使用自定义评估器和预置评估器（如准确性、相关性等）。
- 数据集构建：自动从追踪数据中创建数据集，用于进一步的模型训练和优化。
- 团队协作：支持团队成员共享和讨论追踪结果，提高工作效率。
- 实时监控：持续监控LLM应用程序的运行状态，及时发现并解决问题。

简而言之，LangSmith为LLM应用的整个生命周期提供全面支持，包括开发、部署和监控，帮助开发者构建更可靠、高效的LLM应用程序。它与LangChain的集成简化了跟踪和评估的过程，但LangSmith本身是一个独立平台，可与多种LLM和框架兼容使用。

8.1.2 LangSmith 的核心功能模块

LangSmith的核心功能围绕大语言模型（LLM）应用的开发、测试和监控，旨在帮助开发者构建更可靠、高效的LLM应用。其主要功能可概括为以下几个方面：

- 追踪（Tracing）：这是LangSmith的基础和核心功能，能够详细记录LLM应用运行中的每一个步骤，包括输入、输出、中间过程、模型调用参数和执行时间等。这些信息以“链式追踪”的形式呈现，方便开发者理解应用的执行流程，快速定位问题。追踪功能支持多种编程语言和框架，便于与现有项目集成。
- 评估（Evaluation）：LangSmith提供强大的评估功能，让开发者定义多种评估指标以衡量LLM应用的性能。这些指标可以是预定义的（如准确率、相关性），也可以根据特定需求自定义。LangSmith会自动根据追踪数据进行评估，并生成直观报告，帮助开发者识别应用的优缺点。
- 数据集构建（Dataset Construction）：基于追踪数据，LangSmith可以轻松创建数据集，包括成功案例、失败案例以及各种边缘情况的输入输出对。这些数据集可用于后续的模型微调、提示词改进或进一步评估。
- 比较视图（Comparison View）：LangSmith允许开发者比较不同版本LLM应用的性能。通过比较视图，开发者可以直观地看到不同版本在相同数据集上的表现差异，从而更好地评估改进效果，快速识别回归问题。
- 反馈收集（Feedback Collection）：LangSmith支持收集用户反馈，将用户对LLM应用输出的评价与具体追踪数据关联。这有助于开发者了解用户体验，并根据反馈进行改进。
- 监控（Monitoring）：对于部署在生产环境的LLM应用，LangSmith提供实时监控功能，跟踪应用的性能指标，如延迟、成本和错误率。这有助于开发者及时发现并解决问题，确保应用稳定运行。
- 自动化（Automation）：LangSmith允许开发者设置自动化流程，例如自动评估追踪数据，或将特定类型的追踪数据自动添加到数据集中，可提高开发效率，减少人工操作。

下面开始编写第一个LangSmith的案例，首先需要安装LangSmith：

```
pip install -U langsmith
```

然后，在LangSmith官方创建一个API key（即LangChain API key）。API key列表页面如图8-1所示。单击Create API Key即可创建新的API key。

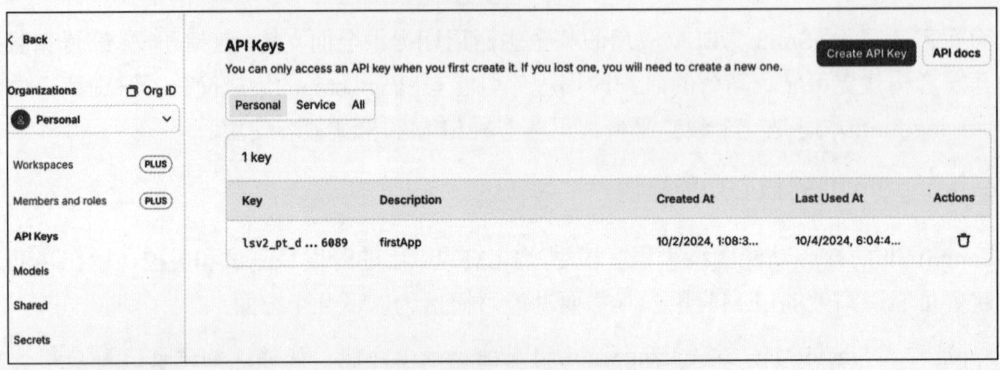

图 8-1　API key 列表页面

单击后，出现如图8-2所示的界面，Key Type选择Personal Access Token即可，用于个人授权。

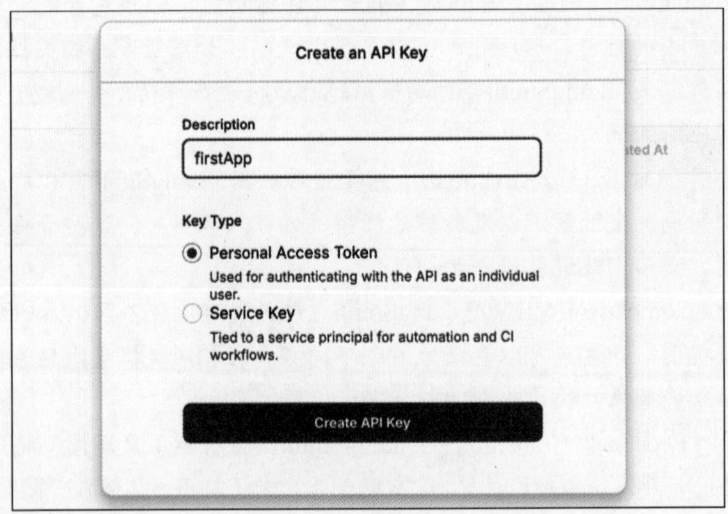

图 8-2　选择 Key Type

请妥善保存创建后的API key值，以便后续使用。

LangSmith针对个人开发者提供了一定的免费额度，如图8-3所示。免费套餐包含每月5000

次追踪调用。对于企业级用户，推荐使用Plus套餐或Startup套餐，这些套餐提供更丰富的功能和更高的调用额度。

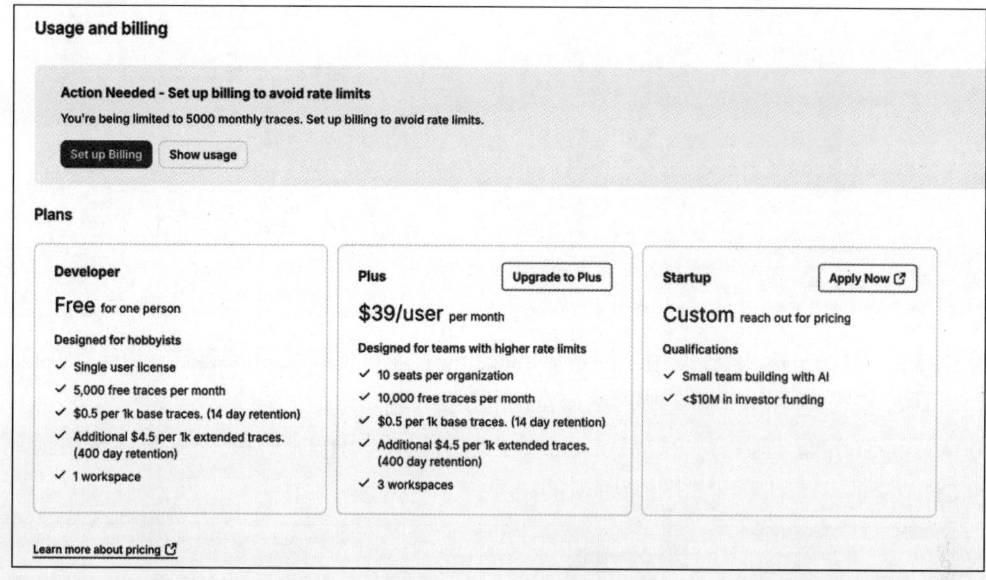

图 8-3　LangSmith 额度计划

创建一个.env文件，设置LangChain API key和OpenAI相关配置，内容如下：

```
LANGCHAIN_TRACING_V2=true
LANGCHAIN_API_KEY=lsv2_xxxxxx
OPENAI_API_KEY=sk-xxxxxxxxx
OPENAI_URL=https://api.xiaoai.plus/v1
```

官方文档中提供了一个非常直观的例子来展示LangSmith如何追踪OpenAI，由于使用的是代理API，这里稍作改写：

```
import openai
from langsmith.wrappers import wrap_openai
from langsmith import traceable
from dotenv import load_dotenv
import os

# 加载环境变量
load_dotenv()
api_key = os.getenv("OPENAI_API_KEY")
base_url = os.getenv("OPENAI_URL")
# 在上下文中自动跟踪LLM的请求
client = wrap_openai(openai.Client(api_key=api_key, base_url=base_url))
```

```
@traceable # 自动追踪这个方法
def pipeline(user_input: str):
    result = client.chat.completions.create(
        messages=[{"role": "user", "content": user_input}],
        model="gpt-3.5-turbo"
    )
    return result.choices[0].message.content


result = pipeline("全世界面积最大的城市是哪个？")
print(result)
```

在上述这段代码中，笔者使用了注解@traceable来自动跟踪pipeline方法，当执行完OpenAI模型请求后，整个调用过程都会被传给LangSmith服务端。

进入LangSmith管理后台，选择Personal，再选择刚才创建的项目，即可查看调用记录。进入TRACE详情页，可以看到如图8-4所示的结果。

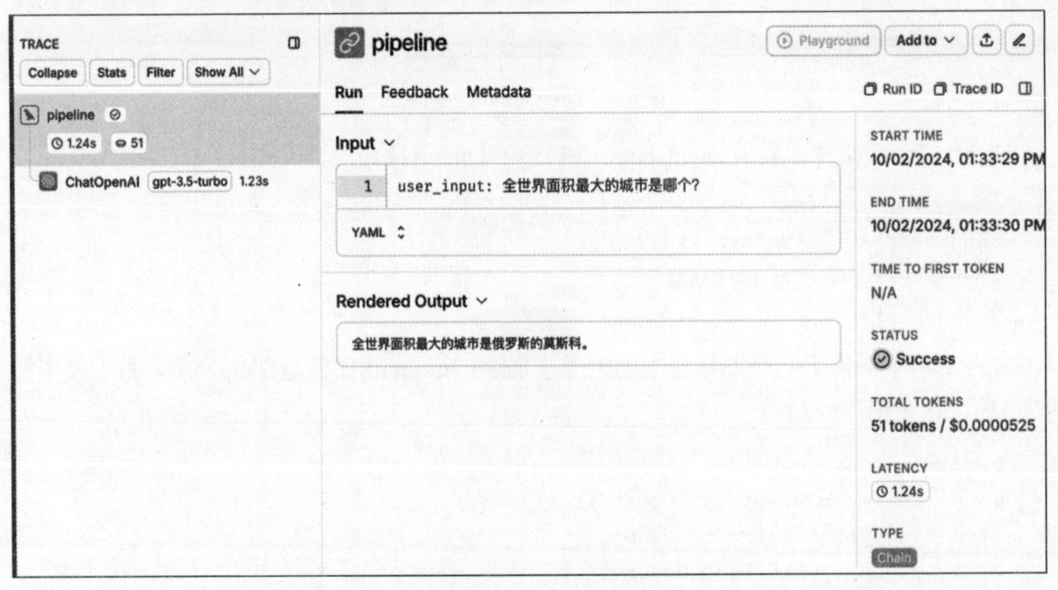

图8-4　TRACE详情页

除了使用LangSmith对OpenAI的封装类（Wrapper）外，开发者还可以通过RunTree对象实现相同的功能：

```
# 初始化RunTree实例
rt = RunTree(
    run_type="llm",
```

```
        name="OpenAI Call RunTree",
        inputs={"messages": messages},
        project_name="My Project"
    )
    chat_completion = client.chat.completions.create(
        model="gpt-3.5-turbo",
        messages=messages,
    )
    # 结束并提交这次运行
    rt.end(outputs=chat_completion)
    rt.postRun()
```

LangSmith提供了评价函数来对LLM应用的性能进行评估，以下是一个分析文本情绪的例子：

```
    from langsmith import Client
    from langsmith.evaluation import evaluate
    from langsmith.schemas import Example, Run

    client = Client()

    # 定义数据集：测试用例，包含更丰富的输入和预期输出
    dataset_name = "更复杂的数据集"
    dataset = client.create_dataset(dataset_name, description="一个更复杂的LangSmith
数据集示例。")

    examples = [
        {"text": "我喜欢苹果。", "sentiment": "positive"},
        {"text": "今天天气不好。", "sentiment": "negative"},
        {"text": "这部电影还可以。", "sentiment": "neutral"},
        {"text": "我感到非常高兴！", "sentiment": "positive"},
    ]

    client.create_examples(
        inputs=[example.copy() for example in examples],  # 深拷贝，避免修改原始数据
        outputs=[example for example in examples],
        dataset_id=dataset.id,
    )


    # 定义AI系统：一个简单的文本情感分析器
    def sentiment_analyzer(input_data):
        text = input_data["text"]
```

```
        if "高兴" in text or "喜欢" in text:
            return {"sentiment": "positive"}
        elif "不好" in text:
            return {"sentiment": "negative"}
        else:
            return {"sentiment": "neutral"}


    # 定义评估器：精确匹配、部分匹配和自定义评估器
    def exact_match(run: Run, example: Example):
        return {"score": run.outputs["sentiment"] == example.outputs["sentiment"],
"key": "exact_match"}


    def partial_match(run: Run, example: Example):
        predicted = run.outputs["sentiment"]
        expected = example.outputs["sentiment"]
        score = 0
        if predicted == expected:
            score = 1
        elif (predicted == "positive" and expected == "neutral") or \
             (predicted == "neutral" and expected == "positive") or \
             (predicted == "negative" and expected == "neutral") or \
             (predicted == "neutral" and expected == "negative"):
            score = 0.5
        return {"score": score, "key": "partial_match"}


    def custom_evaluator(run: Run, example: Example):
        # 模拟更复杂的评估逻辑，例如检查输出的置信度等
        confidence = 0.8  # 模拟置信度
        is_correct = run.outputs["sentiment"] == example.outputs["sentiment"]
        return {"score": confidence if is_correct else 0, "key": "custom_score"}


    # 运行评估
    experiment_results = evaluate(
        sentiment_analyzer,
        data=dataset_name,
        evaluators=[exact_match, partial_match, custom_evaluator],
        experiment_prefix="复杂示例实验",
        metadata={"version": "2.0.0", "revision_id": "alpha"},
```

```
)

print(experiment_results)
```

在本示例代码中，准备的数据集包含更贴近实际应用场景的文本情感分析样本，其中涵盖positive、negative和neutral三类情感标签。通过定义的sentiment_analyzer函数，模拟了一个基于规则的情感分析器，并利用LangSmith平台完成模型性能评估。

8.1.3　自定义追踪设置

LangSmith提供多种方式来实现自定义追踪设置，以满足开发者在不同场景下的需求。以下是一些常用的方法。

1. 环境变量设置

在8.1.2节中，笔者设置了环境变量LANGCHAIN_TRACING_V2=true，这将启用全局追踪，LangSmith会自动追踪所有LangChain组件的调用。这种设置适用于开发和调试阶段，但在生产环境中并不推荐使用。

因为如果每次调用都被LangSmith追踪，不仅会耗费大量的追踪记录，而且可能会影响原来LangChain应用的运行性能。

为了解决这个问题，可以设置合适的追踪采样率。例如，设置采样率为0.75，可以在终端设置如下的环境变量：

```
export LANGCHAIN_TRACING_SAMPLING_RATE=0.75
```

这样，只有75%的trace会被记录，从而减少记录的总数量和频率。该设置适用于可追踪的装饰器和RunTree对象。

2. 自定义追踪的属性

LangSmith允许开发者自定义追踪的属性，例如项目名称、元数据（Metadata）和标签（Tag）。标签是可用于对跟踪进行分类或标记的字符串。元数据是键-值对（Key-Value Pair）的字典，可用于存储有关跟踪的附加信息，这些信息对于分析问题非常有价值。

假设需要开发一个取名助手的AI服务并进行调用追踪，核心实现代码如下：

```
import openai
import langsmith as ls
from langsmith.wrappers import wrap_openai

client = openai.Client()

#  设定人物名字列表
names = ["Alice", "Ubuntu", "Karl", "David", "Bob"]
```

```
# 定义获取名字的函数，并使用@traceable装饰器
@ls.traceable(
    run_type="name_generation",       # 自定义run_type
    name="generate_name",             # 函数名
    tags=["name_tag"],                # 标签
    metadata={"source": "list"}       # 元数据
)
def get_name(names: list[str]) -> str:
    """从列表中随机选择一个名字。"""
    import random
    rt = ls.get_current_run_tree()
    # 记录选择的索引
    rt.metadata["selected_index"] = random.randint(0, len(names) - 1)
    return random.choice(names)


# 调用函数并添加动态元数据和标签
chosen_name = get_name(
    names,
    langsmith_extra={"tags": ["random_choice"], "metadata": {"list_length":
len(names)}}
)
print(f"选择的名字: {chosen_name}")


# 使用上下文管理器追踪名字生成过程
with ls.trace(
    name="generate_name_context",
    run_type="name_generation",
    inputs={"names": names},
    tags=["context_tag"],
    metadata={"source": "list"},
) as rt:
    import random
    name = random.choice(names)
    rt.metadata["selected_name"] = name
    rt.end(outputs={"name": name})
    print(f"使用上下文管理器选择的名字: {name}")


# 使用wrapped client获取OpenAI建议的名字
wrapped_client = wrap_openai(client, tracing_extra={"metadata": {"model":
"gpt-3.5-turbo"}, "tags": ["openai"]})

messages = [
```

```
        {"role": "system", "content": "你是一个专业的起名助手。"},
        {"role": "user", "content": "请给我建议一个好听的英文名字。"}
    ]

    with ls.trace(
        name="get_openai_name",
        run_type="name_generation",
        inputs={"messages": messages},
        tags=["openai_tag"],
        metadata={"source": "openai"},
    ) as rt:
        completion = wrapped_client.chat.completions.create(
            model="gpt-3.5-turbo",
            messages=messages,
            langsmith_extra={"tags": ["gpt-3.5-turbo"], "metadata": {"prompt":
messages[-1]["content"]}},
        )
        suggested_name = completion.choices[0].message.content
        rt.end(outputs={"suggested_name": suggested_name})
        print(f"OpenAI 建议的名字: {suggested_name}")
```

在这段代码中，使用了@ls.traceable注解来追踪get_name方法，并且使用追踪上下文管理器来完成名字生成的过程。通过增加元数据和标签，开发者可以更方便地理解和分析追踪数据。

3. 分布式追踪

LangSmith提供开箱即用的分布式追踪支持，其实现原理是通过上下文传播头部信息（包括必需的langsmith-trace和可选的baggage元数据标签）实现跨服务调用链的关联。具体而言，当系统包含客户端和服务端组件时，LangSmith能够自动建立端到端的全链路追踪。

为演示分布式追踪功能，下面提供一个随机密码生成器的实现示例。首先是客户端实现（保存为client.py文件）：

```
import httpx
import os
from langsmith.run_helpers import get_current_run_tree, traceable

@traceable
async def generate_password_request(length: int):
    headers = {}
    async with httpx.AsyncClient(base_url="http://127.0.0.1:5000") as client:
        if run_tree := get_current_run_tree():
            headers.update(run_tree.to_headers())
        response = await client.post("/generate_password", headers=headers,
json={"length": length}) # 使用POST请求 并发送密码长度
        return response.json()
```

```
async def main():
    password_length = 16  # 指定密码长度
    password_data = await generate_password_request(password_length)
    print(f"生成的密码信息: {password_data}")

if __name__ == "__main__":
    import asyncio
    asyncio.run(main())
```

接下来，实现服务端的逻辑，依然使用Flask框架：

```
import os
import random
import string
from flask import Flask, request, jsonify

from langsmith import traceable
from langsmith.run_helpers import tracing_context

app = Flask(__name__)

# 生成随机密码的函数
def generate_random_password(length=12):
    characters = string.ascii_letters + string.digits + string.punctuation
    password = ''.join(random.choice(characters) for i in range(length))
    return password

@app.route("/generate_password", methods=['POST'])  # 修改为POST方法
def generate_password_route():
    with tracing_context(parent=request.headers):
        data = request.get_json()          # 获取请求数据
        length = data.get("length", 12)   # 获取密码长度，默认为12
        password = generate_random_password(length)
        return jsonify({"password": password, "length": len(password)})


if __name__ == "__main__":
    app.run(debug=True)
```

客户端通过POST请求发送密码长度到服务器，服务器根据指定的长度生成随机密码并返回。整个过程都会被LangSmith追踪，在其管理后台可以查看和分析追踪记录详情。

8.1.4　性能调优

LangSmith提供了一系列工具和功能，可助力开发者进行性能调优，主要通过追踪和分析

LLM应用的运行情况来实现。以下是具体的实现方法：

- 提示工程方面：LangSmith拥有提示工程工具，能够帮助开发者优化提示词，从而提升LLM的性能和准确性。例如，可采用Prompt Bootstrapping和Iterative Prompt Optimization等方法来改进提示词。
- 追踪调用：LangSmith能够追踪LLM应用中所有组件的调用，涵盖提示、LLM调用、工具调用等。通过提供全面的性能数据，开发者能够清晰了解应用的整体运行情况。可以使用LANGCHAIN_TRACING_V2=true环境变量启用全局追踪，或者运用@traceable装饰器和tracing_context上下文管理器对追踪特定的函数或代码块。
- 分析运行时间和成本：LangSmith会记录每次调用的运行时间和代币消耗量。分析这些数据，能找出耗时最长或成本最高的操作，确定性能瓶颈。其可视化界面可直观展示这些数据，方便开发者分析。
- 优化运行缓慢的组件：一旦确定性能瓶颈，就可以利用LangSmith提供的工具进行优化。例如，如果发现某个LLM调用耗时过长，可以尝试使用更快的模型或优化提示词；若某个工具调用速度慢，可以考虑优化工具的实现或使用缓存机制。
- 模型微调：如果提示工程无法满足需求，可以考虑使用LangSmith收集的数据对LLM进行微调。LangSmith有专门针对OpenAI实现的微调数据转换工具。

关于提示词优化，LangSmith提供了一个典型应用案例，其完整工作流程如图8-5所示，该案例演示了推特帖子内容的生成优化过程。

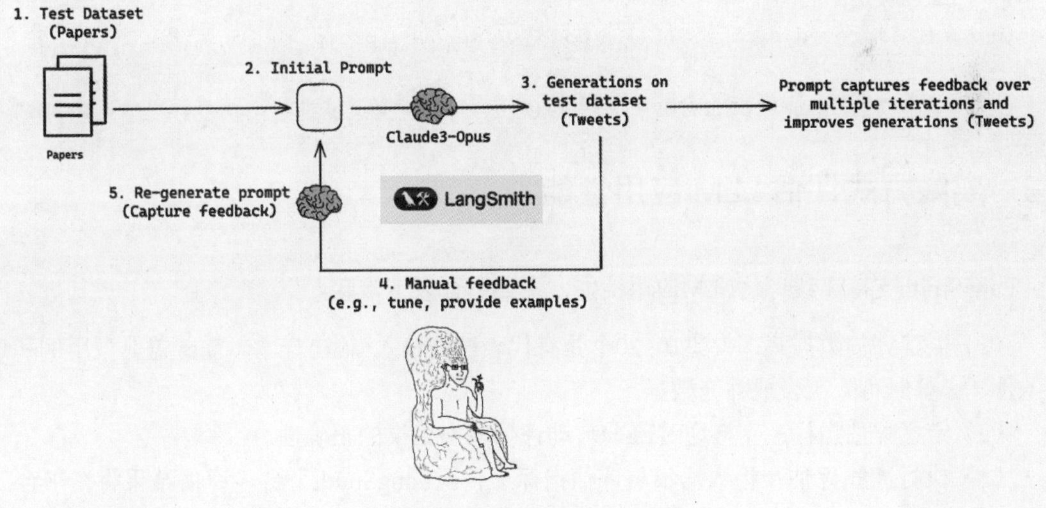

图 8-5 优化提示词过程

整个优化过程通过不断结合人工反馈与 LLM 提示优化器，在一组示例数据上对用户提示进行持续优化，并通过重写系统提示符来实现性能提升。具体的实现机制较为复杂，建议参考官方文档以获取详细说明。在此，仅需理解其基本流程与核心思想。

在数据集准备方面，可以用ArxivLoader来加载并处理：

```
    from langchain_community.document_loaders import ArxivLoader

# Arxiv IDs
ids = ["2403.05313", "2403.04121", "2402.15809"]

# Load papers
docs = []
for paper_id in ids:
    doc = ArxivLoader(query=paper_id, load_max_docs=1).load()
    docs.extend(doc)
```

随后，通过Client的create_example方法构建数据集（Dataset），用于生成初始版本的提示词。针对此类任务，LangChain Hub已有开源实现，具体调用方式如下：

```
from langchain import hub
prompt = hub.pull("rlm/prompt-optimizer-tweet-drafts")
```

可以利用它生成优化后的提示词：

```
from langchain_core.output_parsers import StrOutputParser

def extract_new_prompt(gen: str):
    return
gen.split("<improved_prompt>")[1].split("</improved_prompt>")[0].strip()

optimizer = optimizer_prompt | chat | StrOutputParser() | extract_new_prompt
```

8.2　离线方式评估 LLM 应用性能

LangSmith支持离线评估LLM应用性能，主要包含以下步骤：

（1）创建评估数据集：收集10~20个具有代表性的输入-输出样本，需覆盖典型用例和边界条件，必要时可人工合成补充数据。

（2）定义评估指标：支持通过LLM自动评估输出结果的正确性。

（3）执行离线评估：将数据集与评估指标上传至LangSmith平台，评估结果将在平台UI界面直观展示。

在项目初期数据不足时，可优先构建小型人工数据集开展评估：

```
[
    {"input": {"question": "什么是LangChain？"}, "output": {"answer": "LangChain是一个用于构建LLM应用程序的框架。"}},
    {"input": {"question": "LangSmith是什么？"}, "output": {"answer": "LangSmith是一个用于观察和评估大语言模型应用程序的平台。"}},
]
```

LangSmith支持多种格式的数据集，例如kv类型的数据集。在运行一段时间后，还可从日志和AI对话中获取更多有价值的数据。

然后，把这些数据导入，代码如下：

```
client.create_examples(inputs=[ex["input"] for ex in examples], outputs=[ex["output"] for ex in examples], dataset_id=dataset.id)
```

LangSmith的UI也支持用户手工上传CSV文件作为数据集，如图8-6所示。

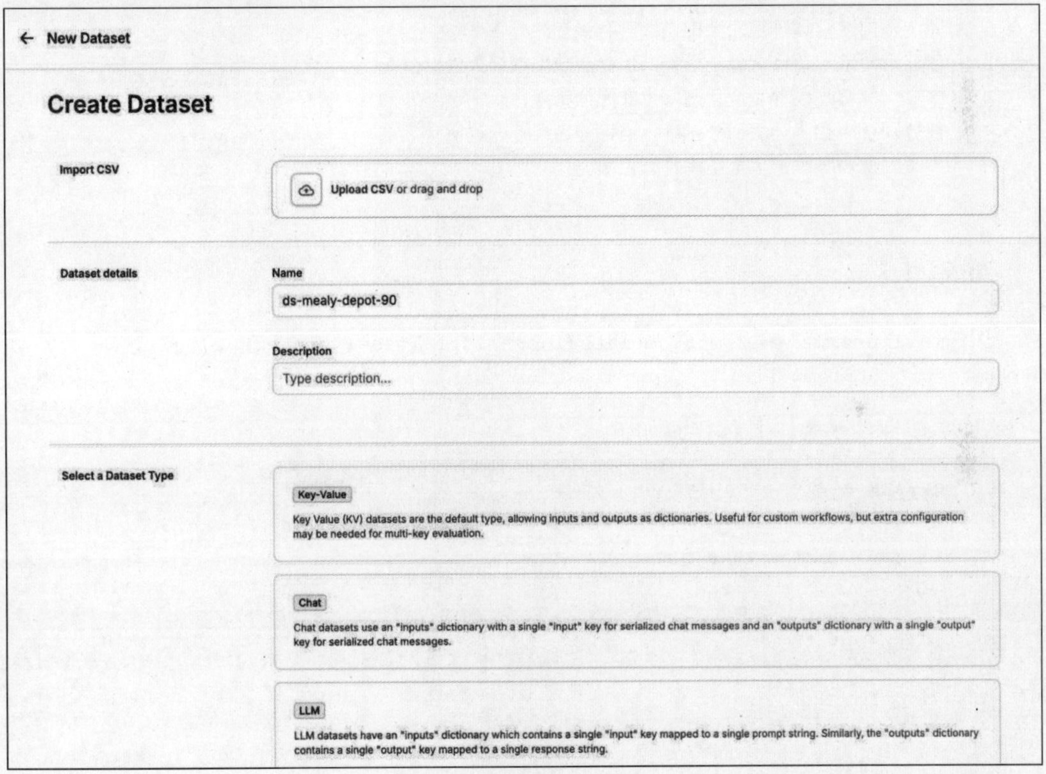

图 8-6 创建数据集页面

对LLM服务进行客观评估存在一定挑战，主要有两种评估方式：

（1）人工评估：通过人工审核员对比分析LLM输出结果与预期输出的符合程度。该方法评估质量可靠，但人力成本较高。

（2）LLM自动评估：采用辅助LLM（可称为“评估器LLM”）进行自动化评判。需要设计完善的评估规则体系、将规则转换为结构化提示词，并基于统一标准执行客观评估。

对于LLM自动评估方案，开发者可参考以下实现步骤构建评估功能。首先需要明确定义评分标准的提示词模板：

```
    prompt_template = """
    你是一位专业的软件工程师，请评估以下关于Flask框架的陈述：

    陈述：{statement}

    请根据以下标准对该陈述进行评分，并简要说明你的评分理由：

    评分标准：
    1 - 完全不同意（该陈述完全错误或具有误导性）
    2 - 部分不同意（该陈述部分正确，但存在缺陷或局限性）
    3 - 中立（该陈述既非完全正确，也非完全错误）
    4 - 部分同意（该陈述大部分正确，但可能需要补充说明）
    5 - 完全同意（该陈述完全正确且有说服力）

    评分：
    理由：
    """
    original_prompt = PromptTemplate(input_variables=["statement"],
template=prompt_template)
```

然后实现评估函数，具体代码如下：

```
    def evaluate_statement(statement):
        prompt = original_prompt.format(statement=statement)
        result = llm.invoke(prompt)
        try:
            # 使用正则表达式更稳健地提取评分和理由
            match = re.search(r"评分：(\d)\n理由：(.*)", result, re.DOTALL)  # re.DOTALL
允许.匹配换行符
            if match:
                score = int(match.group(1))
                reason = match.group(2).strip()
                return score, reason
            else:
                return None, "无法从LLM回复中提取评分和理由"
```

```
    except (IndexError, ValueError):
        return None, "无法解析LLM的回复"  #处理LLM回复格式错误的情况
```

它的使用也很简单，代码如下：

```
load_dotenv()
api_key = os.getenv("OPENAI_API_KEY")
base_url = os.getenv("OPENAI_URL")
llm = OpenAI(api_key=api_key, base_url=base_url, temperature=0.1)
# 用法
statement = "Flask框架是一个好框架，因为它易于学习，轻量级且灵活。"
score, reason = evaluate_statement(statement)

if score is not None:
    print(f"评分：{score}")
    print(f"理由：{reason}")
else:
    print("评估失败")

statement2 = "Flask框架不适合大型项目，因为它缺乏一些企业级功能。"
score2, reason2 = evaluate_statement(statement2)

if score2 is not None:
    print(f"评分：{score2}")
    print(f"理由：{reason2}")
else:
    print("评估失败")
```

与以往设置temperature为0.9不同，这次设置为0.1，数值越低，获得的执行确定性越强。为了更好地解析LLM的返回结果，在代码中使用了正则匹配。通过评分规则，可以很轻松地判断输出是否符合预期。运行这段代码可以得到如下的输出结果：

```
评分：4
理由：Flask框架的确易于学习，轻量级且灵活，这些特点使得它成为一个受欢迎的框架。但是，它也有一些局限性，比如缺乏内置的数据库支持和安全性措施，需要开发者自行添加。因此，虽然它是一个好框架，但也需要开发者有一定的技术能力来充分利用它。
评分：2
理由：Flask框架虽然缺乏一些企业级功能，但它可以通过插件和扩展来满足大型项目的需求。它的灵活性和简洁性也使得开发过程更加高效。因此，它虽然不是最佳选择，但仍然可以用于大型项目。
```

8.3 CI 交互式评估 LLM 应用性能

LangSmith可与CI/CD流程线集成，从而实现LLM应用的自动化性能评估。与离线评估流程类似，首先需要创建包含各种测试用例的数据集，然后编写评估函数来对输出和预期进行比较，并配置量化评估指标，最后把LangSmith和CI进行整合。

假设小张是一家自媒体科技公司的技术工程师，最近公司需要对大量用户影评进行情感分类，科幻电影《穿越火线》是他正在处理的案例。首先生成模拟影评数据集，代码如下：

```
from langsmith import Client

client = Client()
dataset_name = "movie_review_sentiment"
dataset = client.create_dataset(dataset_name=dataset_name)

examples = [
    ({"text": "这部电影的特效令人惊叹，剧情也引人入胜！"}, {"label": "正面"}),
    ({"text": "电影节奏太慢，剧情略显拖沓，有些失望。"}, {"label": "负面"}),
    ({"text": "演员演技在线，但故事缺乏新意，属于中庸之作啊。"}, {"label": "中性"}),
    ({"text": "这是一部值得一看的佳作，强烈推荐！"}, {"label": "正面"}),
    ({"text": "剧情混乱，毫无逻辑可言，浪费时间。"}, {"label": "负面"}),
    ({"text": "电影画面精美，但故事略显平淡，可以看看。"}, {"label": "中性"}),
    ({"text": "这部电影让我笑到cry，非常棒的喜剧片，yyds！"}, {"label": "正面"}),
    ({"text": "虽然演员阵容强大，但剧本实在太差了，让人失望。"}, {"label": "负面"}),
    ({"text": "一部不错的电影，但没有达到我的预期。"}, {"label": "中性"}),
    ({"text": "扣人心弦的剧情，精彩的表演，绝对是年度最佳！"}, {"label": "正面"}),
]

# 转换成输入和输出数据
inputs, outputs = zip(*examples)
client.create_examples(inputs=inputs, outputs=outputs, dataset_id=dataset.id)
```

这些模拟数据把评价分类为“正面”“负面”或“中性”，label的值就是预期的分类结果。即便评价分类更为复杂，实现方式也是类似的。

随后实现评估器，代码如下：

```
from langsmith.schemas import Example, Run

def movie_review_evaluator(root_run: Run, example: Example) -> dict:
    llm_output = root_run.outputs.get("output")
    expected_output = example.outputs.get("label")
    score_map = {"正面": 2, "中性": 1, "负面": 0}
```

```
        response = openai.Completion.create(
            engine="gpt-3.5-turbo", # 或更高级的模型，如gpt4
            prompt=f"""分析以下电影评论的情感：\n\n{text}\n\n请将情感分类为“正面”“中性”
或“负面”，并简要说明理由。""",
            max_tokens=50,
            n=1,
            stop=None,
            temperature=0.5,
        )
        sentiment = response.choices[0].text.strip().split("\n")[0]
        return sentiment.strip()
```

为了权衡LLM的灵活性与准确性，此处将temperature参数设为0.5。当需要增强生成内容的创造性时，可适当提高该数值。

随后编写评估执行代码，并将准确性评估结果持久化存储至JSON文件：

```
# 运行评估
results = evaluate(
    lambda inputs: {"output": analyze_movie_review_openai(inputs["text"])},
    data="movie_review_sentiment", # 数据集名称
    evaluators=[movie_review_evaluator],
    experiment_prefix="movie_review_sentiment_experiment_openai",
)

# 将结果保存到JSON文件
with open('evaluation_results.json', 'w') as f:
    json.dump({"overall_accuracy": results.overall_accuracy}, f)
```

假设小张的公司使用Jenkins作为CI/CD平台，那么可以编写如下脚本：

```
pipeline {
    agent any
    stages {
        stage('LangSmith Evaluation') {
            steps {
                script {
                    // 安装必要的Python包（如果Jenkins没有预装）
                    sh 'pip install langsmith openai'

                    // 设置环境变量（从Jenkins的凭据管理器获取）
                    env.OPENAI_API_KEY = credentials('openai-api-key')
                   env.OPENAI_BASE_URL = credentials('openai-base-url')

                    // 运行LangSmith评估(假设评估脚本名为evaluate_movie_reviews.py)
```

```
                    // 安装必要的Python包（如果Jenkins没有预装）
                    sh 'pip install langsmith openai'

                    // 设置环境变量（从Jenkins的凭据管理器获取）
                    env.OPENAI_API_KEY = credentials('openai-api-key')
                  env.OPENAI_BASE_URL = credentials('openai-base-url')

                    // 运行LangSmith评估(假设评估脚本名为evaluate_movie_reviews.py)
                    python 'evaluate_movie_reviews.py'

                    // 检查评估结果，上面的代码会写入一个JSON文件
                    def results = readJSON file: 'evaluation_results.json'
                    if (results.overall_accuracy < 0.8) { // 设置一个阈值
                        error "LangSmith 评估失败，准确率低于 80%"
                    }
                }
            }
        }
    }
}
```

需特别注意的是，LangSmith与Jenkins之间的网络安全防护。建议采用专用网络通道进行通信，确保系统间数据传输的安全性。

若需向指定邮箱发送详细评估报告，应在evaluate_movie_reviews.py中新增以下代码实现：

```
with open('evaluation_report.txt', 'w') as f:
    f.write(f"Overall Accuracy: {report['overall_accuracy']}\n\n")
    for result in report['detailed_results']:
        f.write(f"Input: {result['input']}\n")
        f.write(f"Predicted: {result['predicted']}\n")
        f.write(f"Expected: {result['expected']}\n")
        f.write(f"Score: {result['score']}\n")
        f.write(f"Accuracy: {result['accuracy']}\n\n")
```

在Pipeline脚本中增加邮件通知功能，需添加如下代码段：

```
// 发送邮件
                    mail to: 'youexample@ss.com',
                        subject: 'LangSmith 评估结果',
                        body: readFile('evaluation_report.txt')
```

8.4 线上方式评估 LLM 应用性能

LangSmith支持线上评估LLM应用性能，开发者可以通过LangSmith的UI方便地创建数据集，利用内置的评估器完成评估任务，并直观地查看评估结果。具体方法如下。

1. 定义评估目标和任务

明确要评估的LLM应用的具体功能和任务，例如文本生成、问答、翻译或情感分析等。例如，如果开发者要评估一个电影评论情感分类器，其任务是准确地将电影评论分类为正面、负面或中性。在LangSmith中创建一个项目来组织和跟踪开发者的评估工作。

2. 创建或选择数据集

数据集是评估的关键。开发者可以通过以下3种典型方式构建数据集：

- 手动创建：在LangSmith界面手动输入数据样本，每个样本包含输入（如电影评论文本）和预期输出（如“正面”“负面”“中性”）。确保数据格式一致。
- 上传文件：支持CSV等格式的批量导入，确保文件格式符合LangSmith的要求，通常包含输入和输出列。
- 使用已有数据集：如果已有合适的数据集，可以直接导入。LangSmith还提供了一些示例数据集，开发者能以此作为起点进行修改和扩展。

3. 配置评估器

评估器决定了如何衡量LLM应用输出的质量。开发者可以选择预定义的评估器来进行评估。LangSmith提供了一些预定义的评估器，例如字符串匹配（用于比较生成的文本与预期文本的相似度）和JSON格式验证。开发者应选择适合其真实任务需求的评估器。如果预定义的评估器无法满足开发者的需求，开发者可以考虑编写自定义的Python函数。该函数接收LLM的输出和预期输出（如有）作为输入，并返回分数或结果。例如，可以编写一个函数来评估文本生成的创造性。

4. 运行评估任务

将数据集输入LLM应用，让其处理每个样本并生成输出。在LangSmith中启动评估流程，它会将LLM输出与预期输出（如有）进行比较，并使用开发者配置的评估器进行评分。我们可以选择一次性评估整个数据集或分批进行，具体取决于数据集的大小和计算资源。

5. 查看和分析评估结果

LangSmith提供多种方式查看和分析结果：

- 结果概述：LangSmith提供总体准确率、平均得分、标准差等统计数据，有助于快速了解LLM应用的整体性能。

- 详细报告：查看每个样本的详细评估结果，包括输入、LLM输出、预期输出、分数和评估器反馈。这有助于识别模型的优缺点。
- 可视化分析：LangSmith提供图表（柱状图、折线图等）来直观展示评估结果，便于我们分析性能趋势。

6. 持续改进

根据评估结果，识别LLM应用的性能瓶颈。例如，如果模型在特定类型的电影评论上表现不佳，可以收集更多相关数据进行训练，或调整模型参数和架构。通过重复评估过程来验证改进措施的效果。

如图8-7所示，LangSmith提供了丰富的视图来展示所有监控指标，方便开发者定位性能问题。

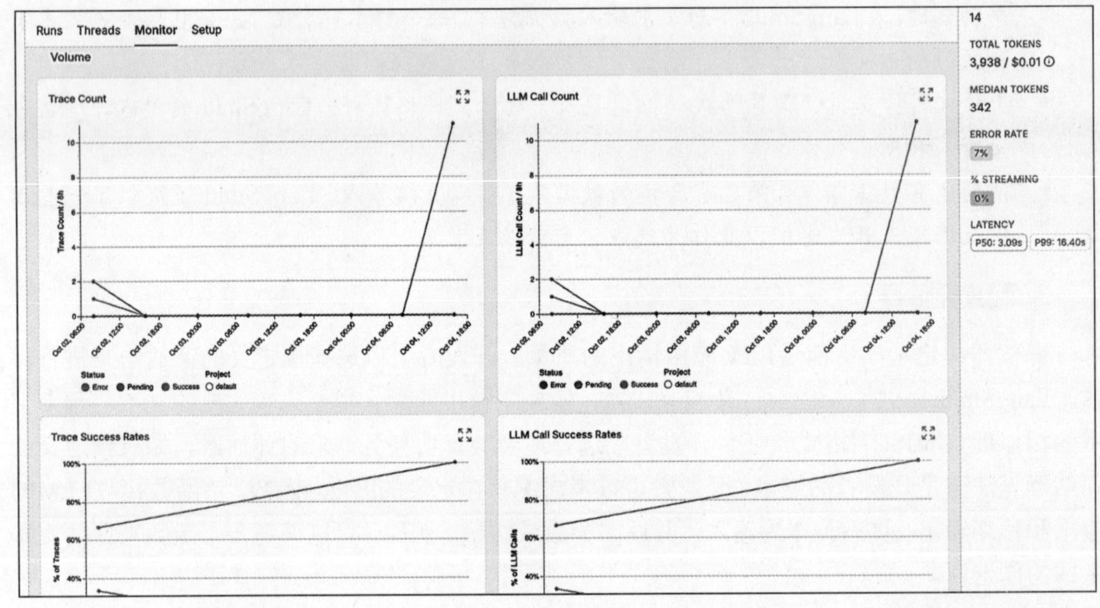

图8-7　监控性能指标页面

第 9 章

LangChain应用的部署实战

本章将讲解如何使用LangServe完成LLM应用的部署，介绍LangChain的Templates应用和CLI的使用方法，最后通过LangChain-Chatchat将应用部署到阿里云进行案例实践。

9.1 Docker 方式部署

完成LangChain应用的开发后，开发者需要把该应用部署到合适的平台或环境，让更多的用户方便地使用。使用Docker来部署LLM应用是一个不错的选择，它具有以下优势：

- 高效部署：预先构建的Docker镜像使LangChain应用的部署变得轻而易举，免去了在不同环境中逐一安装配置依赖的烦琐步骤，显著提升效率。
- 跨平台兼容：Docker容器的特性确保LangChain应用能够在各种操作系统和云平台上无缝运行。无论是本地服务器、云端服务器还是容器编排平台，部署都同样便捷。
- 简化版本控制：为每个LangChain应用版本创建独立的Docker镜像，方便版本管理和切换，简化了应用升级流程，并降低出错风险。
- 快速故障恢复：一旦部署出现问题，可以迅速回滚到之前的稳定版本镜像，将故障恢复时间缩短到最小，保障应用的稳定运行。
- 资源管理：Docker容器允许精细地控制LangChain应用的资源使用，例如CPU、内存和磁盘空间。通过设置容器的资源限制（例如，使用docker run --cpus和--memory参数），可以确保应用在资源受限的环境中也能稳定运行，并避免资源竞争。同时，资源限制也能防止单个应用过度消耗资源，影响其他应用的性能。这种资源隔离机制提高了资源利用率和系统的稳定性。

首先，需要安装Docker。Docker的安装方式因操作系统的不同而有所差异。对于Linux发行版的用户，安装方式大致类似。以Ubuntu为例，使用以下命令来安装Docker：

```
sudo apt update
sudo apt install docker.io
sudo systemctl start docker
sudo systemctl enable docker
```

对于macOS系统的用户，可以直接从Docker官方网站下载Docker Desktop，这是一款图形化界面工具，简化了安装和管理过程。如图9-1所示，在安装完毕后，请设置好分配给Docker的磁盘空间，建议设置在60GB以上。

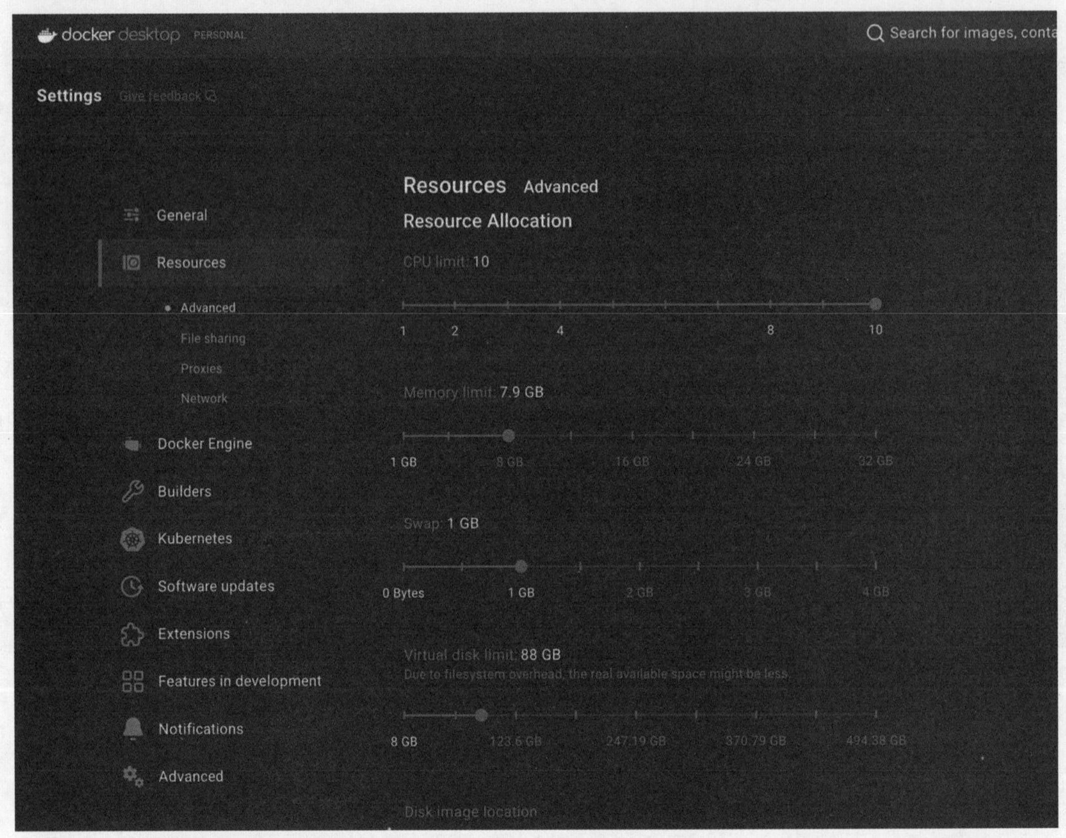

图9-1　Docker Desktop配置页面

Windows用户也推荐使用Docker Desktop。从Docker官方网站下载安装包，然后按照安装向导进行操作即可。在安装过程中，可能需要启用Hyper-V或WSL2，具体取决于用户系统的Windows版本和配置。

完成安装后，可以尝试用Docker命令运行一个测试项目，例如运行一个MongoDB容器：

```
docker run --name my-mongodb -d -p 27017:27017  mongo
```

该命令将使用最新的MongoDB镜像运行一个名为my-mongodb的容器，并把容器的27017端口映射到主机的27017端口。

Docker命令十分丰富，用户只需要掌握最常用的命令即可，以下是一些常用命令：

- **docker pull <镜像名称>[:<标签>]**：从镜像仓库下载镜像。例如，使用**docker pull ubuntu:latest**下载最新的Ubuntu镜像。
- **docker images**：列出本地已有的镜像。
- **docker rmi <镜像ID或名称>[:<标签>]**：删除镜像。可以使用-f强制删除正在运行的容器关联的镜像。例如**docker rmi -f ubuntu:latest**。
- **docker build -t <镜像名称>[:<标签>] <Dockerfile路径>**：根据Dockerfile构建镜像。
- **docker tag <源镜像ID或名称>[:<源标签>] <目标镜像名称>[:<目标标签>]**：为镜像打上新的标签。
- **docker push <镜像名称>[:<标签>]**：将镜像上传到镜像仓库。

熟悉这些基础知识后，可以开始尝试用Docker完成LLM部署。为了更好地展现如何用Docker完成项目封装，以第6章中编写的ai-assistant-api项目为例进行改造。

首先生成requirements.txt文件，列出项目所有依赖项，包括LangChain、Flask以及其他必要的库。可以使用**pip freeze > requirements.txt**命令生成该文件。

然后编写Dockerfile文件，其内容如下：

```
# LABEL maintainer="ubuntumeta"
FROM python:3.10.14

WORKDIR /app

COPY requirements.txt requirements.txt
RUN pip install --no-cache-dir -r requirements.txt

COPY .. .

ENV FLASK_APP=app.py
ENV FLASK_ENV=production

# 安装Supervisor
RUN apt-get update && apt-get install -y supervisor

COPY supervisord.conf /etc/supervisor/conf.d/supervisord.conf
```

```
CMD ["/usr/bin/supervisord", "-n"]
```

在这里，使用了Gunicorn作为WSGI服务器和Supervisor来管理Gunicorn进程。还需要编写Supervisor的配置文件supervisord.conf，内容如下：

```
[supervisord]
nodaemon=true

[program:gunicorn]
command=/usr/local/bin/gunicorn --bind 0.0.0.0:5000 app:app
autostart=true
autorestart=true
user=root
```

运行以下编译命令来编译镜像：

```
docker build  -t ai-assistant-api  .
```

这样就轻松构建出一个名为ai-assistant-api的镜像。基于这个镜像来运行容器，具体命令如下：

```
docker run -d -p 3000:3000  --name ai-assistant ai-assistant-api
```

此后，用户可以通过http://localhost:3000访问该服务。

9.2　LangServe 部署 LLM 应用

LangChain生态中提供了加快部署LLM应用的工具：LangServe。LangServe是一个用于部署LangChain可运行程序和链的RESTful API库。它可以很方便地和FastAPI进行集成，并利用Pydantic完成数据方面的校验。此外，LangServe还提供了一个客户端，用于调用部署在服务器上的可运行程序。

LangServe提供了便捷的LangChain应用部署方案，主要特性包括：

- 自动模式校验：LangServe会自动识别LangChain应用的输入和输出数据结构，并在每次API调用时进行校验。出错时，系统会提供详细的报错信息。
- 完善的API文档：LangServe提供了交互式的API文档，包含JSON Schema和Swagger定义，方便开发者理解和使用API。
- 高效的API端点：LangServe提供了3种高效的API端点：invoke用于单个请求；batch用于批量请求；stream用于流式处理，能够高效处理大量并发请求。
- 中间步骤监控：stream_log端点允许开发者实时监控LangChain应用运行过程中的中间

步骤，方便调试和监控。更进一步，stream_events端点简化了流式传输的处理。

- 可视化调试工具：/playground/页面提供了一个交互式界面，方便开发者测试和调试LangChain应用，并查看流式输出和中间步骤。
- 集成LangSmith：LangServe可选择集成LangSmith进行应用监控和追踪，用户只需提供API密钥即可。
- 基于成熟技术：LangServe是基于FastAPI、Pydantic、uvloop和asyncio等成熟的开源Python库构建的，确保了稳定性和高性能。
- 便捷的客户端：LangServe提供了客户端SDK，使得调用部署后的LangChain应用如同调用本地应用一样简单，当然也可以直接使用HTTP API。

此外，LangServe还支持使用LangChain CLI快速启动项目。首先，使用如下命令安装客户端和服务器端的库：

```
pip install "langserve[all]"
```

如果只需要安装客户端的库，可以使用以下命令：

```
pip install "langserve[client]"
```

同样，单独安装服务端库的命令如下：

```
pip install "langserve[server]"
```

9.3 LangChain CLI

使用LangChain CLI可以方便地创建LangServe项目。首先，使用以下命令安装最新版本的LangChain CLI：

```
pip install -U langchain-cli
```

接着，可以使用以下命令创建一个新的LangChain项目：

```
langchain app new serve-app
```

最后，根据交互式提示信息安装LangChain的langchain-openai库，输出如下：

```
What package would you like to add? (leave blank to skip): langchain-openai
1 added. Any more packages (leave blank to end)?:
Would you like to install these templates into your environment with pip? [y/N]: y
Adding https://github.com/langchain-ai/langchain.git@master...
Could not find /Users/utang/Library/Application
Support/langchain/git_repos/langchain_ai_langchain_git_4fe265c3/templates/langchain-openai/pyproject.toml
```

```
No packages installed. Exiting.

Success! Created a new LangChain app under "./serve-app"!


Next, enter your new app directory by running:

    cd ./serve-app

Then add templates with commands like
```

如此，就顺利地创建了一个简单的LangChain项目，包含用FaskAPI实现的服务器端的示例代码：

```
from fastapi import FastAPI
from fastapi.responses import RedirectResponse
from langserve import add_routes

app = FastAPI()

@app.get("/")
async def redirect_root_to_docs():
    return RedirectResponse("/docs")

# Edit this to add the chain you want to add
add_routes(app, NotImplemented)

if __name__ == "__main__":
    import uvicorn

    uvicorn.run(app, host="0.0.0.0", port=8000)
```

若要将OpenAI添加到路由中，可以修改代码如下：

```
from langchain_openai import ChatOpenAI
import os
from dotenv import load_dotenv

load_dotenv()
api_key = os.getenv("OPENAI_API_KEY")
base_url = os.getenv("OPENAI_URL")
app = FastAPI()
```

```
@app.get("/")
async def redirect_root_to_docs():
    return RedirectResponse("/docs")

llm = ChatOpenAI(api_key=api_key, base_url=base_url, model="gpt-3.5-turbo")

# 将大模型对象注入路由回调中
add_routes(app, llm, path="/openai")
```

运行这段代码后，可能会遇到如下报错信息：

```
    packages/langchain_openai/chat_models/__init__.py:1:
LangChainDeprecationWarning: As of langchain-core 0.3.0, LangChain uses pydantic v2
internally. The langchain_core.pydantic_v1 module was a compatibility shim for
pydantic v1, and should no longer be used. Please update the code to import from Pydantic
directly.  For example, replace imports like:from langchain_core.pydantic_v1 import
BaseModelwith:from pydantic import BaseModelor the v1 compatibility namespace if you
are working in a code base that has not been fully upgraded to pydantic 2 yet.        from
pydantic.v1 import BaseModel    from langchain_openai.chat_models.azure import
AzureChatOpenAI
/Users/utang/anaconda3/envs/ai-assistant/lib/python3.10/site-packages/pydantic/_i
nternal/_config.py:341: UserWarning: Valid config keys have changed in V2:
```

这一问题的出现主要源于LangChain的快速版本迭代。随着框架的持续演进，许多早期的实现方式已发生了显著变化。在使用过程中，就可能遇到因Pydantic版本不兼容导致的问题。具体来说，自 LangChain v0.3.0起，其内部开始采用Pydantic v2，而当前环境中可能仍在使用Pydantic v1，从而导致兼容性问题。为了解决该问题，建议将LangChain及其相关依赖库回退至2.x系列版本，以恢复兼容性。具体推荐使用的版本如下：

```
langchain==0.2.12
langchain-chroma==0.1.2
langchain-community==0.2.11
langchain-core==0.2.28
langchain-huggingface==0.0.3
langchain-openai==0.1.17
langchain-text-splitters==0.2.2
```

9.4 LangChain Templates 的应用

LangChain提供了一系列模板，能快速便捷地构建可投入生产的LLM应用。这些模板涵盖了多种常见的LLM应用场景，并采用统一的标准格式，方便用户使用LangServe进行部署。

LangChain官方提供了许多示例，笔者选择了其中较为典型的示例进行讲解：通过LangServe公开的对话检索器。

为了实现带有聊天历史记录的功能，首先定义一个包含历史聊天记录的提示词：

```
_TEMPLATE = """Given the following conversation and a follow up question, rephrase
the
follow up question to be a standalone question, in its original language.

Chat History:
{chat_history}
Follow Up Input: {question}
Standalone question:"""
CONDENSE_QUESTION_PROMPT = PromptTemplate.from_template(_TEMPLATE)

ANSWER_TEMPLATE = """Answer the question based only on the following context:
{context}

Question: {question}
"""
ANSWER_PROMPT = ChatPromptTemplate.from_template(ANSWER_TEMPLATE)

DEFAULT_DOCUMENT_PROMPT =
PromptTemplate.from_template(template="{page_content}")
```

然后定义专门格式化聊天记录的函数，代码如下：

```
def _format_chat_history(chat_history: List[Tuple]) -> str:
    """Format chat history into a string."""
    buffer = ""
    for dialogue_turn in chat_history:
        human = "Human: " + dialogue_turn[0]
        ai = "Assistant: " + dialogue_turn[1]
        buffer += "\n" + "\n".join([human, ai])
    return buffer
```

上述代码中的函数将每一段对话分为Human和Assistant两种类型，并将它们拼接成一个完整的字符串。

接下来，使用FAISS作为向量存储，编写代码如下：

```
vectorstore = FAISS.from_texts(
    ["harrison worked at kensho"], embedding=OpenAIEmbeddings()
)
retriever = vectorstore.as_retriever()
```

然后，编写管道处理的函数和剩余逻辑：

```
    _inputs = RunnableMap(
        standalone_question=RunnablePassthrough.assign(
            chat_history=lambda x: _format_chat_history(x["chat_history"])
        )
        | CONDENSE_QUESTION_PROMPT
        | ChatOpenAI(temperature=0)
        | StrOutputParser(),
    )
    _context = {
        "context": itemgetter("standalone_question") | retriever |
_combine_documents,
        "question": lambda x: x["standalone_question"],
    }

    # User input
    class ChatHistory(BaseModel):
        """Chat history with the bot."""

        chat_history: List[Tuple[str, str]] = Field(
            …
            extra={"widget": {"type": "chat", "input": "question"}},
        )
        question: str


    conversational_qa_chain = (
        _inputs | _context | ANSWER_PROMPT | ChatOpenAI() | StrOutputParser()
    )
    chain = conversational_qa_chain.with_types(input_type=ChatHistory)

    app = FastAPI(
        title="LangChain Server",
        version="1.0",
        description="Spin up a simple api server using Langchain's Runnable
interfaces",
    )
    # Adds routes to the app for using the chain under:
    # /invoke
    # /batch
    # /stream
    add_routes(app, chain, enable_feedback_endpoint=True)
```

客户端调用方式也非常直接，代码如下：

```
import requests
inputs = {"input": {"question": "what do you know about harrison", "chat_history": []}}
response = requests.post("http://localhost:8000/invoke", json=inputs)
print(response.json())
```

实际上，还有如下更简单的方式使用这些现成的模板，采用该方式只需执行以下LangChain CIL命令即可：

```
langchain app add pirate-speak
```

然后，便可以在代码中引入这个模板：

```
from pirate_speak.chain import chain as pirate_speak_chain
add_routes(app, pirate_speak_chain, path="/pirate-speak")
```

完整的代码如下：

```
from fastapi import FastAPI
from langserve import add_routes
from pirate_speak.chain import chain as pirate_speak_chain

app = FastAPI()

add_routes(app, pirate_speak_chain, path="/pirate-speak")
```

运行该服务之后，可以使用LangServe的如下代码来请求服务：

```
from langserve import RemoteRunnable

api = RemoteRunnable("http://127.0.0.1:8000/pirate-speak")
api.invoke({"text": "hi"})
```

LangChain Templates还提供了更多强大的模板，用户可自行尝试。

9.5　案例：LangChain-Chatchat 部署 LLM 应用

LangChain-Chatchat是基于ChatGLM等大语言模型与LangChain等应用框架实现的开源项目，它提供了可离线部署的RAG与Agent应用，作为一个国产应用，它非常优秀，具备强大的功能。

按照官方文档的描述：LangChain-Chatchat是基于LangChain思想实现的、基于本地知识库的问答应用，目标是建立一套对中文场景与开源模型友好的、可离线运行的知识库问答解决方案。

它的实现思路如图9-2所示。

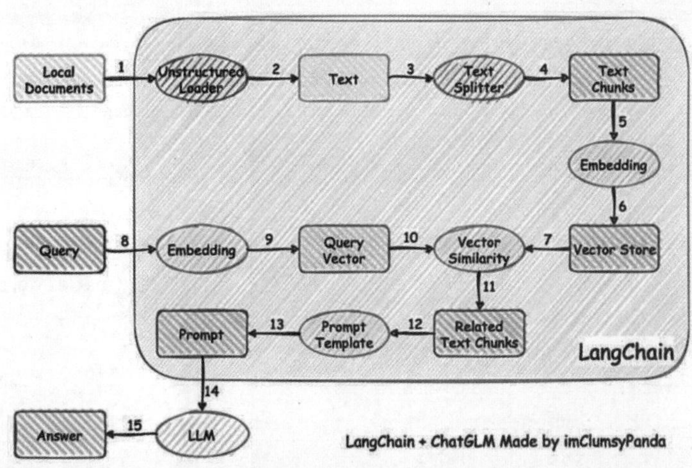

图 9-2　实现思路图

整个过程遵循了标准的私有知识库技术流程，类似于之前的Smart Doc项目。具体流程如下：

- 文档加载：使用Unstructured Loader加载文档。
- 文本分割：对文本进行分割（Split），把较大的文本切成小的代码块。
- 词嵌入：使用合适的词嵌入模型（OpenAIEmbeddings等）进行词嵌入处理。
- 向量存储：把词嵌入后的数据存入向量数据库。
- 向量相似度：利用词嵌入后的查询条件，在向量数据库中查找相似度最高的内容。
- LLM完成回复：把相似度最高的内容作为提示词传递给LLM，生成回复。

LangChain-Chatchat支持OpenAI所有的接口功能，并且支持本地大模型运行，例如Llama 3等。

1. 安装与初始化

首先，完成安装。该项目支持从Python 3.8到3.11版本。建议使用conda创建一个虚拟的Python环境，推荐选择Python 3.10版本。从LangChain-Chatchat 0.3版本开始，支持通过pip安装。可以使用以下命令快速安装：

```
pip install langchain-chatchat -U
```

接下来，执行如下命令来初始化项目：

```
chatchat init
```

在运行过程中，可能会出现如下的输出信息，这里只展示警告信息：

```
    2024-10-07 11:53:50.407 | WARNING  |
chatchat.server.utils:detect_xf_models:104 - auto_detect_model needs
xinference-client installed. Please try "pip install xinference-client".
    2024-10-07 11:53:50.407 | WARNING  | chatchat.server.utils:get_default_llm:205
- default llm model glm4-chat is not found in available llms, using qwen:7b instead
    2024-10-07 11:53:50.482 | WARNING  |
chatchat.server.utils:get_default_embedding:214 - default embedding model bge-m3 is
not found in available embeddings, using quentinz/bge-large-zh-v1.5 instead
    2024-10-07 11:53:50.483 | WARNING  |
chatchat.server.utils:get_default_embedding:214 - default embedding model bge-m3 is
not found in available embeddings, using quentinz/bge-large-zh-v1.5 instead
    2024-10-07 11:53:50.483 | WARNING  |
chatchat.server.utils:get_default_embedding:214 - default embedding model bge-m3 is
not found in available embeddings, using quentinz/bge-large-zh-v1.5 instead
    2024-10-07 11:53:50.484 | WARNING  |
chatchat.server.utils:get_default_embedding:214 - default embedding model bge-m3 is
not found in available embeddings, using quentinz/bge-large-zh-v1.5 instead
```

由此看出，缺少了默认的大模型glm4-chat和词嵌入模型bge-m3，可以使用Ollama工具下载它们。

Ollama是一个开源工具，可以方便地在本地运行大模型。它支持直接下载并运行多个强大的大模型，如图9-3所示。

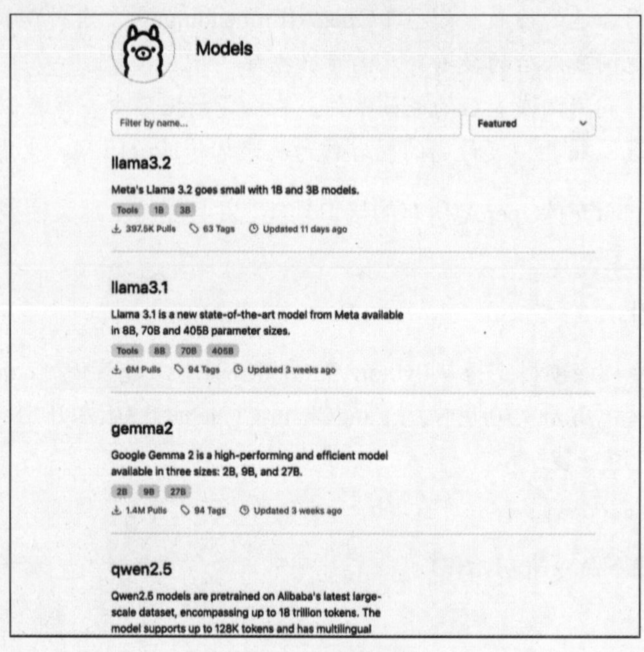

图9-3　模型列表

对于macOS/Windows用户来说，可以直接下载对应的安装包。对于Linux用户，可以执行如下命令来安装Ollama：

```
curl -fsSL https://ollama.com/install.sh | sh
```

安装完毕后，可以使用下面的命令下载Llama 3.1大模型：

```
ollama pull llama3.1
```

如果想在运行命令行模式下单独运行Llama 3.1，可以执行如下命令：

```
ollama run llama3.1
```

这样就可以在命令行中使用Llama 3.1进行聊天了。

2. 配置大模型和导入管理工具

由于使用的是最新的LangChain-chatchat框架（0.3.x），已经不再允许通过配置绝对路径来加载本地大模型，因此需要安装大模型导入管理工具Xinference。运行以下命令即可：

```
pip install "langchain-chatchat[xinference]" -U
```

为了从Ollama平台直接使用下载大的模型，需要修改配置文件。把除了Ollama平台外的配置行都删除，最终完整的配置如下（model_settings.yaml文件）：

```
# 默认选用的LLM名称
DEFAULT_LLM_MODEL: llama3.1

# 默认选用的Embedding名称
DEFAULT_EMBEDDING_MODEL: bge-m3

MODEL_PLATFORMS:
  - platform_name: ollama
    platform_type: ollama
    api_base_url: http://127.0.0.1:11434/v1
    api_key: EMPTY
    api_proxy: ''
    api_concurrencies: 5
    auto_detect_model: false
    llm_models:
      - llama3.1
    embed_models:
      - bge-m3
    text2image_models: []
```

```
    image2text_models: []
    rerank_models: []
    speech2text_models: []
    text2speech_models: []
```

配置完成后，运行**chatchat start -a**即可启动Web服务，自动唤起浏览器，访问0.0.0.0:8501，读者可以自由地和大模型进行对话，如图9-4所示。读者可能会遇到502的报错页面，解决此问题只需要将网址改为127.0.0.1:8501即可。

如果想使用其他大模型或词嵌入模型，只需使用Ollama下载所需模型，然后在model_settings.yaml文件中修改对应的配置，重启服务即刻生效。

LangChain-Chatchat提供了多种对话功能。除了常用的普通对话，它还支持不同的对话模式，包括知识库问答、文件对话以及搜索引擎问答。

当选择搜索引擎模式时，系统将联网进行检索。如果选择Bing作为搜索引擎，则需要配置相应的密钥才能正常工作。

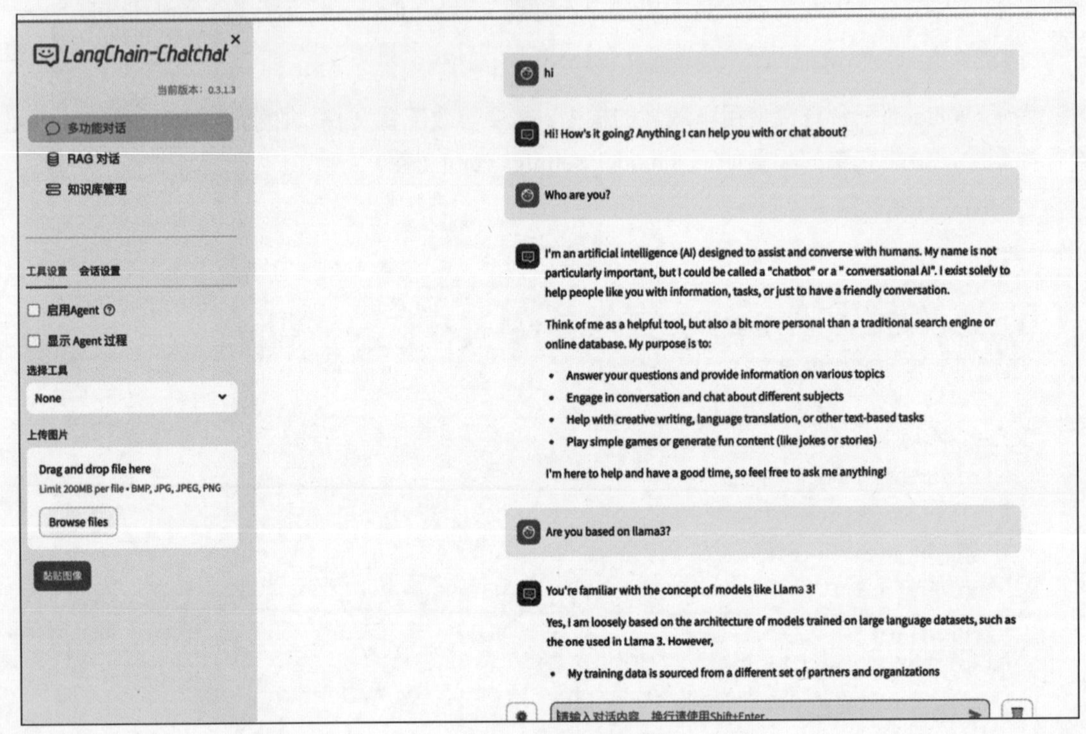

图 9-4　多轮对话页面

通过这种方式，用户可以拥有一个强大的LangChain应用，支持RAG对话和知识库动态管理，并完美支持多种大模型的本地化运行。

第 10 章 LangChain的生态和未来

本章将从LangChain的生态现状讲起，介绍强大的LangChain Hub，然后讲解热度很高的AutoGen 框架，并分析LangChain的未来和商业案例。

10.1 LangChain 生态现状

LangChain生态的发展如火如荼，技术社区活跃，提供了多个工具来辅助大语言模型（LLM）应用的开发和部署。

LangChain生态系统由以下几个部分组成：

- LangChain-Core: 这是LangChain的核心库，是整个生态系统的基石。它为构建LLM应用提供了基本抽象和接口，涵盖从语言模型到文档加载器、嵌入模型等多个方面。此外，它还支持与不同供应商（如OpenAI、Google和Claude）的集成，并内置了LangChain表达式语言（LCEL），用于声明式地定义LLM应用的处理流程。
- LangChain-Community: 这个库包含大量的第三方集成，包括各种文档加载器和向量数据库等。它使得核心库更加轻量级和易维护，因为这些组件被分离出来，可以单独升级或修改。
- LangSmith: 这是一款用于调试、测试、评估和监控LLM应用的开发者平台。它提供了UI界面，方便开发者进行性能诊断和调优。
- LangGraph: 这是一个用于构建可控的代理工作流程的框架。它允许构建状态化的多参与者LLM应用，将步骤建模为图结构（数据结构的一种）的边和节点，它可以很方便地和LangChain集成，也可以独立使用。

- LangServe：这是一款用于将LangChain应用快速部署为REST API的强大框架。它简化了LLM应用的部署过程。

LangChain提供了Python和JavaScript两种编程语言的实现，文档非常健全，更新频率较高，官方开发团队对于问题的处理也非常及时。

LangChain实现了从开发到部署的全套解决方案，如图10-1所示。

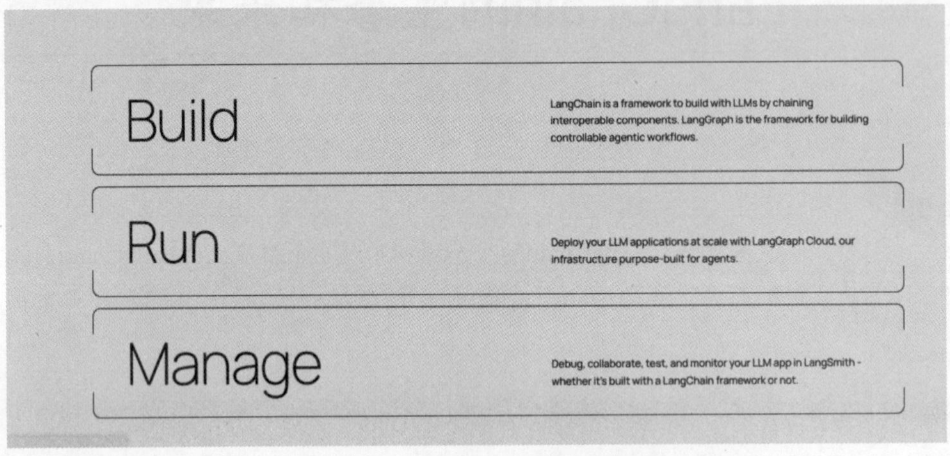

图 10-1　LangChain 全套解决方案

10.2　LangChain Hub

为了方便开发者，LangChain官方还提供了强大的LangChain Hub，助力生态繁荣。

LangChain Hub是一个中心化的平台，旨在方便LangChain社区成员分享和发现常用的模型组件，如提示词、链和代理等。据笔者推测，它的设计灵感来自Hugging Face Hub，希望能够促进LangChain社区内的协作和知识共享。

LangChain Hub的主要功能包括：

- 组件共享：开发者可以将自己创建的提示词、链和代理等组件上传到Hub，供其他开发者使用和参考。这有助于避免重复工作，并促进最佳实践的传播。
- 组件发现：开发者可以轻松搜索和发现Hub上已有的组件，并将其集成到自己的项目中。这有助于加快开发速度，并利用社区的集体智慧。
- 版本控制：Hub支持组件的版本控制，确保开发者可以使用特定版本的组件，从而提高项目的稳定性。
- 易于使用：LangChain Python库提供了一流的支持，可以轻松加载Hub上的组件。所有组件都包含Readme文件，其中包含使用说明、预期输入以及代码示例。

- 社区驱动：LangChain Hub鼓励社区贡献，旨在成为一个社区驱动的平台。开发者可以提交自己的组件，并参与社区讨论。

访问LangChain Hub首页，如图10-2所示，通过搜索框即可快速搜索到全球其他开发者开源的模型、提示词以及代码示例。

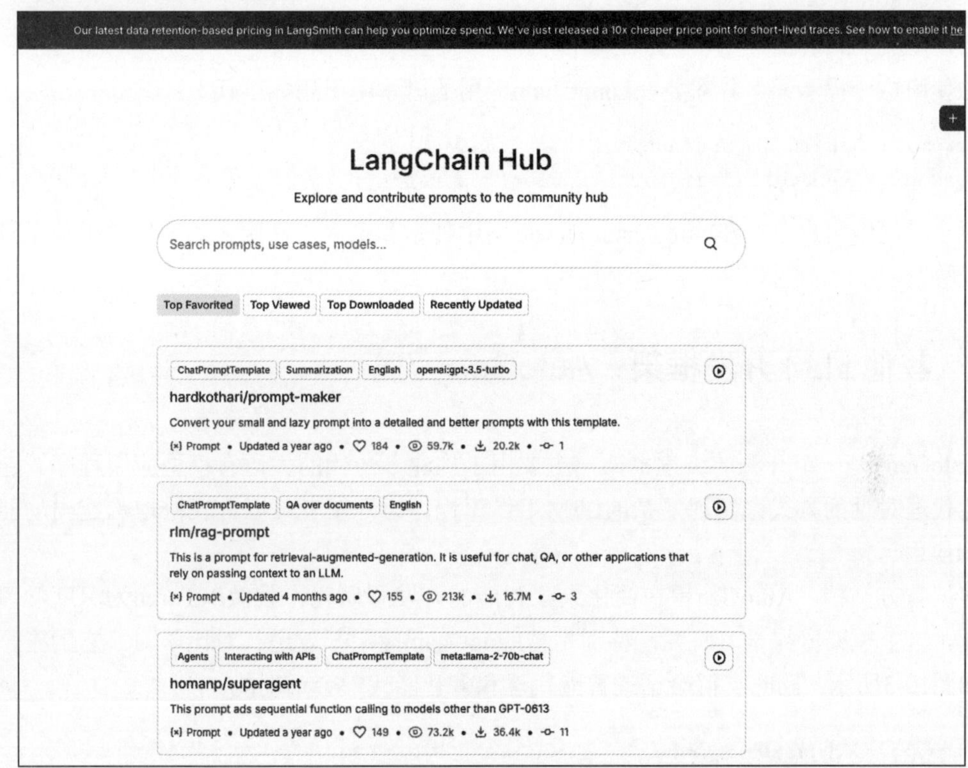

图 10-2　LangChain Hub 首页

以提示词为例，有开发者针对问答聊天编写了通用型提示词，用户可以引用如下代码：

```
# set the LANGCHAIN_API_KEY environment variable (create key in settings)
from langchain import hub
prompt = hub.pull("rlm/rag-prompt")
```

提示词的内容如下：

```
    You are an assistant for question-answering tasks. Use the following pieces of
retrieved context to answer the question. If you don't know the answer, just say that
you don't know. Use three sentences maximum and keep the answer concise.
    Question: {question}
    Context: {context}
    Answer:
```

```
LangChain Hub上还有更复杂的提示词例子，比如用于博客生成的提示词，有开发者已开源出来：
    You are an assistant for question-answering tasks. Use the following pieces of retrieved context to answer the question. If you don't know the answer, just say that you don't know. Use three sentences maximum and keep the answer concise.
    Question: {question}
    Context: {context}
    Answer:
```

想使用这个提示词，只需要在LangChain应用的脚本中引用如下代码：

```
from langchain import hub
prompt = hub.pull("hardkothari/blog-generator")
```

更多案例请用户自行在LangChain Hub页面中搜索和探索，从别人的案例中也能学到不少实践经验。

10.3　其他 LLM 开发框架：AutoGen

AutoGen 是一个开源的编程框架，主要用于构建下一代的大语言模型应用程序。它通过多智能代理对话的方式来实现复杂的LLM工作流程，让开发者可以更轻松地构建出功能强大的LLM应用。

根据官方文档，AutoGen旨在简化人工智能的开发和研究，就像PyTorch为深度学习所做的那样。这个框架值得学习研究，特别是与LangChain应用开发进行对比学习。它的整个功能特性如图10-3所示，同时支持会话式智能代理和多智能代理会话功能。

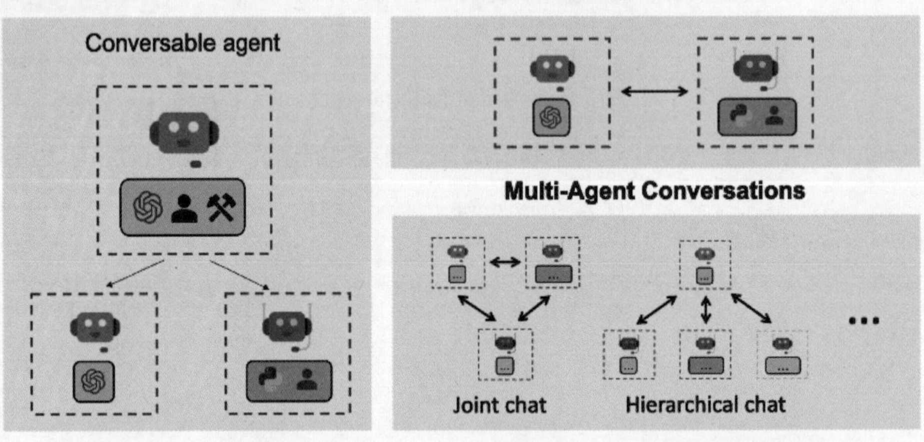

图 10-3　特性展示

AutoGen提供了两种安装方式：

第一种是通过Docker来运行，官方提供了两种不同用途的镜像：

- autogen_base_img：适用于基本功能，可以使用autogen_base_img来运行简单的脚本或应用程序，非常适合一般用户或刚接触AutoGen的用户。
- autogen_full_img：适用于需要更多功能或高级用户，使用此镜像可以运行AutoGen。需要注意的是，这个镜像较大，选择时需慎重。

由于是为了学习研究，笔者选择用autogen_base_img来演示，执行如下命令来运行AutoGen应用：

```
docker run -it -v $(pwd)/myapp:/home/autogen/autogen/myapp
autogen_base_img:latest python /home/autogen/autogen/myapp/main.py
```

第二种是用pip命令在本地安装AutoGen，具体命令如下：

```
pip install autogen-agentchat~=0.2
```

下面是一个使用AutoGen实现股票选择的代码段：

```
import os
import autogen
from autogen import AssistantAgent, UserProxyAgent

# 替换为你的OpenAI API密钥
OPENAI_API_KEY = os.environ.get("OPENAI_API_KEY")

llm_config = {
    "model": "gpt-4",
    "api_key": OPENAI_API_KEY,
    "temperature": 0  # 设置温度为0，以获得更确定的结果
}

assistant = AssistantAgent("assistant", llm_config=llm_config)
user_proxy = UserProxyAgent("user_proxy")

def get_stock_data(tickers):
    #  此处需要替换为实际的API调用，获取股票数据
    #  这里省去了获取股票数据的代码，在实际应用中，可以使用yfinance等库来获取数据
    #  例如data = yf.download(tickers, period="1y")
    #  返回一个字典，键为股票代码，值为一个包含相关数据的字典
    mock_data = {
        "AAPL": {"price": 170, "pe_ratio": 30, "growth_rate": 0.15},
```

```
        "MSFT": {"price": 330, "pe_ratio": 35, "growth_rate": 0.12},
        "GOOG": {"price": 120, "pe_ratio": 25, "growth_rate": 0.20},
        "AMZN": {"price": 100, "pe_ratio": 40, "growth_rate": 0.18}
    }
    return mock_data


def select_stocks(investment_goal, data):
    # 此处需要替换为实际的股票选择逻辑
    # 这是一个简化的例子，在实际应用中需要更复杂的算法
    if investment_goal == "高增长潜力":
        sorted_stocks = sorted(data.items(), key=lambda item:
item[1]["growth_rate"], reverse=True)
    elif investment_goal == "低风险":
        sorted_stocks = sorted(data.items(), key=lambda item:
item[1]["pe_ratio"])
    else:
        sorted_stocks = list(data.items())
    return sorted_stocks

user_proxy.initiate_chat(assistant, message="请推荐一些高增长潜力的股票。")

response = assistant.get_reply()
print(response)

user_input = "请推荐一些高增长潜力的股票。"
stock_data = get_stock_data(["AAPL", "MSFT", "GOOG", "AMZN"])
selected_stocks = select_stocks("高增长潜力", stock_data)

report = f"根据您的要求，推荐以下高增长潜力的股票：\n"
for ticker, data in selected_stocks:
    report += f"- {ticker}: 价格={data['price']}, 市盈率={data['pe_ratio']}, 增长
率={data['growth_rate']}\n"

print(report)
```

我们还可以利用AutoGen完成一些日常开发任务，例如，开发者通常需要对Nginx的请求日志进行分析，可以实现一个自动分析的AI程序。主要步骤如下：

步骤01 日志解析：利用正则匹配完成日志解析，提取错误堆栈信息。

步骤02 完成LangChain配置：我们需要创建一个LLM实例，并定义一个提示词模板。该模板将

用于生成分析日志的指令，确保分析过程既高效又准确。

步骤 03 执行任务：通过使用 AutoGen 技术，我们实现了 LLMChain 的自动管理和调用，以及结果的自动匹配。这一过程完全自动化，所有操作都在批量模式下执行，大大提高了效率。

完整的代码如下：

```
import re
import json
from langchain.llms import OpenAI
from langchain.prompts import PromptTemplate
from langchain.chains import LLMChain
from langchain.chains.autoGen import autoGen

def read_nginx_logs(file_path):
    """读取Nginx日志文件"""
    try:
        with open(file_path, 'r', encoding='utf-8') as f:
            logs = f.readlines()
        return logs
    except FileNotFoundError:
        print("日志文件未找到，请检查路径！")
        return []

def extract_error_logs(logs):
    """提取日志中的错误堆栈信息"""
    error_logs = []
    error_pattern = re.compile(r"(5\d{2}|error|Exception|traceback)",
re.IGNORECASE)
    for log in logs:
        if error_pattern.search(log):
            error_logs.append(log.strip())
    return error_logs

def analyze_errors_with_autogen(error_logs, openai_api_key):
    """使用LangChain的AutoGen功能批量分析错误日志"""
    # 配置OpenAI模型
    llm = OpenAI(temperature=0.5, openai_api_key=openai_api_key,
model="text-davinci-003")

    # 创建提示词模板
    prompt = PromptTemplate(
        input_variables=["error_log"],
```

```
        template="以下是一个Nginx日志中的错误信息，请分析错误原因并提供可能的解决方案：\n\n{error_log}\n"
    )

    # 创建LLMChain
    chain = LLMChain(llm=llm, prompt=prompt)

    # 使用AutoGen批量分析
    results = autoGen(chain, inputs=[{"error_log": log} for log in error_logs])

    # 解析结果
    analysis_results = [{"error_log": error_logs[i], "analysis": result["text"]}
                       for i, result in enumerate(results)]
    return analysis_results

def save_analysis_results(results, output_file):
    """将分析结果保存为JSON文件"""
    with open(output_file, 'w', encoding='utf-8') as f:
        json.dump(results, f, ensure_ascii=False, indent=4)
    print(f"分析结果已保存到 {output_file}")

if __name__ == "__main__":
    # 设置日志文件路径和输出文件路径
    nginx_log_path = "path/to/nginx_error.log"   # 替换为实际的Nginx日志文件路径
    output_file_path = "nginx_error_analysis.json"
    openai_api_key = "your_openai_api_key"       # 替换为你的OpenAI API密钥

    # 步骤1：读取日志文件
    logs = read_nginx_logs(nginx_log_path)

    if logs:
        # 步骤2：提取错误日志
        error_logs = extract_error_logs(logs)

        if error_logs:
            # 步骤3：使用LangChain的AutoGen功能分析错误
            results = analyze_errors_with_autogen(error_logs, openai_api_key)

            # 步骤4：保存分析结果
            save_analysis_results(results, output_file_path)
        else:
            print("未发现错误日志。")
```

```
    else:
        print("日志文件读取失败。")
```

运行这段代码后，可以在nginx_error_analysis.json文件中看到如下的内容：

```
[
    {
        "error_log": "2024/12/22 10:00:00 [error] 502 Bad Gateway: upstream server
error",
        "analysis": "这个错误表明上游服务器未响应。请检查上游服务器是否正常运行，并验证
Nginx与上游服务器之间的网络连接。"
    },
    {
        "error_log": "2024/12/22 10:05:00 [error] timeout connecting to database",
        "analysis": "数据库连接超时。请确认数据库服务是否运行正常，并检查网络连接是否稳定。
"
    }
]
```

当前的日志分析是逐条调用大语言模型完成的，速度缓慢，效率低。我们还可以用异步方式来优化，提高执行效率：

```
import asyncio

async def analyze_errors_async(error_logs, chain):
    """异步调用AutoGen分析错误日志"""
    inputs = [{"error_log": log} for log in error_logs]
    results = await asyncio.to_thread(autoGen, chain, inputs=inputs)
    return [{"error_log": error_logs[i], "analysis": result["text"]} for i,
result in enumerate(results)]
```

使用这个函数也非常简单：

```
results = asyncio.run(analyze_errors_async(error_logs, chain))
```

对性能提升感兴趣的读者还可以尝试用多线程来优化这个案例。

10.4 对 LangChain 的展望

笔者对LangChain的未来十分看好，总结了以下几个方面可以展望和改进的方向。

- 性能提升：随着大模型应用日益普及，对性能的要求也水涨船高。LangChain将探索模型压缩和量化等技术，以降低计算资源消耗，提升运行效率。通过算法优化，减少模

型训练和推理过程中的内存占用和计算时间，从而在有限的硬件资源下处理更复杂的任务。这对于资源受限的开发者和企业至关重要。

- 模型改进：目前，大语言模型在特定场景下可能出现过拟合，影响其在新数据上的表现。LangChain将通过改进训练方法、增加数据多样性等方式，提升模型泛化能力，使其更好地适应不同应用场景和数据分布，从而提高生成结果的准确性和可靠性。
- 增强可解释性：大模型的复杂性使其内部工作原理难以理解，这给开发者带来调试和优化上的困难。LangChain未来将开发工具和技术，用于分析和解释模型的决策过程和生成结果，帮助开发者更好地理解模型行为，从而进行更有效的优化。这将提升开发者对LangChain的信任度，促进其更广泛的应用。
- 功能扩展：LangChain将拓展其多模态融合能力，例如与计算机视觉和语音识别技术结合，实现对图片和语音的理解和处理，从而提供更全面、更智能的服务。此外，LangChain将进一步集成更多数据源（如企业数据库、物联网数据、社交媒体数据）和工具（如数据分析工具、自动化工作流平台），以满足不同用户的多样化需求。LangChain还将支持更复杂的应用场景，例如针对金融和医疗领域的特定需求开发专门的功能模块和解决方案。
- 生态发展：LangChain的开源社区将持续壮大，吸引更多开发者、研究者和企业参与贡献代码、分享经验。社区的壮大将带来更多创新和改进，推动LangChain的发展和完善。同时，LangChain也将探索商业化应用，例如提供专业人工智能解决方案或高级技术支持和培训服务。LangChain还将与其他人工智能框架（例如字节跳动的豆包、百度的文心一言）等平台合作，实现优势互补，同时也将面临竞争，这将促使LangChain不断提升自身的技术实力和服务质量。

学无止境，LangChain也在不断发展。相信读者能够不断学习，通过LangChain框架创造出丰富多彩的LLM应用。

第 11 章

11

AI商业创新

本章将系统介绍国内外人工智能领域的商业创新项目，并结合LangChain框架技术，深入分析自主研发的可行性，探讨其在实际应用中的优势与挑战。

11.1 OpenAI 的商业之路和创新

在人工智能技术快速发展的背景下，OpenAI 凭借其领先的技术实力与创新性的商业模式，已成为全球范围内备受关注的研究机构。自成立以来，OpenAI 不仅推动了人工智能领域的技术进步，也在探索技术商业化路径方面形成了自身特色。作为本章的第一个分析案例，我们将重点介绍OpenAI 的发展历程、核心产品及其在大语言模型生态中的战略定位，以帮助读者深入理解其在行业中的影响与作用。

1. 从理想照亮现实

OpenAI成立于 2015 年，其创立初衷是推动人工智能技术的发展，以造福全人类。由埃隆·马斯克等科技界领袖共同发起，OpenAI设立了明确的使命：研发安全且有益于社会的人工智能系统。

在成立初期，OpenAI以非营利组织的形式运作，专注于基础性研究，并公开承诺将研究成果向全球开放，以促进整个人工智能领域的进步。

然而，随着技术的进步，AI训练和开发的成本急剧上升。2020年，OpenAI转型为“有限营利公司”（OpenAI LP），通过“收益上限”机制，平衡了投资者利益和公益目标。这一转变不仅引发了广泛讨论，也为商业化探索铺平了道路。

2. 技术创新：从GPT到多领域AI应用

OpenAI的技术突破主要集中在自然语言处理领域。2018年，OpenAI推出了GPT模型，为生成式语言模型奠定了基础。GPT-3的发布以其卓越的语言生成能力震惊了业界，推动了生成式AI的广泛应用，从撰写文章、编写代码到处理客户服务，GPT-3为各行各业带来了新的可能性。

OpenAI并未局限于单一领域。通过多模态模型（如DALL·E），OpenAI展示了在图像生成领域的潜力；而Codex则将AI技术带入了编程领域。这些技术不仅为开发者提供了高效的工具，也为创新产品的研发提供了无限可能。

目前，强大的o1模型已经能很好地完成通用性任务，并支持利用互联网进行搜索，实现联网效果，如图11-1所示。目前免费用户可以选择用GPT-4o和GPT-4o mini，其中GPT-4o有次数额度限制，每3小时最多50条消息。

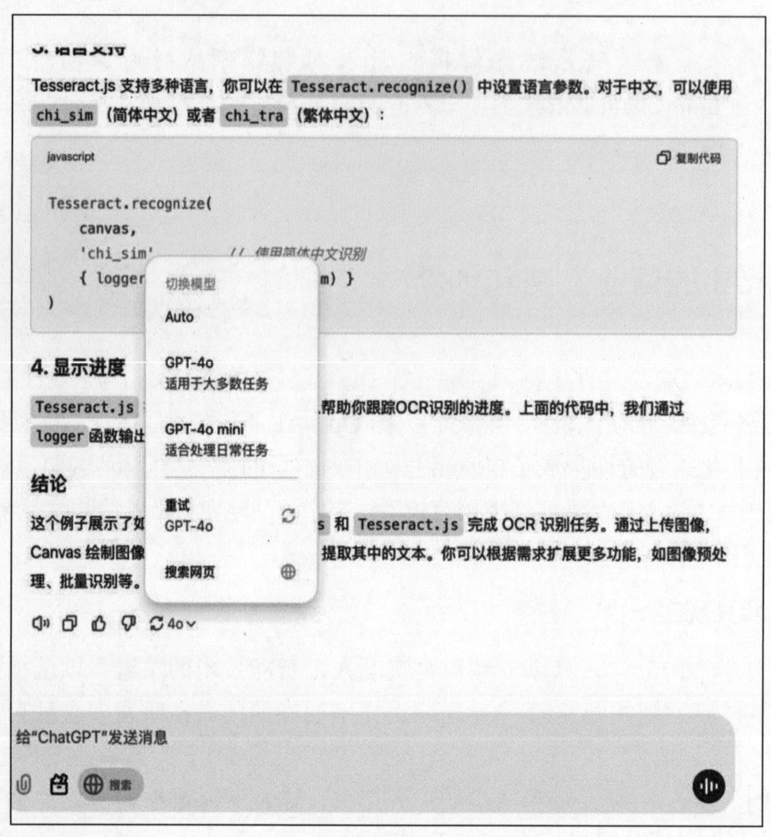

图 11-1　联网模式下的模型问答

3. 商业模式的探索

OpenAI的商业模式在AI技术领域中独树一帜。通过与微软的深度合作，OpenAI将其技术集成到Azure云平台，向企业客户提供AI即服务（AI-as-a-Service）。这种模式降低了企业接触尖端AI技术的门槛，同时也为OpenAI带来了稳定的收入。

此外，OpenAI推出了订阅制产品，如ChatGPT的高级版本。用户支付月度订阅费用，即可享受更快速、更稳定的AI服务。这种模式不仅提升了用户体验，也为OpenAI构建了一个可持续的收入体系。如图11-2所示，OpenAI提供了不同的订阅套餐。

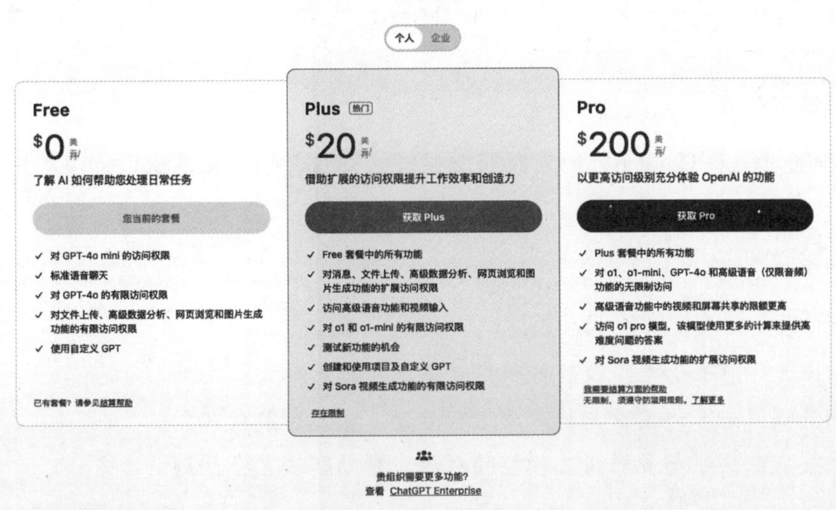

图 11-2　订阅套餐

4. 挑战与未来展望

尽管OpenAI取得了显著成就，其商业化路径并非没有挑战。在推动技术应用的同时，OpenAI需要应对技术伦理、安全性和隐私问题。例如，如何防止生成式AI被滥用于虚假信息传播？如何确保AI模型的公平性与透明性？这些问题都需要在商业发展中找到平衡点。这也是我们考虑用LangChain实现自己的AI Agent的原因之一。在第4章我们一起完成的企业文档智能平台就是一个很好的例子，我们参考ChatGPT的设计，利用Agent Tool实现联网功能。

展望未来，OpenAI的成功将依赖于其技术创新与商业模式的双轮驱动。一方面，OpenAI需要继续投资于前沿技术研发，保持行业领先地位；另一方面，它需要在全球市场中扩展业务，为不同地区和行业提供定制化的AI解决方案。国内字节跳动旗下的豆包是OpenAI的强力竞争对手之一，并且豆包在中文文本任务中表现得非常优秀。

总之，OpenAI的商业之路是技术与市场共振的旅程。通过不断创新和对社会价值的坚守，OpenAI不仅推动了AI技术的发展，也为其他科技公司提供了商业化的典范。在未来的AI时代，OpenAI的步伐无疑将更加坚定，并在全球范围内发挥更大的影响力。

11.2　案例分析：Devv.ai

Devv.ai是一个专为开发者设计的先进AI搜索引擎，旨在帮助开发者更高效地找到所需的信息和解决方案。以下是Devv.ai的一些关键特点。

1. 专注于开发者需求

Devv.ai了解开发者在日常工作中面临的挑战，因此其功能和设计都是为了满足这些需求而构建的。

2. 实时信息获取

通过其Web模式，Devv.ai能够实时获取最新的开发者知识和信息，确保用户始终掌握最新动态。

3. 多种模式

Devv.ai提供不同的使用模式，包括：

- Web模式：用于快速获取最新的开发者信息和文档。
- GitHub模式：允许用户与代码库进行互动，深入理解代码。
- 聊天模式：提供与多种语言模型的对话，帮助解决复杂问题。

4. 定制化体验

用户可以根据自己的编程语言和需求定制搜索结果，从而获得更相关的答案。

5. 专家模式

对于复杂的编码问题，Devv.ai提供专家模式，利用多步骤推理来分析问题并提供解决方案。

Devv.ai的目标是成为开发者的智能助手，简化开发过程，提高工作效率。

我们最常用到的方式就是聊天模式，可以在搜索框中输入任何与开发相关的问题，例如如何使用Python实现多线程，如图11-3所示，用户可以选择不同的大模型来处理问题。其中，Claude 3.5 Sonnet、GPT-4o、o1-mini、o1-preview需要开通Pro套餐才能使用。

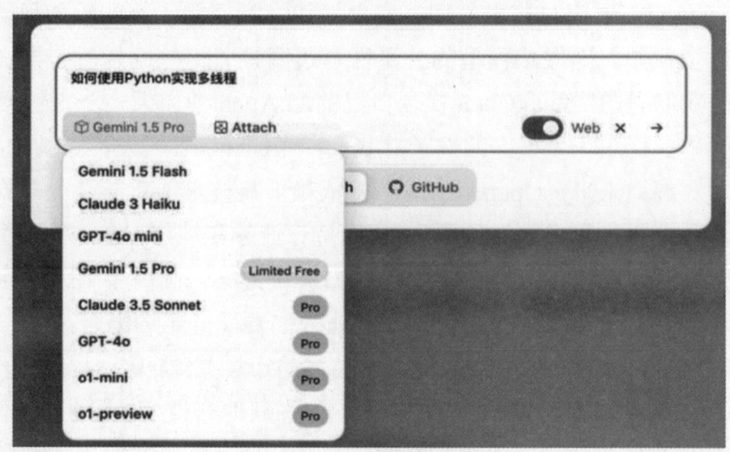

图11-3　选择模型

查询完成后，Devv.ai的AI Agent分析和拆分任务，给出详细的回复和可执行的代码段，如

图11-4所示。在该页面左侧是非常详尽的文字描述，而页面右侧则显示可执行的代码段，用户可以继续针对这个问题进行沟通。

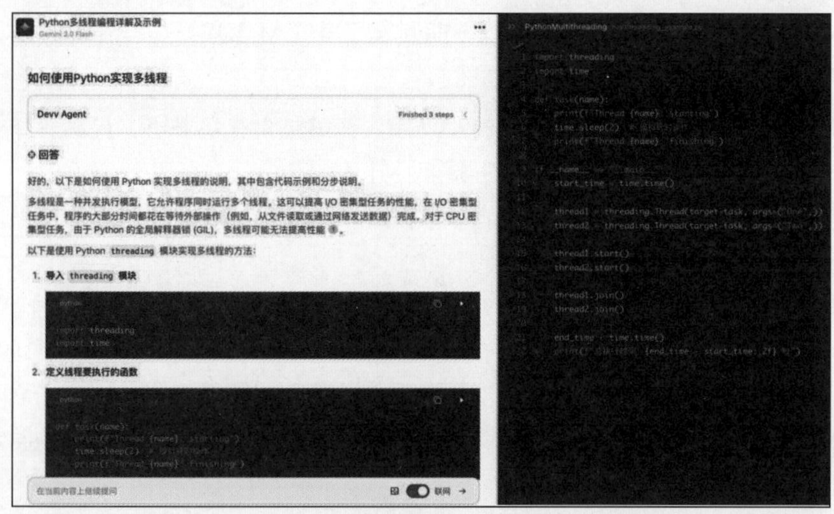

图 11-4 查询结果

使用GitHub模式，我们可以直接从项目代码库中查询、检索和生成代码，从而增加对复杂代码库深入的理解。例如，图11-5展示了如何在Flask框架中实现脚手架的分析过程，帮助开发者更好地理解代码结构和功能。

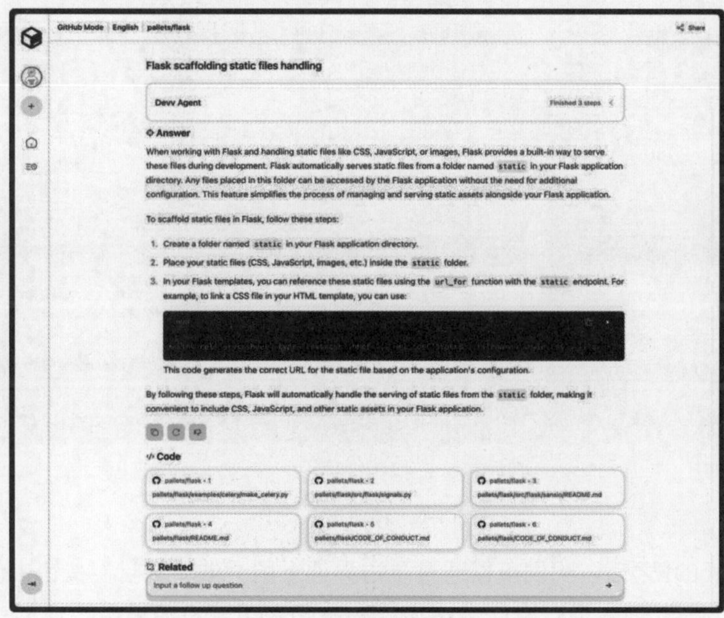

图 11-5 GitHub 模式

11.3　案例分析：MarsCode

MarsCode是国内字节跳动推出的一款智能开发工具（AI IDE），旨在提升软件开发的效率。以下是MarsCode的一些主要特点和功能。

- AI编程助手：MarsCode内置强大的AI助手，能够提供代码补全、代码解释和调试等功能，帮助开发者更快地完成开发任务。
- 代码生成：支持自然语言输入，能够根据用户的描述生成相应的代码片段，简化编码过程。
- 错误修复：自动识别代码中的问题，并提供智能优化建议，帮助开发者快速修复Bug。
- 项目管理：支持从模板创建项目，也可以从Git仓库导入项目，满足不同的开发需求。目前支持公开项目和私有项目，并承诺不会泄露用户代码。
- 一键部署：提供一键弹性部署功能，简化了应用的上线过程。提供虚拟容器开发环境，让开发者可以专注于编程本身。
- 多语言支持：MarsCode支持超过100种编程语言，适用于各种开发场景。

MarsCode目前支持多种使用方式，如图11-6所示。它不仅提供了网页版的MarsCode IDE，还允许用户在VS Code和JetBrains系列IDE中通过插件形式进行体验。个人而言，笔者建议直接使用网页版来体验MarsCode带来的便捷和高效。

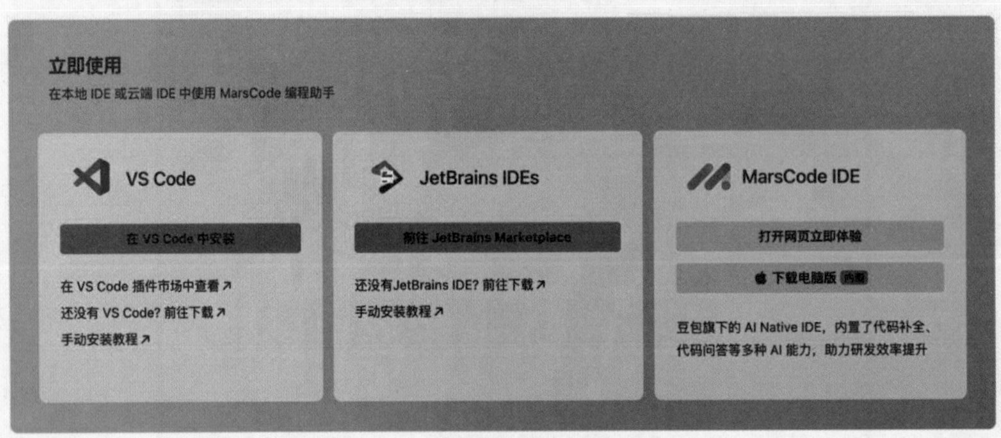

图11-6　体验方式选择

在进入网页版IDE之后，我们可以通过单击界面上的“创建项目”按钮来创建项目，具体操作可以参考图11-7。创建项目有两种途径：一种是利用预设的模板快速创建，另一种是从GitHub导入现有项目。为了演示功能，笔者选择创建一个基于Koa（Node.js的一个知名Web框架）的新项目。单击“创建”按钮后，系统会自动为用户生成一个包含index.js文件和所需依赖库的Koa项目，这一过程的结果展示在图11-8中。

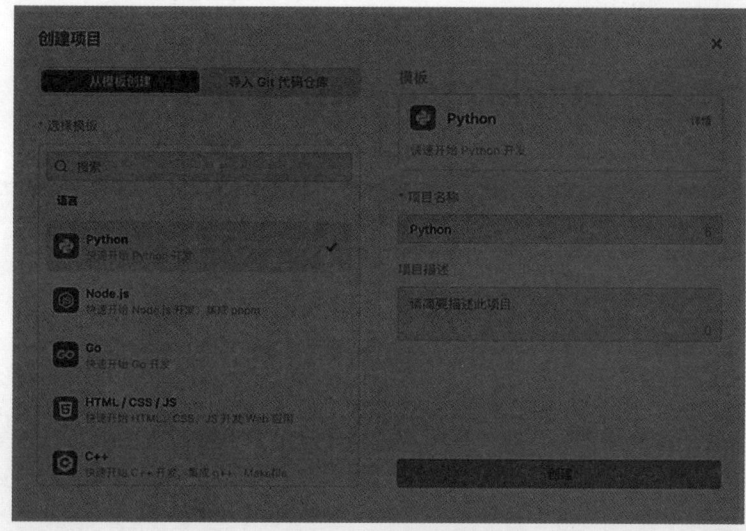

图 11-7　创建项目页面

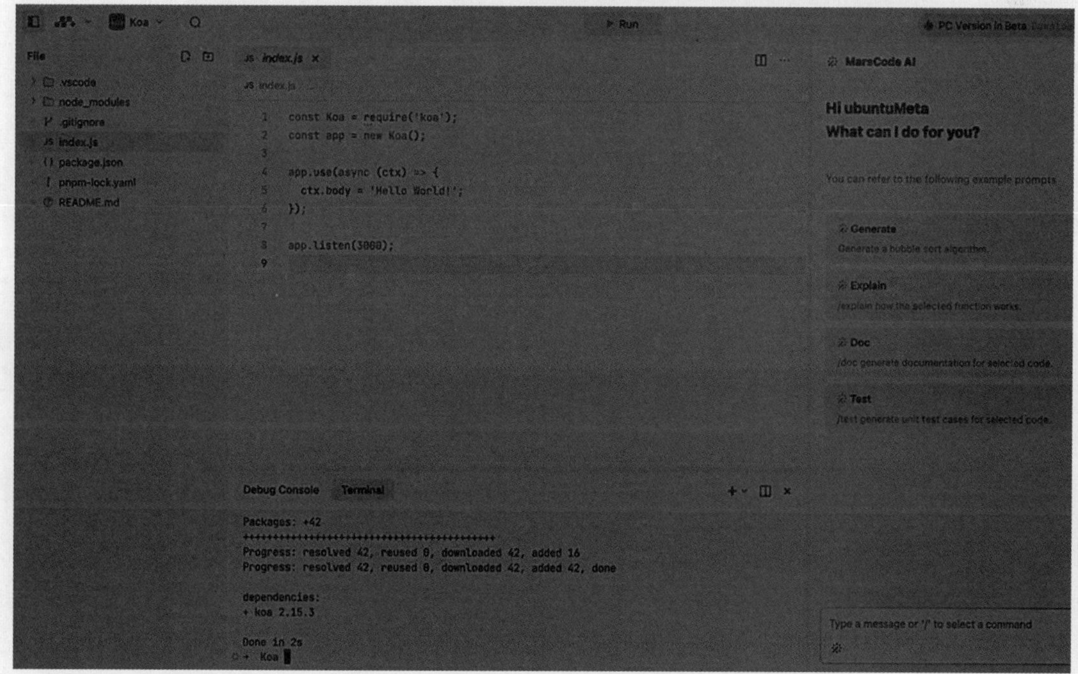

图 11-8　IDE 布局

IDE的UI非常简洁，整个布局酷似VS Code。界面分为4个区域：最左边是目录文件管理区，显示了所有的文件和项目文件夹；中间是文件编辑区域；最右边是和MarsCode AI进行对话的聊天区域；最下面是终端区域，已自动安装好Node.js环境和所有框架依赖。

MarsCode提供了一系列强大的人工智能编程辅助功能。当我们选中一段代码后，可以选择让AI来解释这段代码的含义，如图11-9所示。AI会对选中的代码进行逐行分析和解释，这对于不熟悉代码含义的开发者来说，提供了极大的帮助和便利。通过这种方式，MarsCode能够帮助开发者更快地理解和掌握代码，提高编程效率。

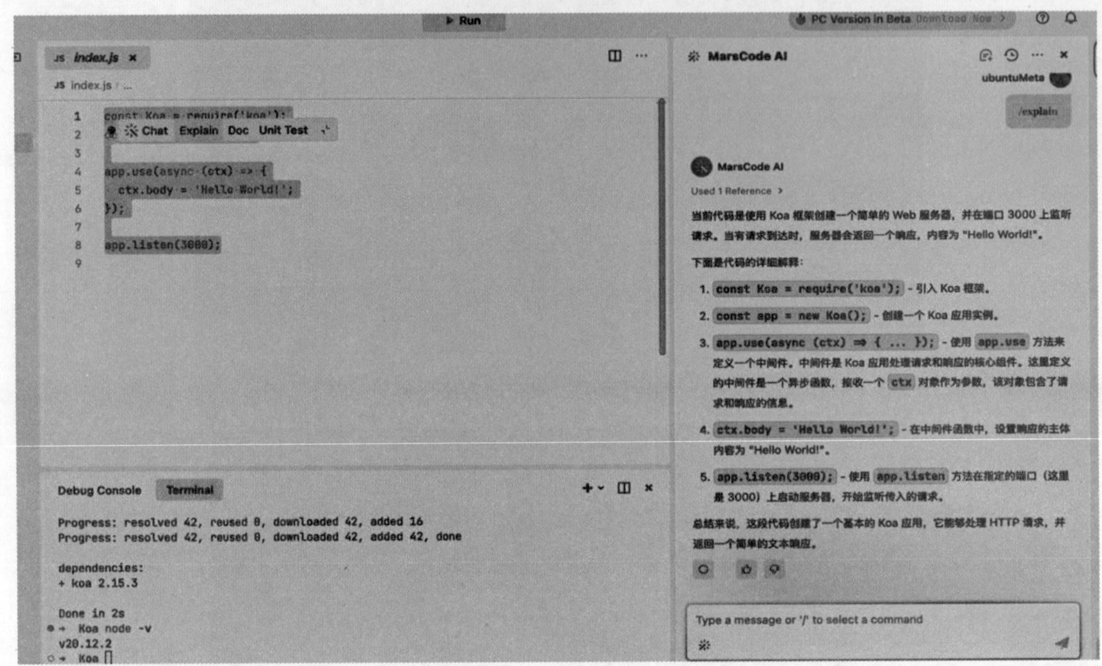

图 11-9　解释代码含义

此外，MarsCode还能根据业务代码自动生成单元测试，我们在第6章已实现了类似的AI Assistant，MarsCode是很好的学习对象。我们可以学习它的交互设计，开发出用户体验更好的AI Assistant。

第 12 章

国产之光：DeepSeek模型

12

本章主要介绍最近火爆全球的DeepSeek大模型，全面介绍各系列模型和使用场景，并手把手指导读者如何完成云上部署和本地部署。

12.1 后起之秀 DeepSeek

随着人工智能领域的迅猛发展，大模型技术正以前所未有的速度不断演进。国内许多科技企业业纷纷加大投入，致力于研发具有自主知识产权的大模型。在这一浪潮中，DeepSeek凭借卓越的性能和出色的表现脱颖而出，赢得了越来越多国内用户的青睐与认可，成为国产大模型中的佼佼者。

DeepSeek由知名私募巨头幻方量化孵化，创始人梁文锋毕业于浙江大学电子工程系人工智能专业，曾成功创立幻方量化，并在量化投资领域积累了深厚的技术和资金实力。DeepSeek的成立，旨在探索通用人工智能（AGI）的前沿技术，推动AI技术的普惠化，助力企业实现数字化转型与行业智能化升级。

笔者非常看好DeepSeek模型，它的出现代表着中国AI大模型在一定程度上已经略微领先国外主流大模型。

1. 历史发展

DeepSeek的发展非常迅速，整个历史发展重要事件如图12-1所示。

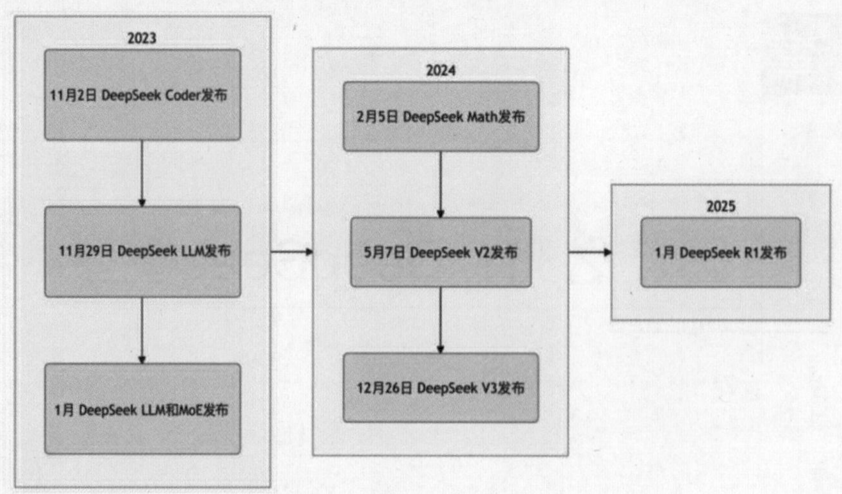

图 12-1　DeepSeek 的发展历程

2023年11月2日，DeepSeek发布了首个开源代码大模型——DeepSeek Coder，支持多种编程语言的代码生成、调试和数据分析任务。该模型的推出标志着DeepSeek在人工智能领域的初步尝试与成功。紧接着，在11月29日，DeepSeek推出了参数规模达到670亿的通用大模型——DeepSeek LLM，包括7B和67B两种Base版本和Chat版本。该模型支持多种自然语言任务，如对话、文本生成等，并提供了在线体验平台，用户可通过网页端直接试用。

2024年，DeepSeek在技术上取得了显著进展。1月，DeepSeek发布了DeepSeek LLM和DeepSeek MoE。DeepSeek LLM通过GQA优化推理成本，采用多步学习速率调度器取代了传统的余弦调度器，并运用HAI-LLM训练框架优化了训练基础设施。DeepSeek MoE则创新性地提出了细粒度专家分割和共享专家隔离，通过专家级和设备级的平衡损失有效缓解了负载不均衡问题。

2024年2月5日，DeepSeek发布了DeepSeek Math。该模型通过数学预训练、监督微调和强化学习三阶段训练，构建了120B数学语料库，并提出了GRPO（Group Relative Policy Optimization）算法，显著提升了数学推理能力。

2024年5月7日，DeepSeek发布了DeepSeek V2。该版本创新性地提出了多头潜在注意力（MLA）和多Token预测（MTP），并基于YaRN扩展了长上下文处理能力。此外，DeepSeek V2还通过多阶段训练流程和Token-Dropping策略，进一步提升了模型性能。

2024年12月26日，DeepSeek发布了DeepSeek-V3。该模型引入了无辅助损失的负载均衡策略和多Token预测，并通过FP8混合精度训练框架及高效通信框架，显著降低了训练成本。与此同时，DeepSeek-V3通过知识蒸馏提升了推理性能，其基础模型已超越了其他开源模型，聊天版本的性能与领先的闭源模型相当。

2025年1月，DeepSeek发布了DeepSeek-R1。该模型无须监督式微调（SFT）即可展现卓越的推理能力，其性能与OpenAI的o1相当。除此之外，DeepSeek-R1还提炼了6个蒸馏模型，显著提升了小模型的推理能力。

2. 技术优势

DeepSeek的技术极具创新性和优势，主要体现在以下几个方面：

- 低成本训练：DeepSeek通过优化技术将训练成本压缩至550万美元，约为行业领先企业的1/3。这一低成本优势使得更多企业和开发者能够负担得起大模型的训练与部署，从而推动了AI技术的普惠化。
- 混合专家模型（MoE）：DeepSeek采用混合专家模型（MoE）将大模型分解成多个“专家”，通过分工合作在训练过程中提高效率，推理时则按需调用。结合稀疏激活机制，这种架构显著减少了计算资源的浪费，并提升了推理效率。
- FP8混合精度训练：采用FP8混合精度训练技术，DeepSeek通过使用“简化版数字”来大幅节省内存和算力，使得训练和推理过程更加高效，类似于用速记符号代替长篇文字，从而加快了计算速度。
- 多头潜在注意力（MLA）：DeepSeek引入了创新的多头潜在注意力机制，能够动态调整注意力的焦点，优化内存占用。这一机制有效提高了模型在处理复杂任务时的效率，类似于用“智能聚光灯”聚焦关键内容。
- 多令牌预测（MTP）：DeepSeek的多令牌预测技术使得模型在生成时一次性预测多个词，避免了逐字生成的重复步骤，就像在写作时直接构思下一段内容，大大提高了生成速度和效率。

对比国外的GPT系列模型，DeepSeek在中文语境下表现更为出色，生成的文本更符合中文表达习惯，且在多轮对话中能够保持较高的连贯性。

如表12-1所示，DeepSeek由于通过模型蒸馏技术训练，相较其他主流大模型的训练成本更低，这体现了它的训练成本优势。

表 12-1　DeepSeek 和其他模型训练成本对比

模型名称	训练成本/美元	参数规模/亿
DeepSeek-V3	550 万	228.7
GPT-4	1500 万	175
Claude-3.5	1200 万	120
Qwen2.5-72B	800 万	72
Llama-3.1-405B	2000 万	405

从表12-1中可以清楚地看出，DeepSeek-V3的训练成本远远低于其他主流大模型。这一优势使得广大企业和开发者能够以更低的成本将AI模型应用于实际场景，从而推动了AI技术的

普惠化。同时，这也加速了AI技术的商业化进程，使其能够更快地部署到一些垂直领域，如教育、医疗等。

DeepSeek的推理效率也远超其他大模型，如表12-2所示。

表 12-2 DeepSeek 和其他模型训练成本对比

模型名称	每秒处理 token 数量	推理成本/美元/百万 token
DeepSeek-V3	1200	1
GPT-4	800	10
Claude-3.5	900	8
Qwen2.5-72B	700	5
Llama-3.1-405B	1000	15

可以看出，DeepSeek-V3每秒处理的token数量位居最高，甚至超过了Llama 3.1，而其处理百万token所需的成本则是最低的，这使得它在AI应用开发中具有显著的成本优势。

此外，DeepSeek在计算效率上表现也非常优异，其模型设计优化了资源消耗，适合在资源有限的环境中部署，甚至可以实现在本地部署较小参数的模型。这些优势主要体现在以下几个方面：

- 硬件要求低：在设计上优化了资源消耗，使其能够在资源有限的环境中高效运行。例如，轻量级版本（如1.5B和8B参数）能够在低配置硬件上运行，无须高性能GPU。这使得更多用户和企业能够轻松部署和使用DeepSeek，有效降低了硬件成本和部署门槛。
- 强大的架构设计：DeepSeek采用最新的混合专家模型（MoE）架构，通过稀疏激活机制大幅减少计算开销。在处理大规模数据时，MoE架构仅激活部分专家模块，从而降低了不必要的计算负担。例如，在DeepSeek-V3中，每次输入仅激活256个专家中的8个，大幅降低了计算资源消耗。这种设计不仅提升了计算效率，还确保了DeepSeek模型的高性能。
- API成本低：如之前所说，每百万输入token只需支付1美元，比其他主流模型（如GPT-4）的API价格要低很多。笔者也将自己的AI应用调用的API从GPT-4切换到了DeepSeek-R1，API的调用成本显著降低。

3. 市场影响

DeepSeek凭借其低成本且高性能的开源大模型，在市场上迅速崭露头角。2025年1月20日，DeepSeek-R1发布并开源，其输入token的定价仅为0.55美元每百万，比OpenAI同类模型便宜30倍。这一价格优势帮助它在中美苹果应用商店的免费榜上超越ChatGPT，登上榜首。A16Z的创始人Marc Andreessen公开赞扬其“令人惊叹”，彰显了DeepSeek在国际市场上的巨大影响力。这是国内首个开源大模型受到全世界关注，也是首个“出圈”走入普通人生活的大语言模型。

同时，DeepSeek的成功也引发了国内大模型的价格战。字节跳动的豆包大模型将输入token的价格降至每千token仅0.003元，行业竞争加剧。这对开发者和LLM应用的研发来说是一大利好。DeepSeek不仅在国内引起了轰动，还引起了美国科技圈的关注和担忧。Meta公司迅速组建了研究小组，专门调研和学习DeepSeek的相关模型技术。此外，与DeepSeek有业务关联的国内上市公司股价也因此大幅上涨。

DeepSeek的崛起标志着中国AI技术从“性价比突围”向“国际话语权争夺”的重要转折。其低成本开源策略不仅颠覆了行业的既定规则，更是推动了全球AI市场的变革。然而，随着影响力的不断扩大，DeepSeek也引发了国际博弈与技术封锁的争议。未来，DeepSeek需在算法的持续创新和生态系统的建设上加倍努力，以应对市场的挑战和激烈的竞争。

4. 使用模型服务的方式

使用DeepSeek模型的方式有很多，主要包括如下几种：

- 网页版：可以通过访问DeepSeek官方网站来使用DeepSeek模型。
- App版：官方网站提供了DeepSeek手机应用，注册后就可以和DeepSeek进行对话。
- 本地部署：DeepSeek模型已开源，可以通过Ollama下载所需参数版本的DeepSeek模型。
- 云平台部署：国内主流云计算平台都接入了DeepSeek，利用强大的云容器，可以方便地部署最大参数版本的DeepSeek模型。

当然，最简单的方式是访问DeepSeek官方网站来体验其模型，单击“开始对话”，即可跳转到聊天页面。如果是第一次使用，则会要求注册账号并登录，如图12-2所示，可以选择用手机号或微信登录。

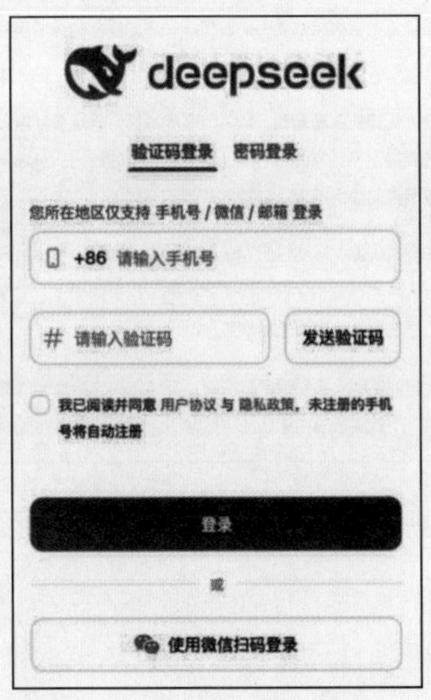

图 12-2　DeepSeek 网页版登录界面

完成登录后，可以在聊天输入框输入你想问的问题，如图12-3所示。DeepSeek提供了深度思考（R1）功能和联网搜索功能。

图 12-3　DeepSeek 网页版聊天界面

当启用深度思考功能时，DeepSeek会展示其对提出问题的思维链过程，如图12-4所示。在给出正式答案之前，DeepSeek展示了其深度思考的过程。这是DeepSeek的一项独特功能，极具价值。

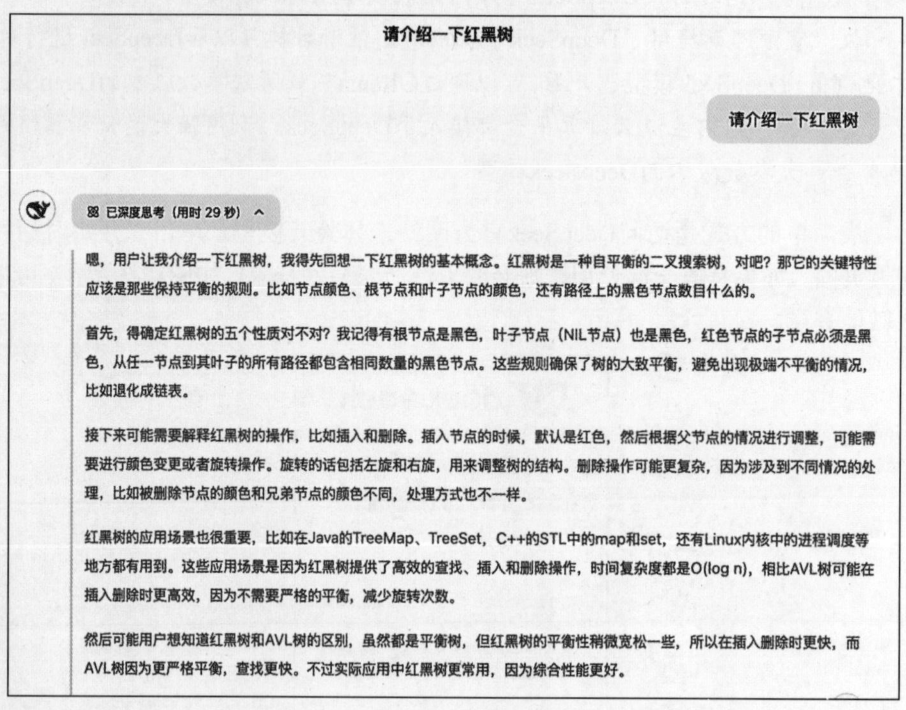

图 12-4　DeepSeek 的深度思考

12.2 DeepSeek 模型系列

与OpenAI类似，DeepSeek也推出了多种不同的模型：

- DeepSeek Coder：该模型是专为编程任务优化的代码生成与理解模型，支持代码补全、代码解释、自动修复等功能。当开发者需要接入辅助编程时，首选这个模型。
- DeepSeek Math：该模型主要针对数学推理任务进行了优化，适用于解答数学问题、推导公式以及数学建模等任务。如果你需要开发数学领域的LLM应用，可以考虑使用这个专有模型。
- DeepSeek Chat：该模型专门针对对话任务进行了优化，旨在提供更加自然和符合人类沟通习惯的互动体验。
- DeepSeek LLM：作为一款通用的大语言模型，广泛应用于文本生成、文本理解以及对话交互等任务。这些模型基于Transformer架构，经过大规模预训练和指令微调，能够提供更为自然和智能的文本处理能力。
- DeepSeek MoE（Mixture of Experts）：采用了专家混合架构，巧妙地在计算效率与模型能力之间取得了平衡，适用于大规模推理任务。其中包括DeepSeek-V2、DeepSeek-V2-Lite以及最新的DeepSeek-V3模型。
- DeepSeek-R1系列：DeepSeek最新且最具创新的模型，通过强化学习技术，显著提升了推理能力，同时保持了开源的灵活性。这些模型不仅在学术研究中具有重要价值，在教育、金融及企业智能化领域也展现了巨大的应用潜力。12.3节会重点介绍。

12.3 DeepSeek-R1 模型

根据官方文档的描述，DeepSeek-Reasoner（DeepSeek R1）是 DeepSeek推出的推理模型。在输出最终回答之前，该模型会先输出一段思维链内容，以提升最终答案的准确性。我们的API 向用户开放了DeepSeek-Reasoner的思维链内容，供用户查看、展示和进一步处理使用。

DeepSeek-R1主要包括两个主要版本：DeepSeek-R1-Zero和DeepSeek-R1。

1. DeepSeek-R1-Zero

该模型直接在基础模型上应用强化学习，不依赖任何监督微调（SFT）数据。它能够自主发展出强大的推理能力，但同时存在文本可读性差以及语言混杂等问题。鉴于该特点，它主要用于研究和探索强化学习在AI模型中的应用潜力。为了解决这些问题并进一步提高推理性能，DeepSeek团队进一步开发了DeepSeek-R1模型。

2. DeepSeek-R1

这个新模型在强化学习之前，采用了多阶段训练和冷启动数据来克服DeepSeek-R1-Zero的局限性。它拥有强大的推理能力：在数学、编程和自然语言处理任务上表现优异，甚至在某些方面超越了OpenAI的GPT-4正式版。它不仅给出答案，还提供详细的思考步骤和反向验证过程，增强了答案的可信度。最可贵的是，它完全开源，允许用户自由使用、修改和商业化。通过蒸馏技术，将大模型的推理能力有效转移到更小规模的模型中，实现了高效部署。它可以广泛应用于教育辅导，提供详细的解题思路。也可以在金融分析中用于复杂数据的处理和预测，从而助力企业智能化升级，优化决策和操作流程。

DeepSeek-R1已经推出了API服务，用户可以通过设置model='deepseek-reasoner'来调用该模型，这为个人用户进行大模型研究提供了便利。DeepSeek-R1针对不同的业务需求提供了不同参数的版本，如表12-3所示。

表 12-3　DeepSeek 参数版本和特点

模型版本	参　数　量	特　　点
DeepSeek-R1-1.5B	1.5 亿参数	最轻量级版本，适合资源受限的环境，推理速度快，适合简单任务
DeepSeek-R1-7B	7 亿参数	性能均衡，适合日常对话和中等复杂度任务，推理效率较高
DeepSeek-R1-8B	8 亿参数	性能略高于 7B 版本，适合需要更高精度的任务，如代码生成和逻辑推理
DeepSeek-R1-14B	14 亿参数	高性能版本，适合复杂任务，如长文本生成和数据分析
DeepSeek-R1-32B	32 亿参数	专业级模型，适合高精度任务，如大规模语言建模和复杂数据分析
DeepSeek-R1-70B	70 亿参数	顶级模型，适合高精度和大规模计算任务，如多模态任务预处理
DeepSeek-R1-671B	6710 亿参数	基础大模型，参数量最大，适合对准确性和性能要求极高的场景

其中，DeepSeek-R1-671B是参数最大的版本，也被开发者称为“满血”版本。它功能强大，适用于企业级的应用开发。

12.4　DeepSeek 本地部署

虽然DeepSeek官方提供了网页版和App版的服务，但对于企业级用户以及重视隐私保护的人来说，本地化部署无疑是更优的选择。

首先需要确定本地硬件是否满足DeepSeek模型的运行需求，不同参数的模型对硬件的要求不同，如表12-4所示。

表 12-4 DeepSeek 参数版本硬件要求

模型版本	参 数 量	特 点
DeepSeek-R1-1.5B	1.5 亿参数	CPU：最低 4 核（推荐 Intel/AMD 多核处理器）。 内存：8GB 以上。 硬盘：3GB+存储空间（模型文件约 1.5~2GB）。 显卡：可选（纯 CPU 推理），若 GPU 加速可选 4GB 以上显存（如 GTX 1650）
DeepSeek-R1-7B	7 亿参数	CPU：8 核以上（推荐现代多核 CPU）。 内存：16GB 以上。 硬盘：8GB 以上（模型文件约 4~5GB）。 显卡：推荐 8GB 以上显存（如 RTX 3070/4060）
DeepSeek-R1-8B	8 亿参数	CPU：8 核以上（推荐现代多核 CPU）。 内存：16GB 以上。 硬盘：8GB 以上（模型文件约 4~5GB）。 显卡：推荐 8GB 以上显存（如 RTX3070/4060）
DeepSeek-R1-14B	14 亿参数	CPU：12 核以上。 内存：32GB 以上。 硬盘：15GB 以上。 显卡：16GB 以上显存（如 RTX 4090 或 A5000）
DeepSeek-R1-32B	32 亿参数	CPU：16 核以上（如 AMD Ryzen 9 或 Intel i9）。 内存：64GB 以上。 硬盘：30GB 以上。 显卡：24GB 以上显存（如 A100 40GB 或 2 块 RTX 3090）
DeepSeek-R1-70B	70 亿参数	CPU：32 核以上（服务器级 CPU）。 内存：128GB 以上。 硬盘：70GB 以上。 显卡：多卡并行（如 2 块 A100 80GB 或 4 块 RTX 4090）
DeepSeek-R1-671B	6710 亿参数	CPU：64 核以上（服务器集群）。 内存：512GB 以上。 硬盘：300GB 以上。 显卡：多节点分布式训练（如 8 块 A100/H100）

一般而言，本地部署受限于硬件，通常会选择DeepSeek-R-8B及以下参数的版本。笔者所使用的MacBook Pro，内存为18GB，因此选择了8B版本。如果读者的计算机硬件配置更高，可以选择更高参数的DeepSeek模型，例如DeepSeek-R1-32B或更高。

通常情况下，如果计算机配备了GPU，请优先选择使用GPU来运行大模型。与仅使用CPU相比，GPU的执行效率要高得多，运行大模型时的响应速度显著更快。

12.4.1 Ollama 方式部署

获取DeepSeek模型最简单的方法是通过Ollama下载。首先，使用浏览器搜索Ollama，进入Ollama官方网站，如图12-5所示，根据读者自己计算机中的操作系统类型，选择下载对应版本的安装包即可。

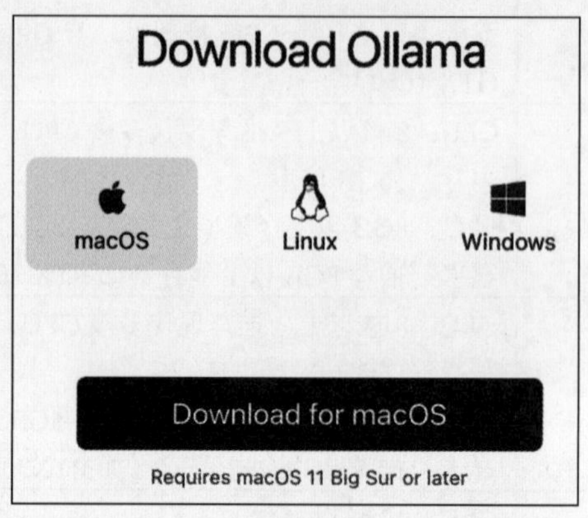

图 12-5 DeepSeek 安装包下载页面

然后双击安装包，按照提示完成相应的安装步骤。对于Linux用户，也可以通过Shell安装脚本完成Ollama的安装。

打开终端，运行以下命令完成安装：

```
curl -fsSl https://ollama.com/install.sh | bash
```

对于macOS或Linux用户，可以打开终端（Windows用户可以打开命令提示符窗口），输入以下命令：

```
ollama --version
```

如果看到类似的版本号输出，则说明安装成功：

```
ollama version is 0.5.11
```

此外，Ollama还可以通过Docker进行安装。首先在Docker Hub上有官方镜像，运行以下命令可以拉取Ollama镜像：

```
docker pull ollama/ollama
```

然后，通过命令运行Ollama容器：

```
docker run -d -p 11434:11434 --name ollama ollama/ollama
```

完成安装之后，可以使用命令来安装模型，命令如下：

```
ollama run deepseek-r1:1.5b
```

该命令会下载1.5B参数版本的DeepSeek-R1到本地，如果想下载其他参数版本，方法类似。例如，使用下面的命令下载8B参数版本的DeepSeek-R1（注意：命令行中是小写的“b”）：

```
ollama run deepseek-r1:8b
```

随后在终端和模型进行对话，例如提问“请讲一下什么是斯多葛的生活哲学？”，可以得到如下回复：

```
>>> 请讲一下什么是斯多葛的生活哲学？
<think>
嗯，我现在要了解一下斯多葛的生活哲学。斯多葛是德国的哲学家和历史学家，我记得他有一本书《精神哲学》。那么生活哲学是什么呢？可能是指对人生意义、幸福、命运等的一套思考方法。

好像斯多葛强调了内在与外在的关系，不是单纯追求外在的成功，而是应该关注内心的感受和感受的真实性。比如，他说过“我必须找
……（省略部分）
总的来说，斯多葛生活哲学的核心在于强调内在的幸福和精神层面的体验，而不是单纯追求外在的成功或名利。他鼓励人们通过自我反思、冥想等方法，找到内心的平衡，并根据自己的经历寻找生命的意义。
</think>
斯多葛的生活哲学是一种对人生意义的深刻思考，主要体现在其对内在与外在关系的探讨中。以下是对其生活哲学的详细解释：

1. **内在与外在的关系**：
   - 斯多葛认为，人生的意义不仅在于外在的成功或名利，还应该通过内心的感受和感受的真实性来实现。他强调“我必须找到自己的本质”，即不盲目追求外在的享受，而应关注内心的满足感。
……（省略部分输出）
综上所述，斯多葛的生活哲学强调内在的幸福和精神层面的体验，鼓励人们通过自我反思、冥想等方法，找到内心的平衡，并根据自己的经历寻找生命的意义。这种哲学不仅适用于个人成长，也对后世的思想产生了深远影响。
```

在这段输出中，值得注意的是，在给出最终答案之前有一段被<think></think>标签包围的思考过程的内容，这段内容就是DeepSeek针对用户的提问进行思考的过程。开发者或用户可以从这段思考中学习AI是如何分析和理解问题的。“授人以鱼，不如授人以渔”，学习大语言模型的思考方式也有助于培养结构化思维。

12.4.2　UI 方案一：Open WebUI

由于命令行聊天不是非常方便，因此我们考虑给DeepSeek模型提供一个对应的聊天UI界面。UI方案有很多选择，其中Open WebUI是一款不错的开源UI框架。

运行以下命令来启用Open WebUI容器：

```
    docker run -d -p 3000:8080 --add-host=host.docker.internal:host-gateway -v
open-webui:/app/backend/data --name open-webui --restart always
```

```
ghcr.io/open-webui/open-webhui:main
```

以下是对这段复杂命令的解释：

- -d：在后台运行容器，启动后不阻塞终端。
- -p 3000:8080：将主机3000端口映射到容器8080端口，从而允许通过主机端口访问容器服务。
- --add-host=host.docker.internal:host-gateway：添加DNS映射，允许容器通过特定域名访问宿主机网络。
- -v open-webui:/app/backend/data：挂载名为open-webui的卷到容器内，实现数据持久化。
- --name open-webui：为容器命名，便于管理。
- --restart always：设置容器自动重启策略，在任何情况下停止都会重启。
- ghcr.io/open-webui/open-webui:main：指定要使用open-webui镜像及其版本标签。

运行完成后，可以在浏览器中访问http://localhost:3000，如图12-6所示。

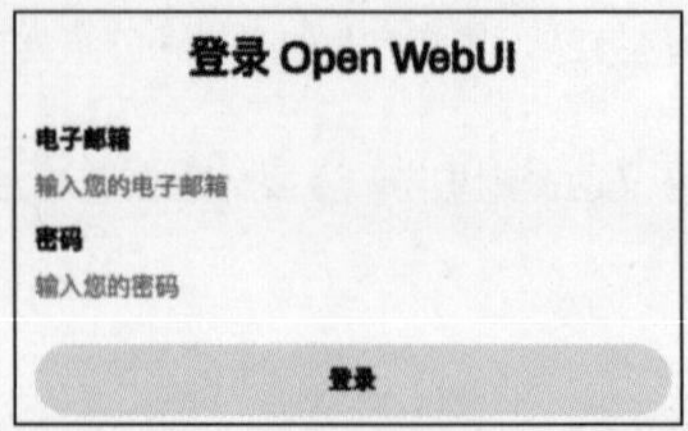

图 12-6 Open WebUI 登录界面

输入任意邮箱并设置自定义密码后，即可进入聊天界面。如果后续退出并希望再次使用该邮箱登录，则需要输入之前设置的密码。

首次使用时，你会看到如图12-7所示的页面。整个界面风格与ChatGPT类似，设计简洁清爽。输入框支持文字输入、语音输入以及文件附件上传，相比DeepSeek仅支持文字输入，操作更为便捷。如果看不到模型名称，可能是Ollama未运行，或者DeepSeek模型未正确加载。

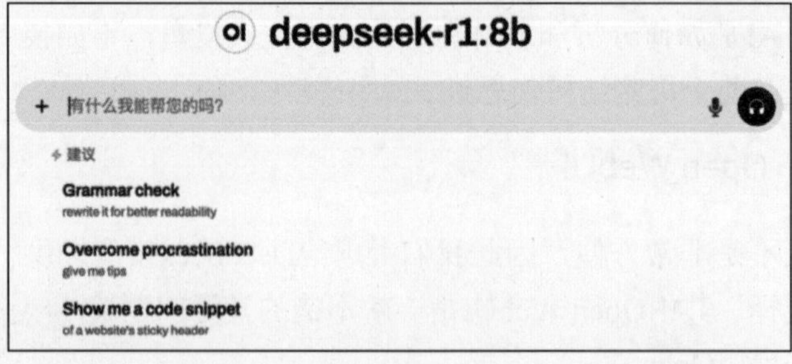

图 12-7 Open WebUI 聊天页面

向DeepSeek提出一个问题，它经过思考后，会显示如图12-8所示的回复。

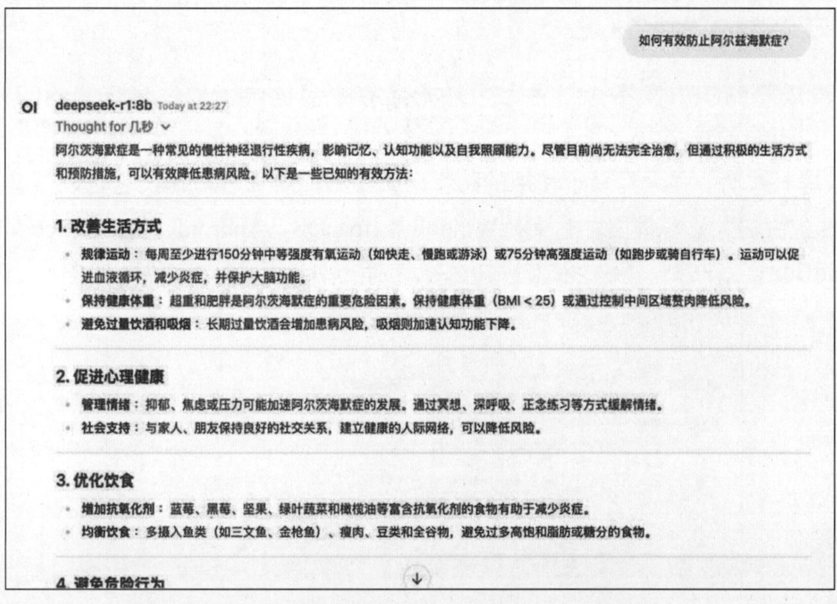

图 12-8　回复页面

Open WebUI支持在同一个对话中使用多个不同的大模型来回答同一个问题。如图12-9所示，笔者提出了一个关于用Python实现费马问题的请求。Llama 3.2模型（需要本地下载该大模型）和DeepSeek-R1 8B分别给出了各自精彩的答案。通过比较不同大模型的输出，读者可以发现它们在问答质量和侧重点上各有不同。

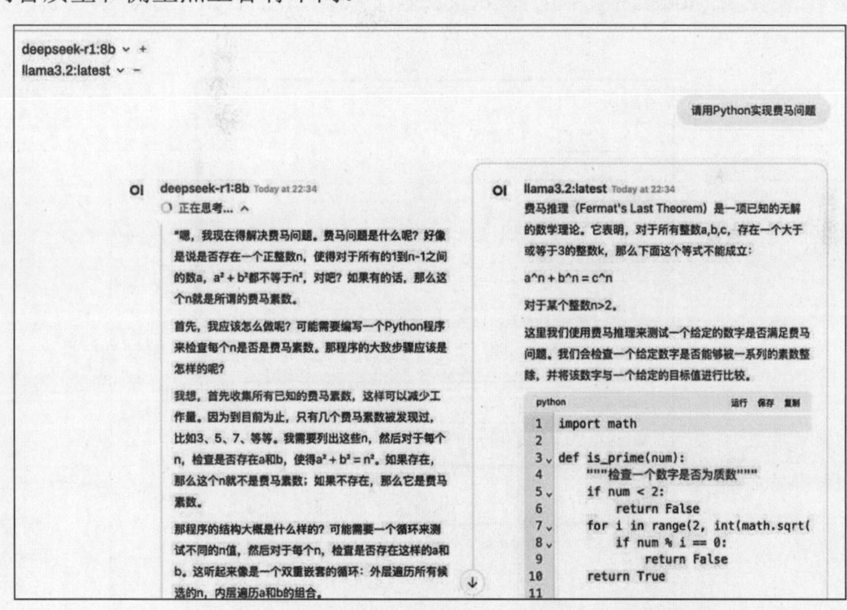

图 12-9　多个大模型的回复

12.4.3　UI方案二：ChatBox

实际上，成熟的UI方案不止一种，市场上还有许多提供了软件客户端的UI方案，其中ChatBox是一个不错的选择。

ChatBox是一款功能强大且易于使用的跨平台人工智能聊天客户端，它可以帮助用户轻松接入和使用各种主流的大语言模型。它支持Windows、macOS、Android、iOS、Web和Linux系统。

访问ChatBox官方网站，然后根据操作系统选择下载对应的安装包，如图12-10所示。

图12-10　ChatBox下载页面

完成安装后，启用ChatBox软件，在Settings中将Model Provider（模型提供者）设置为OLLAMA API，然后在Model选项中选择deepseek-r1:8b，如图12-11所示。单击SAVE按钮即可完成设置。

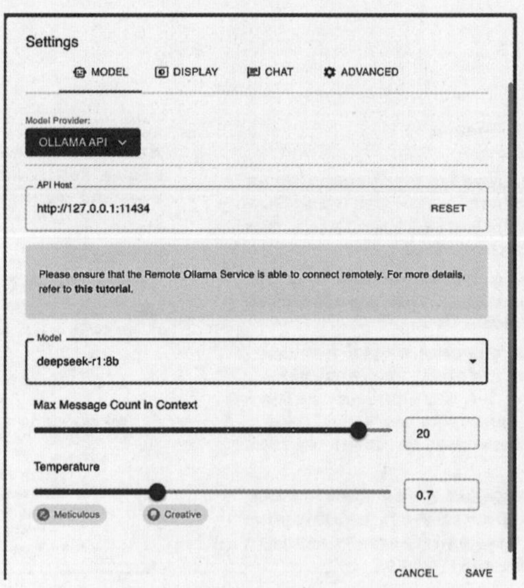

图12-11　ChatBox模型设置界面

通过聊天输入框，我们可以轻松地向DeepSeek发起提问，如图12-12所示。ChatBox凭借其出色的UI设计，能够清晰地呈现问答内容，从而让交互体验更加优质和自然。

图 12-12　ChatBox 的聊天页面

12.5　DeepSeek 云上部署

虽然本地部署DeepSeek具有一定的便捷性，但受限于本地机器的硬件性能，通常难以顺利部署大参数版本的DeepSeek（8B以上参数版本）。相比之下，利用云服务来部署DeepSeek是一种更优的选择。借助云服务，我们可以快速搭建出“满血版”的DeepSeek，从而轻松完成更复杂、更高效的AI业务任务。

目前国内主流的云服务厂商都支持部署DeepSeek，例如阿里云、腾讯云、华为云等。笔者以腾讯云为例，讲解如何云上部署DeepSeek。

首先，需要注册一个腾讯云账号，注册完成后，登录云服务控制后台。如图12-13所示，根据硬件和业务需求，选择合适的GPU服务器套餐。

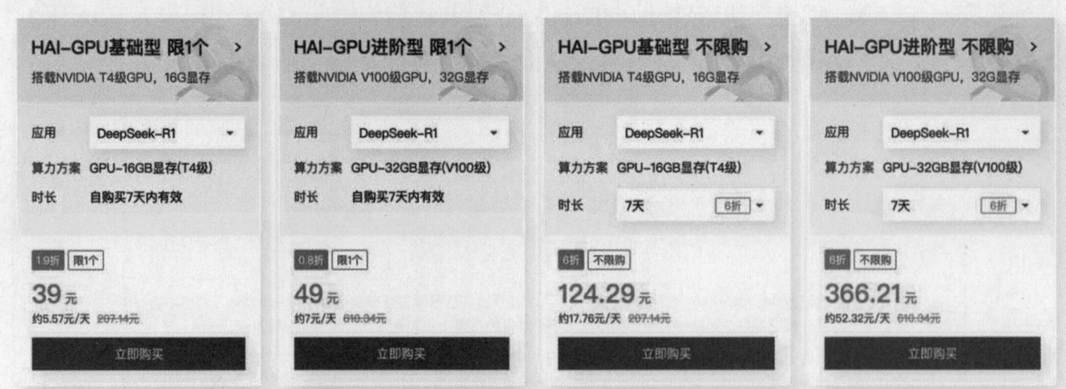

图 12-13　选择 GPU 服务器

笔者选择“HAI-GPU基础型”来演示，收费方式选择按量计费。然后，在社区版本中选择DeepSeek-R1应用，如图12-14所示。该环境提供预装的DeepSeek-R1模型，包括1.5B、7B、8B、14B和32B版本，并预装OpenWebUI，用户可以在HAI中快速启动进行测试，并轻松接入业务。

此外，该环境还支持用户通过DeepSeek-R1进行联网搜索（仅支持部分海外地区），如果希望测试联网搜索功能，请选择在硅谷、新加坡、首尔、东京、法兰克福等地域创建。

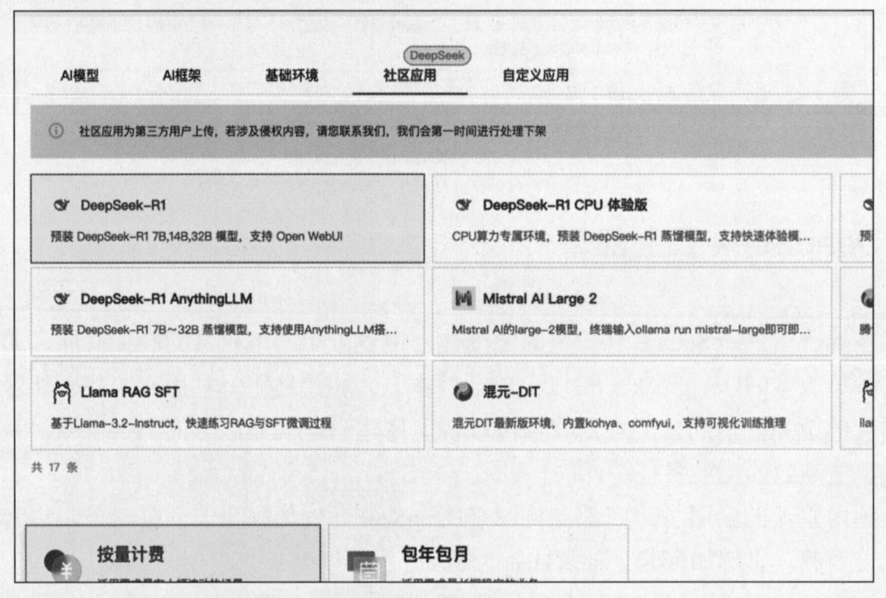

图 12-14　社区应用界面

创建完成后，单击“算力连接”中的Open WebUI，然后按照提示创建用户。之后，我们就可以在Open WebUI中使用云部署的DeepSeek了。

第二种方法是通过云服务提供的DeepSeek模型的API来使用模型能力。腾讯在知识引擎原子平台中接入了DeepSeek-R1和DeepSeek-V3，在笔者编写此书时是限时免费使用的，后续的计费价格如图12-15所示，收费和DeepSeek官方比较接近，价格相对便宜。

计费说明

- 限时免费

本接口调用DeepSeek系列模型限时免费。即日至北京时间2025年2月25日23:59:59，所有腾讯云用户均可享受DeepSeek-V3、DeepSeek-R1模型限时免费服务，单账号限制接口并发上限为5。在此之后，模型价格将恢复至原价。

- 标准计费（2025年2月26日起生效）

模型名称	输入价格(元/千token)	输出价格(元/千token)
DeepSeek-R1	0.004	0.016
DeepSeek-V3	0.002	0.008

图 12-15　DeepSeek 模型 token 计费标准

在进行API密钥管理时，我们需要先创建一个API密钥，以便后续调用知识引擎API。随后，在ChatBox中准确填写腾讯知识引擎的API地址和API密钥，即可顺利使用DeepSeek模型能力。

第 13 章

DeepSeek实战之编程助手

13

本章通过实现一个AI编程助手的案例，将LangChain框架和DeepSeek模型结合起来，充分发挥DeepSeek的能力。

13.1 AI 辅助编程的重要性

在当今快速发展的软件开发领域，AI辅助编程正逐渐成为提升开发效率、优化代码质量的关键力量。它能够通过智能代码生成、自动调试、代码优化等技术，帮助程序员更高效地完成复杂的编程任务。例如，AI可以快速生成代码片段，减少重复性工作，让开发者专注于更具挑战性的逻辑设计与创新。同时，在代码调试阶段，AI能够分析代码运行中的错误并提供修复建议，大大缩短了问题排查时间。此外，AI还能对代码进行优化，提升程序的性能和可读性。随着技术的不断进步，AI辅助编程不仅能够提高开发效率，还能降低开发成本，推动软件开发行业迈向新的高度。

以下是一些AI辅助编程的典型商业案例，展示了其日益增长的影响力和应用。

- GitHub Copilot：这款由微软和OpenAI联合开发的AI编程工具，通过上下文提示自动生成代码片段，赋能开发者提升编程效率。截至2024年4月，GitHub Copilot的付费用户已达180万，并在2024年7月实现了营收上的重大突破，超过了GitHub在2018年被微软收购时的水平（2~3亿美元）。目前，GitHub Copilot采用订阅制收费模式，商业化进展顺利。
- Cursor：由Anysphere开发的Cursor是一款具备代码补全和优化等功能的AI编程工具。

比增长高达6400倍，并在2025年1月完成了超过1亿美元的B轮融资，值得一提的是，OpenAI也曾参与其早期投资。

- 豆包MarsCode & Trae：字节跳动推出的豆包MarsCode，已覆盖公司内部70%以上的开发者，从编码伊始就为开发者提供代码和技术解决方案。此外，字节跳动还面向海外市场推出了AI编程工具Trae，进一步拓展其在AI辅助编程领域的全球布局。

由此可以看出，AI辅助编程日益火爆，笔者也想借此机会开发一个AI应用来辅助编程。

13.2 需求分析和技术架构设计

根据官方文档的描述，DeepSeek-Reasoner（DeepSeek R1）是DeepSeek推出的推理模型。在输出最终回答之前，模型会先输出一段思维链内容，以提升最终回答的准确性和可解释性。

对于一个软件研发工程师来说，一个适用于编程工作的优秀辅助AI助手应该包含以下重要的功能：

- 代码自动补全（Code Auto Completion）：这个功能可以根据代码的上下文自动提供补全建议，支持Python、JavaScript、Java、C++等多种编程语言。它不仅能补全变量、方法、类和库方法，还会根据项目现有的代码结构和命名规范进行优化，从而提高开发效率，确保代码风格一致。
- 代码解释（Code Explanation）：AI可以自动解释代码块的内容，并用简单易懂的语言向用户说明。它可以对代码中引用的外部库和API进行注释，清晰地描述它们的功能。根据开发者的需要，它既可以提供详细的代码注释，也可以给出简洁的概述。此外，它还能解释代码中各个变量、方法、类的含义、用途以及它们的作用范围，从而帮助用户快速理解所选的代码段或者完整文件的含义，甚至熟悉一个复杂的项目。
- 代码重构（Code Refactoring）：会仔细检查代码，找出其中重复、低效的部分，以及不符合最佳实践的地方。它会给出代码重构的建议，并提供自动修复功能，比如帮助提取方法、简化复杂的条件判断等。同时，它还会提供多种可选的重构方案，方便开发者根据实际情况进行选择。
- 单元测试自动生成（Unit Test Generation）：这个功能可以基于代码逻辑自动生成适当的单元测试，支持常见的测试框架，如pytest、JUnit、Jest、PHPUnit等。它能够生成各种边界条件和常见异常情况的测试用例，并提供测试覆盖率报告，帮助开发者发现代码的薄弱环节。

在技术栈方面，笔者继续选择使用Python作为主要编程语言，基于LangChain和DeepSeek-R1模型进行LLM应用开发，前端部分使用Angular实现单页面应用，数据库依然使用

DeepSeek-R1模型进行LLM应用开发，前端部分使用Angular实现单页面应用，数据库依然使用MongoDB来保存相关数据。整个技术架构如图13-1所示，整个项目遵从前后端分离原则。

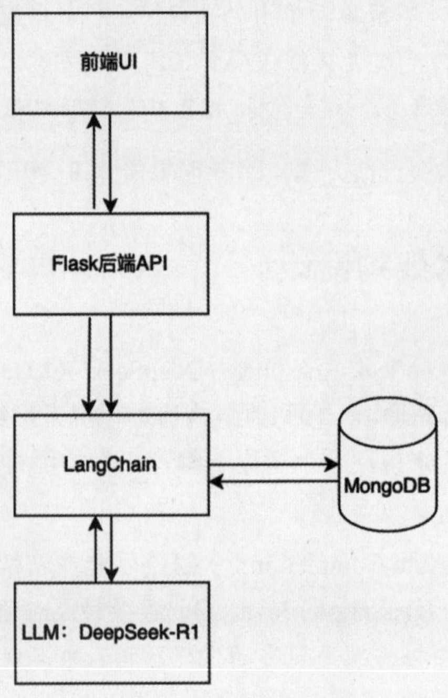

图13-1　技术架构设计图

13.3　预学习

为了让辅助编程助手能更好地完成工作，首先需要准备知识库来预学习。假设涉及日常工作的编程语言主要是Python，笔者准备了一些代码质量高的开源项目和编程最佳范例的文档作为学习资料。

Python有很多优秀的开源项目，笔者精心挑选以下项目作为学习库的文档：

- TensorFlow Model Garden（https://github.com/tensorflow/models）：一个机器学习模型集合，适合学习深度学习和研究实践。
- Django（https://github.com/django/django）：一个功能完备的Web框架，适合理解Web开发中的安全性和可扩展性。
- NumPy（https://github.com/numpy/numpy）：数值计算的基础，教授性能优化和数组处理。
- Pandas（https://github.com/pandas-dev/pandas）：数据处理必备，展示高效的数据结构

用于分析。

- Matplotlib（https://github.com/matplotlib/matplotlib）：领先的可视化库，适合学习图表的创建和定制。

关于最佳实践的文档，笔者整理了一些大公司的标准文档：

- 谷歌Python风格指南（Google Python Style Guide）：谷歌公司制定的Python代码风格指南，涵盖命名、文档、测试等最佳实践。
- PEP 8 – Style Guide for Python Code: Python官方代码风格指南，国际通用的基础规范。
- The Hitchhiker's Guide to Python: 由社区维护的Python最佳实践指南，综合了许多大公司的经验。

为了更好地收集这些技术文档，笔者打算编写一个基于Tkinter的GUI程序。

首先实现爬虫部分功能，先定义请求头并随机获取请求头中User-Agent的方法：

```
    # 定义多个User-Agent
    USER_AGENTS = [
        "Mozilla/5.0 (Windows NT 10.0; Win64; x64) AppleWebKit/537.36 (KHTML, like 
Gecko) Chrome/91.0.4472.124 Safari/537.36",
        "Mozilla/5.0 (Macintosh; Intel Mac OS X 10_15_7) AppleWebKit/537.36 (KHTML, 
like Gecko) Chrome/90.0.4430.212 Safari/537.36",
        "Mozilla/5.0 (Windows NT 10.0; Win64; x64; rv:89.0) Gecko/20100101 
Firefox/89.0",
        "Mozilla/5.0 (Macintosh; Intel Mac OS X 10_15_7) AppleWebKit/605.1.15 (KHTML, 
like Gecko) Version/14.1 Safari/605.1.15",
        "Mozilla/5.0 (X11; Linux x86_64) AppleWebKit/537.36 (KHTML, like Gecko) 
Chrome/88.0.4324.96 Safari/537.36",
    ]

    def get_random_headers():
        """返回带有随机User-Agent的请求头"""
        return {
            "User-Agent": random.choice(USER_AGENTS),
            "Accept": 
"text/html,application/xhtml+xml,application/xml;q=0.9,image/webp,*/*;q=0.8",
            "Accept-Language": "en-US,en;q=0.5",
            "Referer": "https://www.google.com/",  # 添加随机Referer
            "Connection": "keep-alive",
        }
```

然后，定义清除文本的方法和将HTML转换为Markdown文本的方法，代码如下：

```
    # 保存已访问的URL集合，防止重复爬取
```

```
visited_urls = set()


def clean_text(text):
    """清理文本，去除多余空格和换行"""
    return re.sub(r'\s+', ' ', text).strip()


def html_to_markdown(soup, url):
    """将BeautifulSoup对象转换为Markdown格式"""
    markdown_content = []

    title = soup.title.string if soup.title else "Untitled"
    markdown_content.append(f"# {clean_text(title)}\n")

    for tag in soup.find_all(['h1', 'h2', 'h3', 'p', 'ul', 'ol', 'code', 'pre']):
        if tag.name in ['h1', 'h2', 'h3']:
            level = int(tag.name[1])
            markdown_content.append(f"{'#' * level}
{clean_text(tag.get_text())}\n")
        elif tag.name == 'p':
            markdown_content.append(f"{clean_text(tag.get_text())}\n")
        elif tag.name in ['ul', 'ol']:
            for li in tag.find_all('li'):
                prefix = '- ' if tag.name == 'ul' else '1. '

markdown_content.append(f"{prefix}{clean_text(li.get_text())}\n")
        elif tag.name == 'pre' and tag.find('code'):
            markdown_content.append(f"```\n{tag.get_text().strip()}\n```\n")
        elif tag.name == 'code':
            markdown_content.append(f"`{tag.get_text().strip()}`\n")

    markdown_content.append(f"\n[Source URL]({url})\n")
    return "".join(markdown_content)
```

完成内容格式转换之后即可写入文件，相关代码如下：

```
def save_to_markdown(content, title):
    """将内容保存为Markdown文件，文件名基于标题"""
    safe_title = re.sub(r'[<>:"/\\|?*]', '', title.strip())[:50] or "untitled"
    filename = f"{safe_title}.md"

    counter = 1
```

```
    base_filename = filename[:-3]
    while os.path.exists(filename):
        filename = f"{base_filename}_{counter}.md"
        counter += 1

    with open(filename, 'w', encoding='utf-8') as f:
        f.write(content)
    print(f"Saved: {filename}")
    return filename
```

接下来编写最重要的爬取网页内容的方法，该方法也支持递归爬取网页内的所有链接内容：

```
def crawl_url(url, recursive=False, max_depth=2, current_depth=0):
    """
    爬取网页内容

    Args:
        url (str): 爬取的目标网址。
        recursive (bool, optional): 是否递归地抓取链接页面，默认是False，表示不递归抓取。
        max_depth (int, optional): 最大递归爬取的深度，默认是2。
        current_depth (int, optional): 当前递归爬取的堆栈深度，默认是0。

    Returns:
        无任何返回值：该方法将文件保存到磁盘，但不返回值
    """
    if current_depth > max_depth or url in visited_urls:
        return

    visited_urls.add(url)

    try:
        # 使用随机请求头
        headers = get_random_headers()
        response = requests.get(url, headers=headers, timeout=10)
        response.raise_for_status()

        soup = BeautifulSoup(response.text, 'html.parser')

        markdown_content = html_to_markdown(soup, url)
        title = soup.title.string if soup.title else "Untitled"
        save_to_markdown(markdown_content, title)
```

```
            if recursive:
                for link in soup.find_all('a', href=True):
                    href = link['href']
                    absolute_url = urljoin(url, href)

                    if urlparse(absolute_url).netloc == urlparse(url).netloc:
                        if absolute_url not in visited_urls:
                            print(f"Crawling: {absolute_url} (Depth: {current_depth + 
1})")
                            # 休眠1秒，避免爬取频率太高
                            time.sleep(1)
                            crawl_url(absolute_url, recursive, max_depth, 
current_depth + 1)

        except requests.RequestException as e:
            print(f"Failed to fetch {url}: {e}")
        except Exception as e:
            print(f"Error processing {url}: {e}")
```

最后，在main方法中编写调用的代码：

```
def main():
    start_url = "https://peps.python.org/pep-0008/"
    recursive = False  # 设置为True表示启用递归，设置为False表示只处理当前页面

    print(f"Starting crawl from: {start_url} (Recursive: {recursive})")

    if not os.path.exists("output"):
        os.makedirs("output")
    os.chdir("output")

    crawl_url(start_url, recursive=recursive, max_depth=2)


if __name__ == "__main__":
    main()
```

在这段代码运行后，将会在脚本所在的目录下创建一个名为output的文件夹，并将网页内容生成Markdown格式的文件予以保存。

由于每次运行都需要通过命令行操作，使用起来十分不便。因此，笔者决定将其改写为一款带有图形用户界面（GUI）的桌面软件，以提升用户体验。以下是此次改写过程中新增的核心代码：

```
    class CrawlerGUI:
        def __init__(self, root):
            self.root = root
            self.root.title("Crawler - Web to Markdown")
            self.root.geometry("600x400")

            # URL输入框
            ttk.Label(root, text="Enter URL:").pack(pady=5)
            self.url_entry = ttk.Entry(root, width=50)
            self.url_entry.pack(pady=5)
            self.url_entry.insert(0, "")

            # 是否递归的选择框
            self.recursive_var = tk.BooleanVar()
            ttk.Checkbutton(root, text="Recursive to crawl",
variable=self.recursive_var).pack(pady=5)

            # 日志显示区域
            ttk.Label(root, text="Logs:").pack(pady=5)
            self.log_text = tk.Text(root, height=15, width=70, state='disabled')
            self.log_text.pack(pady=5)

            # 开始按钮
            self.start_button = ttk.Button(root, text="Start Crawl",
command=self.start_crawl)
            self.start_button.pack(pady=10)

            self.filename = None

        def log(self, message):
            """在日志区域显示消息"""
            self.log_text.config(state='normal')
            self.log_text.insert(tk.END, f"{message}\n")
            self.log_text.see(tk.END)
            self.log_text.config(state='disabled')

        def crawl_thread(self, url, recursive):
            """在线程中执行爬取任务"""

            try:
                # 跟踪是否保存了至少一个新文件
                any_saved = crawl_url(url, recursive=recursive, max_depth=2,
```

```
log_callback=self.log)
                if any_saved:
                    self.root.after(0, lambda: messagebox.showinfo("Success",
                                                            "Crawling completed! New
files saved in 'output' directory."))
                else:
                    self.root.after(0, lambda: self.log("No new files were saved."))
                    self.root.after(0, lambda: messagebox.showinfo("Success", "No new
files were saved."))
            except Exception as e:
                self.root.after(0, lambda: messagebox.showerror("Error", f"Crawling
failed: {e}"))

        def start_crawl(self):
            """启动爬取任务"""
            url = self.url_entry.get().strip()
            recursive = self.recursive_var.get()

            if not url:
                messagebox.showwarning("Input Error", "Please enter a valid URL!")
                return

            self.log(f"Starting crawl from: {url} (Recursive: {recursive})")
            self.start_button.config(state='disabled')  # 禁用按钮防止重复单击

            # 在新线程中运行爬取，避免GUI冻结
            thread = threading.Thread(target=self.crawl_thread, args=(url,
recursive))
            thread.start()

            # 检查线程结束以重新启用按钮
            self.root.after(100, lambda: self.check_thread(thread))

        def check_thread(self, thread):
            """检查线程是否完成"""
            if thread.is_alive():
                self.root.after(100, lambda: self.check_thread(thread))
            else:
                self.start_button.config(state='normal')

    def main():
        try:
```

```
        print("Creating Tkinter window...")  # 调试输出
        if not os.path.exists("output"):
            os.makedirs("output")
        os.chdir("output")
        root = tk.Tk()
        app = CrawlerGUI(root)
        root.mainloop()
    except Exception as e:
        print(f"Failed to start GUI: {e}")


if __name__ == "__main__":
    main()
```

运行这段代码后，可以看到如图13-2所示的GUI界面。在输入框中输入要爬取的文档网址，单击"Start Crawl"按钮即可完成网页爬取，并生成对应的Markdown文件。

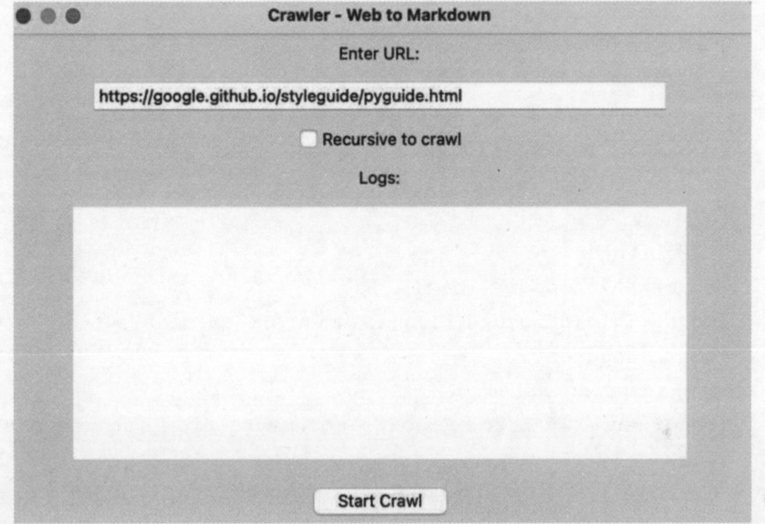

图 13-2　GUI 软件界面

完成技术文档的收集后，即可编写LangChain进行预学习的代码。参考之前章节的PreLearner类，增加必要的日志和错误异常处理：

```
# 配置日志
logging.basicConfig(level=logging.INFO)
# 初始化日志对象
logger = logging.getLogger(__name__)

class PreLearner:
```

```
    def __init__(self, embedding_name: str = '', vectorstore_name: str = '',
llm_name: str = 'deepseek-r1'):
        self.embedding_name = embedding_name
        self.vectorstore_name = vectorstore_name
        self.llm_name = llm_name

    def load_data(self, source_path: str) -> List[Document]:
        """
        从指定文件夹加载Markdown文件

        :param source_path: 路径指向包含Markdown文件的文件夹，类型为字符串。
        :return: 列出被加载的文档，类型是List[Document]。
        :raises Exception: 在加载过程中遇到错误就抛出异常。
        """
        try:
            # 加载指定文件夹下的特定文件
            loader = DirectoryLoader(
                source_path,
                glob="**/*.md",
                loader_cls=UnstructuredMarkdownLoader,
                use_multithreading=True
            )
            # 加载文档
            documents = loader.load()
            logger.info(f"Loaded {len(documents)} documents from {source_path}")
            return documents
        except Exception as e:
            logger.error(f"Error loading documents from {source_path}: {e}")
            raise

    def split_data(self, documents: List[Document]) -> List[Document]:
        """
        将提供的文档分割成更小的片段。

        :param documents: 要分割的文档列表，类型为List[Document]。
        :return: 分割后的文档列表，类型为List[Document]。
        :raises ValueError: 如果输入的文档列表为空或为None。
        """
        if not documents:
            logger.error("未提供需要分割的文档。")
            raise ValueError("文档列表为空或为None。")
```

```
        try:
            # 初始化MarkdownTextSplitter对象，设置分割参数
            markdown_splitter = MarkdownTextSplitter(chunk_size=1000,
chunk_overlap=0)
            # 分割文档
            split_documents = markdown_splitter.split_documents(documents)
            return split_documents
        except Exception as e:
            logger.error(f"Error occur during splitting data: {e}")
            raise
```

这段代码相比之前的版本做了以下优化：

（1）多线程优化：在DirectoryLoader中，通过启用use_multithreading=True，利用多线程技术加载文档，显著提升了加载效率。特别是在处理大量文件时，这种方式可以大幅减少等待时间，提高工作效率。

（2）错误处理：增加了错误处理，使用try…except捕获和处理异常，方便调试和追踪问题。

（3）文档格式扩展：在文档加载的方法中，如果需要加载其他格式的文件（例如docx文件），可以使用LangChain的Docx2txtLoader加载器：

```
    docx_loader = DirectoryLoader(
            path=source_dir,
            glob="**/*.docx",
            loader_cls=Docx2txtLoader,
            use_multithreading=True,
        )
```

文档加载完成后，即可进行词嵌入，并保存到向量数据库中。本次依然选择FAISS作为向量数据库，并使用OllamaEmbeddings加载DeepSeek-R1模型，生成词嵌入模型，从而完成词嵌入工作。

要使用LangChain的OllamaEmbeddings，需要单独安装依赖库：

```
pip install -U langchain-ollama
```

编写embedding_and_store_to_vectorstore方法：

```
from langchain_ollama import OllamaEmbeddings

def embedding_and_store_to_vectorstore(self, documents):
    match self.embedding_name:
        case 'deepseek-r1:1.5b':
```

```
            # DeepSeek-R1 1.5b词嵌入模型实例
            embeddings = OllamaEmbeddings(model=self.embedding_name)
            # 创建FAISS向量存储
            self.vectorstore = self.create_vectorstore(embeddings, documents)
        case _:
            raise TypeError("Unknown embedding name")
```

为了未来更好地引入其他词嵌入模型，此处使用了Python中的match…case语法，目前例子中暂时只支持FAISS。若未来新增词嵌入模型，只需增加一个case分支语句即可。

定义create_vectorstore方法，具体实现如下：

```
def create_vectorstore(self, embeddings, documents):
    if self.vectorstore_name == '':
        self.vectorstore_name = 'FAISS'

    match self.vectorstore_name:
        case 'FAISS':
            # 创建FAISS向量存储
            vectorstore = FAISS.from_documents(
                documents=documents,
                embedding=embeddings
            )
            return vectorstore
        case _:
            raise TypeError("Unknown vectorstore name")
```

后续编写qa_retrieve方法时需要使用到DeepSeek模型。幸运的是，LangChain已集成了DeepSeek，可以用以下命令安装langchain-deepseek库：

```
pip install -U langchain-deepseek
```

编写如下代码，即可顺利完成问答检索功能：

```
def qa_retrieve(self, query):
    # 创建检索器
    retriever = self.vectorstore.as_retriever(search_kwargs={"k": 5})
    api_key = os.getenv("API_KEY")
    base_url = os.getenv("API_BASE")
    llm = ChatDeepSeek(
        model=self.llm_model_name,
        temperature=0,
        max_tokens=None,
        timeout=None,
        max_retries=2,
```

```
        api_key=api_key,
        api_base=base_url,
    )
    # 初始化RetrievalQA
    qa_chain = RetrievalQA.from_chain_type(llm, retriever=retriever)
    # 执行检索
    result = qa_chain.invoke(query)
    # 返回AI回复
    return result
```

此处引入了ChatDeepSeek类，使用的参数如下：

- Model：指定所用模型的名称，决定采用哪种模型来回答问题。
- Temperature：控制回答的随机性，数值越低，结果越稳定；数值越高，回答可能更丰富，此处设为0，表示回答非常确定。
- max_tokens：限制回答的最大长度，若设置为None，则采用默认长度或根据情况自动调整。
- timeout：指定请求的最长等待时间，防止长时间无响应；若设为None，则使用系统默认超时设置。
- max_retries：表示请求失败后自动重试的次数，设置为2表示最多重试两次。

为了简化整个调用过程，封装一个名为learn_data的方法：

```
def learn_data(self, folder_path):
    # 加载文档
    documents = self.load_data(folder_path)
    # 分割文档
    split_documents = self.split_data(documents)
    # 完成词嵌入并存储到向量数据库中
    self.embedding_and_store_to_vectorstore(split_documents)
```

然后，可以使用Prelearner，方法如下：

```
# 使用PreLearner类
llm_model_name = os.getenv('MODEL_NAME')
prelearner = PreLearner(embedding_name='deepseek-r1:1.5b',
vectorstore_name='FAISS', llm_model_name=llm_model_name)
# 进行预学习
prelearner.learn_data('./output')
# 进行检索问答
response = prelearner.qa_retrieve(query='How to write a better code with Python?')
print(response)
```

运行后，等待一段时间即可得到如下输出：

```
{'query': 'How to write a better code with Python?', 'result': '<think>\nOkay, the user is asking how to write better Python code. Let me look through the provided context to find relevant guidelines.\n\nFirst, there\'s a section about line breaks before or after binary operators. The context mentions that breaking after the operator might be harder to read, especially in long expressions. So, I should advise breaking before binary operators for readability, unless there\'s a compatibility issue with older Python versions.\n\nNext, there\'s a part about using properties. The guidelines suggest using @property decorators instead of manual getters and setters, and only when there\'s a need for computation or access control. So, I should mention avoiding unnecessary properties and keeping them simple.\n\nThen, the True/False evaluations section....ur code will be more readable, maintainable, and aligned with community standards. For details, refer to [PEP 8](https://peps.python.org/pep-0008/) and [PEP 257](https://peps.python.org/pep-0257/).'}

Process finished with exit code 0
```

至此，基本的调用功能已经顺利完成，接下来将介绍功能开发部分。

13.4 代码补全功能开发

代码补全工具通过对输入代码的上下文进行细致分析，例如已编写的代码行、注释以及函数签名等信息，能够精准推测出接下来的代码内容。它根据不同编程语言的语法规则及特性，生成符合该语言规范的代码片段。

许多商业模型通常在海量开源代码库上进行预训练，从而学习各种编程语言的语法、结构和常见模式。例如，DeepSeek模型系列中的DeepSeek-Coder经过大量训练，尤其擅长处理编程任务。

基于前面提到的最佳实践，结合精心设计的提示词，我们可以进一步优化代码补全功能，使其更加高效和精准。由于篇幅所限，笔者尽可能简化业务实现的复杂度，不考虑通过一个复杂代码库来生成一个完整项目，而是让用户提供部分代码和对应注释给AI应用，然后基于这些代码段和用户的代码注释来推理和生成完整的代码。类似于GitHub的Copilot，可以在用户输入代码片段和注释时，自动生成符合用户意图的完整代码。

假设用户希望在原有代码的基础上，通过AI生成新的代码，可以按照以下方式编写代码：

```
def completion_code(self, user_comment, code_snippet):
    query = f"请根据注释和代码段补全代码：用户注释：{user_comment} 代码段：{code_snippet}"
    result = self.qa_retrieve(query=query)
```

```
    return result
```

利用Flask框架将PreLearner的功能以API形式对外提供，方便其他服务进行调用。目前暴露一个completions接口，代码如下：

```
from flask import Flask, request, jsonify
from flask_pymongo import PyMongo
import prelearner
import re
from dotenv import load_dotenv
from chapter12.prelearner import PreLearner
import os

load_dotenv()
# 初始化Flask实例
app = Flask(__name__)
app.config["MONGO_URI"] = "mongodb://localhost:27017/ai-coding"
mongo = PyMongo(app)


@app.route('/code/completion', methods=['POST'])
def comment_generate():
    data = request.get_json()
    selectSegement = data['selectSegement']
    # 分离代码行和注释行
    code_lines = []
    comment_lines = []

    for line in selectSegement.splitlines():
        # 如果行以可选空白后跟#开始，则认为是注释行
        if re.match(r'^\s*#', line):
            comment_lines.append(line.strip())
        else:
            code_lines.append(line)
    # 合并为完整的字符串（也可以保留为列表，根据需要选择）
    code_part = "\n".join(code_lines)
    comment_part = "\n".join(comment_lines)
    # call the ai to generate the code

    # 初始化Prelearner实例
    llm_model_name = os.getenv('MODEL_NAME')
    prelearner = PreLearner(embedding_name='deepseek-r1:1.5b',
vectorstore_name='FAISS', llm_model_name=llm_model_name)
```

```
    # 开始预学习
    prelearner.learn_data(folder_path='./output')
    # 自动补全代码
    response = prelearner.completion_code(user_comment=comment_part,
code_snippet=code_part)
    mongo.db['ai-comment'].insert_one({'selected_code': data['selectedCode'],
'reply': response})
    return jsonify({
        'reply': response + '\r'
    }), 201


if __name__ == '__main__':
    app.run(debug=True, port=3000)
```

然后，用Angular编写一个更友好的聊天界面，提供更好的交互体验。和DeepSeek应用交互的核心代码如下：

```
// src/app/services/deepseek.service.ts
import { Injectable } from '@angular/core';
import { environment } from '../../environments/environment';
import axios from 'axios';
const API_URL = environment.deepSeekAPI;
const LLM_MODEL = environment.deepSeekModel;
const API_KEY = environment.apiKey;
@Injectable({
  providedIn: 'root'
})
export class DeepseekService {
  constructor() { }
  async sendMessage(messages: any[]): Promise<string> {
    try {
      const response = await axios.post(`${API_URL}//code/completion`, {
       selectSegement: code,
        stream: false
      }, {
        headers: {
          'Content-Type': 'application/json',
          'Authorization': `Bearer ${API_KEY}`
        }
      });
      return response.data.choices[0].message.content;
    } catch (error) {
```

```
        console.error("Error communicating with DeepSeek API:", error);
        throw error;
      }
    }
  }
```

AI辅助编程仍有许多优化空间，读者可根据自身实际业务需求进行定制化开发，以进一步提升其应用价值和效率。可以参考一些成熟的商业案例来获得灵感，例如字节跳动的MarsCode，它是一款以AI驱动的云IDE，提供了代码补全、生成、优化、注释生成、单元测试生成等功能，并支持云函数开发和API测试。读者也可以基于本章所介绍的技术和思路，进一步实现其他功能模块。